# HISTOIRE DES PLANTES

## MONOGRAPHIE

### DES

# EUPHORBIACÉES

PARIS. — IMPRIMERIE DE E. MARTINET, RUE MIGNON, 2

# HISTOIRE DES PLANTES

## MONOGRAPHIE

DES

# EUPHORBIACÉES

PAR

## H. BAILLON

PROFESSEUR D'HISTOIRE NATURELLE MÉDICALE A LA FACULTÉ DE MÉDECINE DE PARIS
DIRECTEUR DU JARDIN BOTANIQUE DE LA FACULTÉ, PRÉSIDENT DE LA SOCIÉTÉ LINNÉENNE DE PARIS

**ILLUSTRÉE DE 116 FIGURES DANS LES TEXTES**
DESSINS DE FAGUET

PARIS
LIBRAIRIE HACHETTE & Cie
BOULEVARD SAINT-GERMAIN, 79
LONDRES, 18, KING WILLIAM STREET, STRAND

1874

lobes membraneux, généralement au nombre de cinq [1], disposés dans
le bouton en préfloraison quinconciale. Dans leurs intervalles se trouvent
en même nombre, ou en nombre moindre [2], des appendices, ordinairement charnus ou glanduleux, très-variables de forme, parfois pétaloïdes

*Euphorbia Lathyris.*

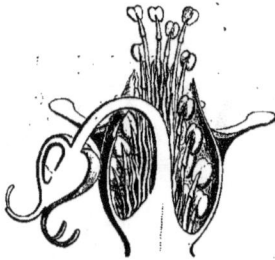
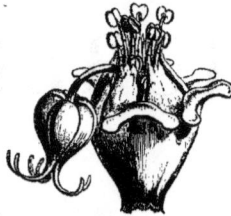

Fig. 146. Fleur, coupe longitudinale ($\frac{7}{1}$).      Fig. 144. Fleur ($\frac{5}{1}$).      Fig. 147. Fleur, le périanthe calvé.

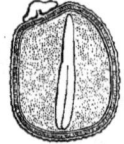

Fig. 149. Graine ($\frac{4}{1}$).      [Fig. 148. Fruit déhiscent ($\frac{5}{1}$).      Fig. 150. Graine, coupe longitudinale.

et beaucoup plus développés que les véritables sépales, quelquefois très-
découpés et chargés de glandes multiples; leur signification a été fort
discutée. L'androcée est formé d'un nombre indéfini d'étamines, disposées en cinq faisceaux et insérées sur une ligne qui répond au milieu
de la face interne de chaque sépale. Dans chaque faisceau, les étamines sont disposées alternativement sur deux séries parallèles, iné-
gales [3], formées chacune d'un filet articulé à une hauteur variable,
à partir d'un certain âge, et d'une anthère biloculaire, déhiscente par
deux fentes longitudinales, latérales ou plus ou moins extrorses [4]. Dans
l'intervalle des faisceaux staminaux se voient le plus souvent cinq lan-

1. Il y a parfois des fleurs à quatre, plus rarement à sept ou huit parties.
2. L'un deux, l'antérieur, manque très-
souvent (fig. 145).
3. D'autant plus courtes qu'elles sont plus
inférieures dans le faisceau.
4. Le pollen est, d'après H. MOHL (in *Ann.*

*sc. nat.*, sér. 2, III, 338), « ovoïde, trois plis;
dans l'eau, sphère à trois bandes, avec des papilles sur les bandes... *E. Peplus* (des ombilies
ovales placés en long), *E. sylvatica*, *E. verrucosa*, *E. virgata* (dans les trois dernières, des
ombilies si gros, qu'il ne reste qu'un petit bord
des bandes). »

guettes ou ciuq faisceaux de languettes qui n'ont aucune connexion avec les filets. Le gynécée [1], supporté par la colonne centrale du réceptacle, ordinairement recourbée en dehors à partir d'un certain âge, est formé d'un ovaire à trois loges (dont deux postérieures), surmonté d'un style à trois branches dont le sommet, ordinairement bifide, est garni en dedans ou latéralement de papilles stigmatiques. Dans l'angle interne de chaque loge se voit un placenta axile qui supporte un ovule, descendant, anatrope, à raphé ventral, à micropyle extérieur et supérieur [2], dont l'exostome s'épaissit plus ou moins, et est coiffé d'un obturateur, masse de forme variable, née du placenta à la façon d'un second ovule superposé au premier. Sous l'ovaire se produit

*Euphorbia fulgens.*

Fig. 151. Fleur (⅟).

assez fréquemment un disque hypogyne entier ou plus ou moins nettement 3-6-lobé. Le fruit est une capsule tricoque, dont le péricarpe, d'épaisseur variable, parfois plus ou moins charnu au début dans ses couches extérieures, finit par devenir tout à fait sec et s'ouvre élastiquement en abandonnant une columelle centrale, sur le sommet dilaté de laquelle s'insèrent les semences. La déhiscence est ordinairement septicide, puis loculicide ; et les graines, garnies extérieurement d'une tunique charnue arillaire, ou dans toute leur étendue, ou, plus souvent, dans leur seule région micropylaire [3], renferment sous leurs téguments [4] un albumen abondant, charnu et huileux, entourant un embryon à radicule supère et à cotylédons linéaires ou plus ou moins ovalaires.

*Euphorbia globosa.*

Fig. 152. Fleur (⅔).

Le genre Euphorbe, qui appartient à toutes les régions du globe, et qui, d'après les énumérations les plus récentes, renferme environ sept cents espèces [5], ligneuses ou herbacées, parfois charnues et *cactiformes*,

1. Il avorte assez souvent.
2. A double tégument.
3. Elle résulte d'un épaississement, plus ou moins localisé vers le micropyle, de la couche tégumentaire superficielle.
4. Comme dans la plupart des Euphorbiacées, on en distingue trois : l'intérieur, immédiatement placé autour de l'albumen, blanc et membraneux ; le moyen, testacé, dur, épais, souvent cassant, de couleur foncée, uniforme, ou chiné,

maculé ; l'extérieur, ordinairement mince, mou, puis souvent desséché à la maturité, s'enlevant alors facilement, formé de cellules et de faisceaux trachéens. Ces derniers, pénétrant dans l'intérieur de la graine par un orifice chalazique particulier, percé dans le testa, vont se porter à une cupule chalazique plus ou moins élevée, et forment là un réseau intérieur qui s'étend à une hauteur très-variable.
5. KL. et GRCKE, *Tricocc.* — BOISS., *Prodr.*,

vivaces ou annuelles, à suc souvent lactescent, a été divisé en un certain
nombre de sections [1] qui sont principalement établies sur les caractères
extérieurs des graines, ceux des glandes alternes avec les sépales et sur
les organes de végétation. Les feuilles, quelquefois (surtout dans les espèces à tiges grasses) réduites à de petites languettes, sont ou alternes,
ou opposées et insymétriques, sans stipules, ou pourvues de stipules
latérales, membraneuses ou glanduleuses. Les fleurs, souvent précédées
de bractées colorées, sont disposées en cymes plus ou moins composées,
bi- ou pluripares, souvent unipares, principalement au sommet des inflorescences, qui sont axillaires, ou plus ordinairement terminales et fréquemment réunies en masses ombelliformes.

Dans quelques *Euphorbia* africains, les glandes alternes aux sépales,
au lieu d'être indépendantes, sont plus ou moins largement unies en un
anneau lobulé; on en a fait un genre *Synadenium* [2], que nous n'avons
considéré [3] que comme section du genre Euphorbe.

A côté des Euphorbes se placent les Pédilanthes, qui en représentent
la forme irrégulière. Le gynécée et l'androcée demeurant les mêmes,
le calice devient extrêmement irrégulier, ordinairement calcéiforme, le
plus souvent comme bilabié, avec une lèvre postérieure représentée par
une division postérieure du périanthe, elle-même bi- ou tridentée, et une
lèvre antérieure formée par cinq sépales, plus grands et imbriqués. En
dedans de la lèvre postérieure se trouve une plate-forme ou une rigole qui
porte deux ou un plus grand nombre de glandes sessiles. Les Pédilanthes
sont américains; leurs organes de végétation sont charnus; leurs feuilles
alternes, et leurs fleurs disposées en cymes terminales et axillaires.

Suivant une autre opinion, ce que nous venons de considérer comme
le calice [4] dans les Euphorbes et les Pédilanthes, représente un involucre

*loc. cit.*, 7-188, 1262-1269. — H. BN, in *Adan-sonia*, I, 58, 104, 139, 291; II, 211; III, 139; IV, 257; VI, 282; VII, 159, 375; X, 197.

1. M. BOISSIER (*Prodr.*, 8) en admet vingt-sept : 1. *Anisophyllum* (HAW., *Syn.*, 159); 2. *Zygophyllidium* (BOISS.); 3. *Cyttarosper-mum* (BOISS.); 4. *Dichilium* (BOISS.); 5. *Alecto-roctonum* (SCHLTL, in *Linnæa*, XIX, 252); 6. *Peta-loma* (RAFIN., *Atl. Journ.*, 177); 7. *Crossadenia* (BOISS.); 8. *Stachydium* (BOISS.); 9. *Tithyma-lopsis* (KL. et GRCKE, *loc. cit.*, 33); 10. *Triche-rostigma* (KL. et GRCKE, *loc. cit.*, 41); 11. *Portu-lacastrum* (BOISS.); 12. *Cheirolepidium* (BOISS.); 13. *Eremophyton* (BOISS.); 14. *Nummulariopsis* (BOISS.); 15. *Poinsettia* (GRAH., in *Edinb. new phil. Journ.* (1836); — KL. et GRCKE, *loc. cit.*, 101); 16. *Arthrothamnus* (KL. et GRCKE, *loc. cit.*, 62, part.); 17. *Caulanthium* (BOISS.); 18. *Go-niostema* (H. BN, in *Adansonia*, I, 114); 19. *Dia-*

*canthium* (BOISS.)—*Sterigmanthe* KL. et GRCKE, *loc. cit.*, 100); 20. *Euphorbium* (BOISS.—*Dac-tylanthes, Medusea, Treisia* HAW.; — *Anthacan-tha* LEM., in *Ill. hort.* [1855], 69); 21. *Rhizan-thium* (BOISS.); 22. *Tirucalli* (BOISS.); 23. *Ly-ciopsis* (BOISS.); 24. *Pseudacalypha* (BOISS.); 25. *Euphorbiastrum* (KL. et GRCKE, *loc. cit.*, 101); 26. *Tithymalus* (BOISS. — SCOP. (nec HAW.); — *Galarrhœus* HARV., *Syn.*, 143; — *Esula* HARV., *Syn.*, 153); 27. *Calycopeplus* (PL.). Nous séparons ce dernier genre des *Eu-phorbia*, et nous leur adjoignons comme sections les *Synadenium* (BOISS.) et *Decadenia* (H. BN, in *Adansonia*, II, 213; — *Cleopatra* PANCH.), plus les *Bongium* (BOISS., *Prodr.*, 1264, s. 13 A.).

2. BOISS., *Prodr.*, 187, 1269.

3. In *Adansonia*, III, 142.

4. A l'exemple de TOURNEFORT, LINNÉ, ADAN-SON, B. MIRBEL, PAYER, etc., M. HIERONYMUS

(*Cyathium*) multiflore. Chaque étamine constitue une fleur mâle mo-
nandre, dont la portion inférieure à l'articulation du filet représenterait
un réceptacle. Les écailles alternes avec les faisceaux staminaux forme-
raient des calices ou des calicules pour les fleurs mâles. Le gynécée,
constituant une fleur femelle centrale, le disque qui s'observe parfois
sous son ovaire serait un calicule ou un calice femelle. Cette interprétation, que nous jugeons aussi inacceptable qu'inutile, est à la mode de
nos jours, et la plupart des auteurs [1] s'y rangent et s'y rangeront sans
doute longtemps encore dans leurs ouvrages.

## II. SÉRIE DES RICINS.

Dans les Ricins [2] (fig. 153-162), les fleurs sont régulières et monoïques.
Sur le réceptacle convexe des fleurs mâles s'insère un calice, formé de
cinq sépales (ou plus rarement d'un nombre moindre), disposés définitivement en préfloraison valvaire. En dedans sont des étamines très-
nombreuses dont les filets ramifiés en faisceaux polyadelphes se terminent
par de fines divisions supportant à leur extrémité une petite anthère
biloculaire, extrorse, à loges courtes et presque globuleuses, déhiscentes
suivant leur longueur [3]. Dans les fleurs femelles, il n'y a de même qu'un
calice et un gynécée. Le premier est semblable à celui de la fleur mâle.
L'ovaire, libre, globuleux, est à trois loges, dont deux antérieures ; il est
surmonté d'un style cylindrique, bientôt divisé en trois branches allongées, aplaties, bipartites, toutes garnies sur leur face interne et leurs
bords réfléchis de grosses papilles stigmatiques colorées en rouge. Dans
l'angle interne de chaque loge s'observe un ovule descendant, dirigé
comme celui des Euphorbes et coiffé d'un obturateur analogue. Le fruit
est tricoque [4], lisse ou, plus ordinairement, chargé d'aiguillons qui exis-

---

vient encore (in *Bot. Zeit.* [1872], n. 11-13) de
défendre cette opinion.

1. A. L. DE JUSSIEU (*Gen.*, 386) a indiqué
cette interprétation avec doute, à l'exemple de
LAMARCK (*Dict.*, II, 412). R. BROWN a définiti-
vement adopté en 1814 (*Gen. Rem.*, 556 ;
*Misc. Works* [ed. BENN.], I, 28) cette opinion,
partagée par A. DE JUSSIEU, ROEPER, WYD-
LER, etc. (Voy. PL., in *Bull. Soc. bot. de Fr.*,
VIII, 29. — BOISS., *Prodr.*, 8. — WARM., *Er
Kopp. hos Wortem...* Copenh. [1871] ; in *Adan-
sonia*, X, 197. — F. SCHM., in *Flora* [1871],
n. 27, 28. — M. ARG., in *Flora* [1872], 65.
— CELAK., in *Flora* [1872], 153, etc.)

2. *Ricinus* T., *Inst.*, 532, t. 307. — L.,
*Gen.*, n. 735. — J., *Gen.*, 388. — GÆRTN.,
*Fruct.*, II, 116, t. 107. — LAMK, *Ill.*, t. 792. —
POIR., *Dict.*, VI, 200 ; Suppl., IV, 678. —
TURP., in *Dict. sc. nat.*, Atl., t. 276. —
A. JUSS., *Euphorb.*, 36. — NEES, *Gen.*, II, t. 38
(53). — SPACH, *Suit. à Buffon*, II, 506, t. 76.
— ENDL., *Gen.*, n. 5809. — PAYER, *Organog.*,
525, t. 110. — H. BN, *Euphorbiac.*, 289, t. 10,
11. — M. ARG., *Prodr.*, 1016.

3. Le pollen est « ellipsoïde ; trois sillons ;
dans l'eau, sphère à trois bandes ». (H. MOHL,
in *Ann. sc. nat.*, sér. 2, III, 338.)

4. Ou exceptionnellement 4-coque.

taient déjà à l'état mou sur la surface de l'ovaire. Il s'ouvre élastiquement en six panneaux et laisse échapper trois graines [1] (fig. 160, 161)
dont l'enveloppe est mouchetée et dont l'exostome est épaissi en une

*Ricinus communis.*

Fig. 153. Port ($\frac{1}{25}$).

caroncule subglobuleuse, ombiliquée, bilobée. L'embryon et l'albumen
huileux sont analogues à ceux des Euphorbes. On a décrit plusieurs
*Ricinus;* il n'y en a vraisemblablement qu'un seul, à formes très-variées,
le *R. communis* [2], originaire, dit-on, de l'Inde, et naturalisé maintenant

1. Voy. A. Gn., in *Ann. sc. nat.*, sér. 4,
XVII, 312.
2. L., *Spec.*, ed. 1, 1007. — M. Arg.,
*Prodr.*, 1017. — *R. africanus* Mill. — *R. ame-
ricanus* hort. — *R. armatus* Andr. — *R. badius*
Reichb. — *R. digitatus* Nor. — *R. europœus*
Nees. — *R. glaucus* Hoffmsg. — *R. hybridus*

Bess. — *R. inermis* Jacq. — *R. Krappa* Steud.
— *R. lævis* DC. — *R. leucocarpus* Bertol. —
*R. lividus* Jacq. — *R. macrocarpus* Steud. —
*R. medicus* Forsk. — *R. megalospermus* Steud.
— ? *R. paniculatus* Link. — *R. perennis* hort. —
*R. purpurascens* Bertol. — *R. rugosus* Mill.
— *R. rutilans* Desf. — *R. sanguineus* hort.

dans tous les pays chauds du monde. Il y devient arborescent, tandis que,
cultivé chez nous, il présente tous les caractères d'une grande herbe
annuelle, à tige fistuleuse, glabre. A chaque nœud s'insère une feuille,
alterne, longuement pétiolée, peltée ou non, palmatinerve et palmati-

*Ricinus communis.*

Fig. 154. Fleur mâle

Fig. 157. Fleur femelle.

Fig. 155. Fleur mâle épanouie.

Fig. 156. Faisceau d'étamines.

Fig. 158. Fleur femelle, coupe longitudinale ($\frac{?}{?}$).

Fig. 159. Fruit.

Fig. 160. Graine.

Fig. 161. Graine, coupe longitudinale.

Fig. 162. Embryon ($\frac{3}{1}$).

lobée. Les lobes sont au nombre de cinq à onze, dentés, souvent glandulifères, comme le pétiole. A la base du pétiole se trouvent deux stipules
latérales, unies d'ordinaire en un seul sac membraneux, caduc, enveloppant au début les jeunes feuilles. Les inflorescences sont terminales ou
oppositifoliées ; ce sont des grappes de cymes multiflores alternes et
situées dans l'aisselle de bractées munies de glandes stipulaires latérales.
Les cymes inférieures sont normalement mâles, et les supérieures
femelles [1], avec quelquefois des cymes mixtes intermédiaires dans lesquelles la fleur femelle est centrale. Les pédicelles sont articulés.

— *R. scaber* BERTOL. — *R. speciosus* BURM.
— *R. spectabilis* BL. — *R. tunisensis* DESF.
*R. undulatus* BESS. — *R. viridis* W. — *R.*
*vulgaris* MORIS. — *Catapuntia major* LUDW.

— ? ,*Croton spinosus* L. , Spec. , 1005.
1. Celles-ci deviennent accidentellement hermaphrodites (voy. H. BN, in *Adansonia*, V,
65), comme celles de beaucoup d'Euphorbiacées.

A côté des Ricins se trouvent les *Homonoya*, arbustes de l'Asie tropicale, dont les fleurs sont construites de même, le calice mâle étant ordinairement trimère, les loges des anthères confluentes, et le gynécée pouvant être réduit à deux carpelles. Les fleurs des deux sexes sont portées sur des grappes ou des épis distincts, et les feuilles sont penninerves. Les *Cœlodiscus*, plantes indiennes, ont aussi les étamines polyadelphes; mais les faisceaux staminaux, au lieu de s'insérer vers le centre de la fleur, sont rejetés vers la périphérie du réceptacle, dont le centre est occupé par une sorte de disque circulaire et concave.

## III. SÉRIE DES MÉDICINIERS.

Les Médiciniers [1] (fig. 163–169) ont les fleurs unisexuées, presque toujours monoïques. Leur réceptacle convexe porte, dans les fleurs

*Jatropha Curcas.*

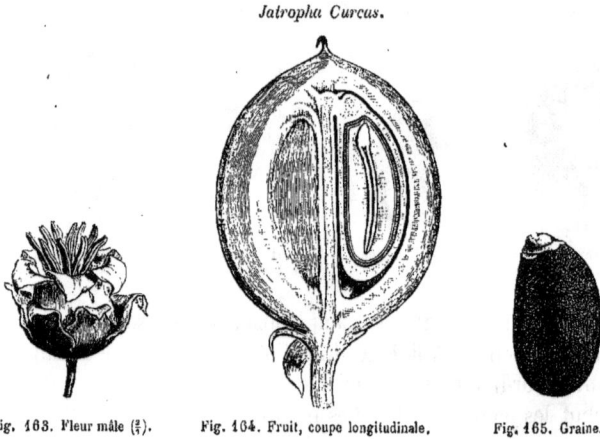

Fig. 163. Fleur mâle ($\frac{2}{1}$).    Fig. 164. Fruit, coupe longitudinale.    Fig. 165. Graine.

mâles, cinq [2] sépales libres ou unis à la base et disposés dans le bouton en préfloraison quinconciale. Les pétales sont généralement en même nombre, libres et tordus [3] dans le bouton. Avec eux alternent cinq glandes

---

1. *Jatropha* L., *Gen.*, 288. — Sw., *Obs.*, 366. — J., *Gen.*, 389. — Desrouss., in *Lamk Dict.*, IV, 5. — Lamk, *Ill.*, t. 791. — Poir., *Suppl.*, III, 616. — A. Juss., *Euphorb.*, 37, t. 11, fig. 34. — Endl., *Gen.*, n. 5805. — H. Bn, *Euphorbiac.*, 294, t. 14, fig. 10-27. — M. Arg., in *Linnœa*, XXIV, 207; *Prodr.*, 1076.—*Adenorhopium* Pohl, *Pl. bras.*, I, 12, t. 9 (incl. : *Bivonea* Rafin., *Bromfieldia* Neck., *Castiglionia* R. et Pav., *Cnidoscolus* Pohl, *Curcas* Adans., *Jussievia* Houst., *Loureira* Cav., *Mozinna* Orteg., *Ricinodendron* M. Arg.).

2. Exceptionnellement quatre ou six.

3. Plus rarement imbriqués.

ibres qui entourent le pied de l'androcée. Celui-ci est formé de deux
verticilles de cinq étamines monadelphes à leur base. Les plus petites,
plus extérieures, sont superposées aux pétales et pourvues d'une anthère
introrse, déhiscente par deux fentes longitudinales [1]. Les plus grandes,
alternes avec les précédentes, ont les filets plus longs et des anthères
à déhiscence marginale ou extrorse [2]. Dans les fleurs femelles, le périanthe
est généralement le même, et l'androcée disparaît totalement, ou bien
il est représenté par un ou deux verticilles de languettes stériles. Les
glandes du disque hypogyne sont libres ou unies entre elles ; et le
gynécée supère se compose d'un ovaire à trois loges, surmonté d'un style
dont les trois branches bifides sont stigmatifères en haut et en dedans.
Dans l'angle interne de chaque loge, le placenta supporte un ovule descendant, construit comme celui des Ricins et surmonté de même d'un
obturateur celluleux [3]. Le fruit est une capsule généralement tricoque,
laissant échapper, en s'ouvrant élastiquement, des graines arillées, semblables aussi de tous points à celles des Euphorbes et des Ricins.

*Jatropha (Cnidoscolus) aconitifolia.*

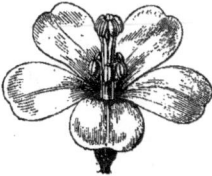

Fig. 166. Fleur mâle ($\frac{3}{1}$).

Fig. 167. Fleur mâle, coupe longitudinale.

Dans quelques *Jatropha*, le nombre des étamines s'élève jusqu'à vingt
ou trente. Dans quelques-uns encore, la fleur mâle est seule pourvue
d'une corolle, qui manque dans la fleur femelle. Dans certains autres, dont
on a cru pouvoir faire un genre, sous le nom de *Cnidoscolus* [4] (fig. 166,
167), les pétales disparaissent dans les fleurs des deux sexes, dont le
calice devient le plus souvent pétaloïde. Dans le *J. Curcas* (fig. 163-165)
et dans quelques espèces analogues, souvent aussi distinguées comme

1. Le pollen est « gros, sphérique ; membrane externe à gros grains, sans plis : *J. pan-
duræfolia, J. urens, Adenorhopium villosum* ».
(H. Mohl, in *Ann. sc. nat.*, sér. 2, III, 337.)
2. Le sommet de la colonne androcéenne
supporte, dans un certain nombre de fleurs, un
rudiment de gynécée, tantôt entier et tantôt tri-
fide ou tripartit, et dont on a contesté l'existence
(voy. *Adansonia*, XI, 134).

3. Le nucelle, se prolongeant au delà de
l'exostome, vient dans l'anthèse appliquer contre
la ligne médiane externe de l'obturateur une
extrémité dilatée, aplatie ou spathulée.
4. Pohl, *Pl. bras.*, 1, 56, t. 49-52. — Endl.,
*Gen.*, n. 5807. — H. Bn, *Euphorbiac.*, 302,
t. 19, fig. 3-9. — *Bivonea* Rafin., *Fl. ludov.*,
138 (nec Moç., nec DC.), — *Jussievia* Houst.,
*Rel.*, 6, t. 15,

types d'un genre particulier [1], non-seulement la corolle est bien déve-
loppée, mais encore ses pièces sont unies entre elles dans une certaine
étendue. La gamopétalie n'est pas réelle, quoique les pétales soient
unis très-haut et même jusqu'au sommet, dans une espèce singulière
de l'Afrique tropicale occidentale, le *J. Heudelotii* [2], dont le fruit indéhiscent a le mésocarpe plus épais et plus charnu [3] que les autres Médiciniers [4]. Ce genre, ainsi délimité, renferme environ soixante et dix

*Jatropha (Mozinna) cordata.*

Fig. 168. Fleur mâle (⅘).

Fig. 169. Fleur mâle, coupe longitudinale.

espèces [5], toutes originaires des régions chaudes des deux mondes. Elles
sont frutescentes ou en partie herbacées, avec des feuilles alternes,
accompagnées de stipules, parfois glanduleuses, pétiolées, avec un limbe
entier, ou denté, ou lobé, digitinerve, et parfois même, comme dans le
*J. Heudelotii,* composées-3-5-foliolées. Leurs fleurs, rarement dioïques,
sont disposées en grappes ramifiées, souvent corymbiformes, et composées de cymes, dont les fleurs femelles, quand elles existent, occupent
le centre. La plupart sont des plantes laiteuses ; celles de la section *Cnidoscolus* sont généralement chargées de poils glanduleux à suc brûlant.

1. *Curcas* ADANS., *Fam. des pl.*, II, 356. —
ENDL., *Gen.*, n. 5806. — H. BN, *Euphorbiac.*,
313, t. 13, fig. 1-18 ; t. 19, fig. 10-11. —
*Castiglionia* R. et PAV., *Prodr. Fl. per.*, 139,
t. 37. — *Bromfieldia* NECK., *Elem.*, II, 347. —
*Loureira* CAV., *Icon.*, V, 17, t. 429, 430. —
*Mozinna* ORTEG., *Nov. aut rar. pl. Dec.*, VIII,
104, t. 13. — ENDL., *Gen.*, n. 5814.

2. H. BN, in *Adansonia*, I, 64 ; XI, 134. —
M. ARG., *Prodr.*, 1083, n. 17. Cette espèce a
les fleurs dioïques.

3. Ce qui arrive, au moins pendant une certaine période, pour d'autres *Jatropha*, tels que
le *J. Curcas* (fig. 164). La conséquence de l'in-
déhiscence du péricarpe est ici, comme souvent
ailleurs, le peu de développement de l'arille.

4. Je crois que c'est avec cette même plante
que M. J. MUELLER a fait (*Prodr.*, 1111) son

*Ricinodendron africanus,* dont le nom devient
pour nous celui d'une section du g. *Jatropha.*

5. H. B. K., *Nov. gen. et spec.*, II, 82. —
HOOK. et ARN., *Beech. Voy., Bot.*, 443 (*Cni-
doscolus*). — ANDR., *Bot. Repos.*, IV, t. 167. —
VAHL, *Symb.*, I, 79, t. 21. — VENT., *Pl. Mal-
mais.*, 52, not. — BENTH., *Pl. Hartweg.*, 8 ;
*Sulph.*, 165. — ROXB., *Fl. ind.*, III, 638. —
TORR., in *Mex. Bound. Surv., Bot.*, 198. —
HOCHST., in *Flora* (1845), 82. — DALZ., *Bomb.
Fl.*, 229. — THW., *Enum. pl. Zeyl*, 277. —
GRISEB., *Fl. brit. W. Ind.*, 36. — HOOK., in *Bot.
Mag.*, t. 4376. — SOND., in *Linnæa*, XXIII,
117. — M. ARG., in *Flora* (1864), 485 ; in
*Linnæa*, XXXIV, 207 ; in *Mém. Soc. Gen.*,
XVIII, 449. — H. BN, in *Adansonia*, I, 63,
145, 342, 344 (*Curcas*) ; III, 149 ; IV, 266,
284 (*Curcas*).

Le *J. Manihot* est devenu le type d'un genre spécial, sous le nom de *Manihot*, parce que dans ses fleurs apétales, très-analogues par conséquent à celles des *Cnidoscolus*, les filets staminaux, au lieu d'être portés sur une colonne qu'entoure le disque, sont libres dans leur plus grande étendue et ne sont unis que vers leur base par un corps central qui s'épanche entre eux pour former un disque surbaissé. Les *Manihot* sont herbacés ou frutescents, presque tous originaires de l'Amérique du Sud.

A côté des genres précédents se placent : le *Tannodia*, arbuste de Madagascar, qui a les fleurs des *Jatropha*, petites et réunies en grappes spiciformes, mais dont le calice est valvaire dans les fleurs mâles, imbriqué dans les femelles ; les Maurelles (*Tournesolia*), dont les fleurs, plus petites que celles des Médiciniers, dont elles ont au fond la structure, sont dans les deux sexes pourvues d'un calice valvaire, possèdent des pétales entiers ou plus ou moins profondément découpés ; ou bien, elles en sont dépourvues dans les fleurs femelles. Presque toutes habitent les régions chaudes du globe, notamment l'Amérique, où elles se présentent sous formes d'herbes, d'arbustes ou de sous-arbrisseaux, à organes généralement imprégnés d'une matière colorante rougeâtre. Les *Pausandra*, de l'Amérique tropicale, ont de six à huit étamines, les extérieures oppositipétales, insérées autour d'une concavité centrale du réceptacle.

Les *Monotaxis* forment tout à côté une petite sous-série (Monotaxidées) où les fleurs, avec le même plan général que les genres précédents, ont un calice valvaire, des loges d'anthères distinctes et pendantes, et un embryon cylindrique ou peu s'en faut, avec des cotylédons égaux à peu près en largeur à la radicule, au lieu d'être aplatis, foliacés et beaucoup plus larges qu'elle. Ce sont d'ailleurs des plantes australiennes, à port tout à fait particulier, suffrutescentes, avec de petites tiges rameuses et d'étroites feuilles rappelant celles des Éricacées.

Dans les *Sarcoclinium*, arbustes de l'Asie et de l'Afrique tropicales, les fleurs, très-analogues aussi à celles des Médiciniers et des Maurelles, ont un calice mâle valvaire et un calice femelle imbriqué, des pétales en nombre égal ou double de celui des pièces du calice, deux verticilles (complets ou incomplets) d'étamines à anthères introrses, et des fleurs disposées en petites cymes sur les axes d'épis ou de grappes parfois très-longues. Les *Galearia*, originaires de la Malaisie et de Java, ont à peu près les mêmes fleurs ; mais leur calice est valvaire et leurs pétales sont concaves ou conformés en capuchons dans lesquels sont logées les anthères des étamines oppositipétales. Leur ovaire bi- ou triloculaire devient un fruit coriace, indéhiscent et monosperme. Dans les *Johannesia*, type aussi d'une section (Johannésiées), le calice a la forme d'un sac épais, dont l'ouverture béante est bordée de quatre ou cinq dents très-courtes. Les pétales sont imbriqués ou tordus, et le reste de la fleur est comparable à ce qui s'observe dans les *Jatropha*, *Sarcoclinium*, *Galearia*. On n'en connaît qu'une espèce, qui est un arbre brésilien, à feuilles composées-digitées et à fleurs disposées en cymes composées. Les Bancouliers

*Aleurites (Elæococca) verniciflua.*

Fig. 170. Graine.

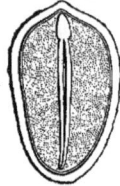

Fig. 171. Graine, coupe longitudinale.

(*Aleurites*), arbres des régions chaudes de l'Asie et de l'Océanie, ont des feuilles simples, digiti-nerves à la base et plus ou moins découpées. Leurs fleurs, leurs fruits et leurs graines (fig. 170, 171) sont analogues à ceux des genres précédents; mais leur ca-lice valvaire se divise irréguliè-rement en un nombre variable de lanières; et leurs étamines, au lieu d'être en nombre indéfini, sont réunies en grande quantité sur un réceptacle commun allongé. Les *Sagotia*, arbres à feuilles simples, de la Guyane, ont aussi des étamines nombreuses au centre de la fleur mâle; leurs sépales et leurs pétales sont imbriqués, et leurs fleurs mâles ont cinq glandes alternipétales qui manquent dans les femelles. Les *Chæto-carpus*, arbres de l'Inde orientale et de l'Amérique tropicale, ont aussi des feuilles simples; leurs fleurs tétramères ont un calice imbriqué, mais sans corolle, et de huit à seize étamines: on peut donc les considérer comme des Médiciniers ou des *Sagotia* apétales à type floral quaternaire.

Les *Hevea* constituent une petite sous-série dans ce groupe. Leurs fleurs monoïques sont apétales, et leur calice gamosépale a de longues divisions valvaires ou subindupliquées. Leurs anthères, extrorses, rap-prochées en un ou deux verticilles, sont appliquées verticalement sur la surface d'une colonne cylindrique centrale et dressée, que surmonte un petit corps terminal. Leur ovaire est surmonté d'un style columniforme. Ce sont des arbres à feuilles alternes et digitées-trifoliolées, avec des fleurs monoïques réunies en cymes composées fort ramifiées; ils sont originaires du nord-est de l'Amérique méridionale (Guyane, Para).

Dans les *Trigonostemon*, arbres et arbustes de l'Asie tropicale, les anthères peuvent être, comme celles des *Hevea*, extrorses, rapprochées sur une colonne centrale; et il y a des espèces de ce genre où le nombre de leurs verticilles et leur nombre total peuvent bien être les mêmes; mais il y en a aussi où l'on compte trois verticilles, et d'autres où l'androcée n'a qu'un verticille formé seulement de trois pièces. D'ailleurs le périanthe est imbriqué et souvent double, et les feuilles sont simples, penninerves, alternes ou parfois assez rapprochées pour simuler des verticilles.

Les *Cluytia* constituent également une petite sous-série (Cluytiées). Avec un port particulier, ils ont des fleurs (fig. 172) à périanthe double, imbriqué. Mais l'insertion de leurs pétales est plus ou moins périgynique. Leur androcée isostémoné est formé de pièces portées sur une colonne centrale que surmonte un rudiment de gynécée. Un disque simple ou double en accompagne la base. Tous les *Cluytia* connus, frutescents ou suffrutescents, à feuilles

*Cluytia pulchella.*

Fig. 172. Fleur femelle ($\frac{5}{1}$).

alternes, simples et sans stipules, habitent l'Afrique australe ou le voisinage de la mer Rouge, notamment l'Abyssinie et l'Arabie.

Dans le petit groupe des Pogonophorées, les *Pogonophora*, arbustes et arbres de l'Amérique tropicale, ont un double périanthe imbriqué, hypogyne, avec cinq étamines libres, alternipétales, et, dans la fleur femelle, un ovaire triloculaire, entouré d'un disque membraneux. Leurs feuilles sont simples et alternes. Il en est de même des *Microdesmis*, genre très-voisin, originaire de l'Afrique tropicale occidentale, où s'observe une espèce isostémonée, et de l'Inde orientale, où croît une espèce diplostémonée, pourvue de cinq étamines oppositipétales, plus petites que les cinq autres. Toutes sont insérées autour d'un rudiment central de gynécée, entourées d'un calice imbriqué et d'une corolle imbriquée ou tordue. L'ovaire et le fruit à noyaux durs sont à deux ou trois loges. Les *Micrandra* sont aussi fort voisins des *Pogonophora*; mais leurs fleurs sont apétales, et leur androcée isostémoné est formé d'étamines alternes avec les sépales, dont les filets sont incurvés-réfractés dans le bouton. Ce sont des arbres brésiliens, à feuilles alternes. Les *Cunuria*, analogues à la fois aux *Tannodia*, *Jatropha* et aux *Micrandra*, ont les fleurs apétales de ces derniers, mais avec un androcée diplostémoné, sans incurvation particulière des filets. Le disque de leur fleur femelle est surmonté de six dents (staminodes?), et les feuilles de la seule espèce connue, qui habite le Brésil du Nord, sont alternes, épaisses, semblables à celles de beaucoup de Guttifères. Dans le *Mischodon*, genre qui présente avec les types précédents de grandes analogies, les sépales sont imbriqués; la corolle manque, et les étamines sont au nombre de six, comme les pièces du calice; mais elles leur sont superposées. La seule espèce connue est un arbre de Ceylan, dont les feuilles simples sont opposées ou verticillées, et dont on a fait une sous-tribu (Mischodontées).

Le genre *Codiæum* se rapproche plus des *Aleurites* que des genres énumérés les derniers, par le nombre indéfini de ses étamines, réunies sur un réceptacle central ; mais le double périanthe des fleurs y est imbriqué, comme dans les Médiciniers, les *Trigonostemon*, les *Sagotia*. Ce sont des arbres et des arbustes, à feuilles simples, alternes ou opposées,

*Ricinocarpos pinifolia.*

Fig. 173. Fleur mâle ($\frac{3}{2}$).    Fig. 175. Fleur mâle, sans le périanthe.    Fig. 174. Fleur mâle, coupe longitudinale.

qui habitent les régions chaudes de l'Asie et de l'Océanie. Les *Ricinocarpos* (fig. 173-175), qui sont australiens, ont tout à fait la fleur de certains *Codiæum* ; mais leurs feuilles sont souvent étroites, éricoïdes, et leurs graines ont un embryon à cotylédons étroits, semi-cylindriques ; ce qui fait que, par ces organes, les *Ricinocarpos* sont aux *Codiæum* ce que les *Monotaxis* sont aux *Jatropha* et aux *Tournesolia*. Les *Bertya*, australiens comme les *Ricinocarpos*, en ont les organes de végétation, l'embryon et les étamines centrales et en nombre indéfini ; mais leurs fleurs sont apétales et n'ont pour enveloppe qu'un calice, souvent pétaloïde, entouré lui-même d'un involucre caliciforme. Les *Beyeria*, également australiens, avec le même feuillage et le même embryon, apétales comme les *Bertya*, dépourvus de calicule comme les *Ricinocarpos,* ont un style singulier dont le sommet se dilate en une sorte de coiffe conique surbaissée, couronnant l'ovaire. Dans les *Alphandia*, qui habitent la Nouvelle-Calédonie, les feuilles sont larges et membraneuses, et les cotylédons sont foliacés. Les fleurs ont, comme dans les genres précédents, une grande analogie avec celles des *Codiæum* ; mais leur calice est gamosépale, quinquédenté, valvaire dans la préfloraison, et peut se déchirer inégalement, comme celui des Bancouliers. Les *Cocconerion,* arbres ou arbustes du même pays, ont à peu près les mêmes fleurs femelles, mais apétales et sans disque, et ces fleurs sont, comme les feuilles, dont solitaires elles occupent l'aisselle, disposées en véritables verticilles. Le *Fontainea* est aussi austro-calédonien. C'est un arbuste dont les fleurs sont à peu près celles des *Alphandia*, avec un calice sacciforme, valvaire, à peine denté au sommet, puis se déchirant dans sa longueur ; mais son fruit est une drupe à noyau osseux, réduite généralement à une loge monosperme. Le fruit est également drupacé, monosperme, dans le *Givotia*, arbre indien dont la fleur a des sépales et des pétales imbriqués, comme celle des *Codiæum*. Les *Baliospermum*, herbes ou arbustes des régions chaudes de l'Asie et de l'Océanie, ont, de leur côté, plusieurs loges à leur fruit capsulaire et déhiscent ; mais leurs fleurs (de *Codiæum*) sont apétales, avec un calice imbriqué. Les *Sumbavia*, arbres qui habitent l'Inde et Java, ont au contraire des pétales, petits dans la fleur femelle. Le calice de cette dernière est valvaire ou légèrement imbriqué, et celui de la fleur mâle est nettement valvaire. Cette fleur est à peu près celle d'un *Givotia ;* mais le fruit est, dit-on, capsulaire et tricoque. Il en est de même de celui des *Echinus*, plus connus sous le nom de *Rottlera*, et qui appartiennent à toutes les régions tropicales et sous-tropicales de l'ancien monde. Leurs fleurs sont apétales, et leur calice est valvaire. Leurs étamines sont introrses, extrorses ou à déhiscence latérale ; au milieu d'elles on observe quelquefois un rudiment de gynécée. Les *Cheilosa*, dont on ne connaît qu'une espèce javanaise, sont presque des *Echinus ;* mais leur calice est parfois plus ou moins imbriqué, au lieu d'être valvaire ; et leurs organes sexuels sont entourés d'un disque ; leur fleur mâle possède, dit-on, un gynécée rudimentaire. Les *Epiprinus*, arbres de Malacca, ont aussi un calice valvaire, sans corolle et des étamines en nombre indéfini, entourant un rudiment de gynécée ; mais leurs fleurs femelles sont entourées chacune d'un involucre caliciforme dont les folioles persistent et s'accroissent autour du fruit ; on a fait pour eux un petit groupe des Épiprinées.

Dans les Garciées, le calice est valvaire, se rompant inégalement lors de l'anthèse ; mais les pétales sont plus nombreux que ses divisions. C'est ce qui arrive dans le *Garcia*, arbre des régions chaudes de l'Amérique. Le *Crotonogyne*, qui habite l'Afrique tropicale occidentale, présente la même particularité dans la corolle mâle ; mais les pétales sont seulement au nombre de cinq dans la fleur femelle, et les graines ont un arille micropylaire qui manque dans les *Garcia*. Les glandes du disque y sont distinctes, tandis que dans les *Garcia*, le réceptacle est tout couvert d'une couche glanduleuse inégale. Le *Manniophyton*, ori-

ginaire des mêmes contrées, se distingue du *Crotonogyne* par sa corolle
mâle gamopétale et par ses pétales femelles très-légèrement unis vers
leur base. Dans le *Paracroton*, de Java, les fleurs semblent, d'après les
descriptions, analogues à celles des genres précédents, mais elles ont
une corolle, comme celles des *Givotia*, et leur calice est imbriqué.

Les *Leucocroton*, arbustes de Cuba, ont le calice valvaire des Garciées, avec trois ou quatre sépales, et de six à dix étamines seulement,
entourant un petit rudiment de gynécée. Les glandes de leur disque
sont alternes avec les divisions du calice. Le *Pseudocroton*, de Guatemala, différerait des *Leucocroton* par le développement de sa corolle, son
réceptacle non élevé et son grand rudiment de gynécée libre au centre
des étamines. Les *Suregada* (fig. 176), qui
croissent dans les régions tropicales de
l'Asie et de l'Australie et dans l'Afrique
australe et orientale, continentale et insulaire, ont à peu près la même fleur, avec
des étamines ordinairement plus nombreuses; mais leur calice est imbriqué, et leur
réceptacle devient légèrement glanduleux
dans l'intervalle des étamines, tandis que
le disque des fleurs femelles a la forme

*Suregada (Gelonium) bifarium.*

Fig. 176. Fleur mâle (⅔).

d'une cupule. Le fruit, plus ou moins charnu, finit par s'ouvrir à la façon
d'une capsule. Les *Elateriospermum*, arbres de Java et de Malacca, ont
à peu près les fleurs apétales d'un *Suregada*, et ne s'en distinguent que
par leur fruit subdrupacé, leur arille pulpeux et par leurs inflorescences
en grappes de cymes corymbiformes.

L'*Acidocroton adelioides*, arbuste épineux de Cuba, analogue aux
genres précédents, est devenu le type d'un petit groupe (Acidocrotonées),
dont les fleurs sont pourvues de sépales imbriqués, de pétales en même
nombre, sans disque et avec des étamines nombreuses, dont les plus
extérieures alternent avec les pétales et dont l'anthère est surmontée
d'un prolongement du connectif. Cette plante semble par là intermédiaire aux *Jatropha* et aux *Tournesolia*, d'une part, et de l'autre aux
*Ricinella*, arbustes américains, souvent aussi épineux, mais dont le
calice est valvaire dans les deux sexes, et la fleur apétale; eux-mêmes
étaient autrefois confondus avec les *Bernardia*, originaires des mêmes
régions, mais qu'on peut, à la rigueur, en séparer génériquement parce
que le calice y est valvaire dans les deux sexes, et que les branches stylaires, distinctes dès la base, sont rejetées vers la circonférence du sommet

de l'ovaire et laissent celui-ci libre. Les *Adenophœdra* de l'Amérique tropicale sont des *Bernardia* à 3-6 étamines insérées sur un réceptacle non glanduleux et à anthères surmontées d'une grosse glande. L'*Acidoton*, arbuste de la Jamaïque, a presque tous les caractères des *Bernardia;* mais l'insertion de son style est centrale, et le réceptacle conique de ses fleurs mâles s'épaissit en tissu glanduleux dans l'intervalle et en dehors des étamines. Les *Cleidion*, qui appartiennent aux régions chaudes de l'ancien monde, sauf deux espèces américaines, ont aussi des sépales valvaires dans les fleurs mâles, imbriqués dans les femelles. Leurs étamines sont groupées très-exactement en séries verticales dans lesquelles elles alternent et s'imbriquent étroitement; leur style a deux ou trois longues branches bifurquées. Les *Endospermum*, arbres de la Chine, de la Malaisie, de Bornéo, ont le calice gamosépale, denté, imbriqué au début, et des étamines en nombre variable (de six à dix), disposées sur deux verticilles et à anthères peltées, 3-4-valves. A leur ovaire biloculaire succède un fruit indéhiscent et monosperme. L'*Erismanthus*, arbuste de Penang, a des fleurs apétales, un calice imbriqué, oblique dans les mâles, de huit à quinze étamines à anthères introrses et un ovaire à trois loges. Dans le *Ditta myricoides*, de Cuba, mal connu et placé, non sans quelque doute, à côté du genre précédent, le calice des fleurs femelles disparaît et le fruit subdrupacé est porté sur un pédicelle qui porte quelques bractées entières ou palmatipartites.

Les *Adriana* ne peuvent être écartés des types précédents; ils sont tous australiens, frutescents, avec des feuilles opposées ou alternes, un calice valvaire dans les fleurs mâles, imbriqué dans les femelles, sans corolle et sans disque, des étamines centrales en nombre indéfini et un fruit capsulaire tricoque. Le *Neoboutonia africana*, qu'on place à côté d'eux, a la même organisation florale, avec un disque bien développé dans les deux sexes. Dans les *Trewia*, arbres asiatiques à feuilles opposées, les fleurs apétales, sans disque, 3-4-mères, sont aussi très-analogues; leur fruit subéreux, indéhiscent, est à trois ou quatre loges, renfermant chacune une graine dépourvue d'arille. Le *Lasiocroton macrophyllus*, genre de la Jamaïque, mal connu, passe pour avoir à peu près les mêmes fleurs que les précédents, avec un disque hypogyne dans la fleur femelle seulement, et un fruit capsulaire. Les *Pycnocoma*, arbres et arbustes de l'Afrique tropicale, continentale et insulaire, sont bien voisins aussi des *Trewia*, des *Echinus*, des *Adriana;* ils ont de grandes feuilles alternes, allongées, et des fleurs en longues grappes, d'un ou des deux sexes, avec souvent une fleur femelle au sommet. Leur fruit est

capsulaire, et leur graine, sans arille ; de plus, la surface de leur réceptacle mâle s'épaissit entre les insertions des étamines en une couche
glanduleuse. Les *Mabea*, qui tous appartiennent aux régions les plus
chaudes de l'Amérique, ont presque les fleurs d'un *Trewia*, avec un
calice court à divisions légèrement imbriquées, ou valvaires, ou cessant
même de bonne heure de se toucher. Les étamines sont insérées en
nombre indéfini sur un réceptacle conique ou hémisphérique. Le calice
femelle est imbriqué, et les graines ont un arille micropylaire. Les *Conceveiba*, presque tous américains, mais dont une espèce habite l'Afrique
tropicale occidentale, ont des fleurs apétales, avec ou sans disque, un
calice mâle valvaire, des étamines nombreuses, à anthères extrorses ou
introrses, et, dans la fleur femelle, de cinq à dix sépales, imbriqués,
garnis à leur base, comme les bractées qui les précèdent, de grosses
glandes marginales et dorsales. Le *Gavarretia*, arbre du Brésil boréal,
dont la fleur mâle n'est pas connue, a des fleurs femelles à gynécée
dicarpellé, entouré d'un calice sacciforme à ouverture supérieure entière ou légèrement dentée. Dans les *Macaranga*, tous originaires des
régions chaudes de l'ancien monde, il y a aussi apétalie, préfloraison
valvaire du calice mâle et imbriquée du calice femelle, étamines en
nombre indéfini ; mais leurs anthères sont tri- ou quadriloculaires et à
insertion subpeltée sur le sommet du filet. Le gynécée a parfois de trois
à six loges, plus souvent deux dans les espèces dont on a fait le genre
*Mappa*, et une seulement, avec un style à insertion excentrique, dans
les véritables *Macaranga*. Les feuilles de ces plantes, très-souvent pal-
matinerves à la base, ou peltées, sont, comme la plupart des jeunes
organes, chargées de grains cireux ou résineux de couleur jaunâtre.

Le *Dysopsis*, petite herbe chilienne, au port de certaines Cotylioles
rampantes, était autrefois pour nous le type d'une série distincte, parce
que ses petites fleurs monoïques et trimères ont ordinairement un androcée diplostémoné. Les six étamines sont disposées sur deux verticilles ;
elles ont des anthères introrses, et les trois plus petites peuvent même
manquer. La fleur femelle, qui a un ovaire à trois loges, superposées aux
sépales, est supportée par un pédoncule capillaire qui finit par s'allonger
beaucoup. Les Mercuriales (fig. 177-184), plantes de toutes les régions
chaudes et tempérées de l'ancien monde, ont beaucoup de ressemblance
avec les *Dysopsis ;* mais leur fleur est plus compliquée. Leurs étamines
sont presque toujours en nombre indéfini, avec des loges plus ou moins
indépendantes les unes des autres, tantôt pendantes et tantôt ascendantes, extrorses, latérales ou introrses. Leur gynécée, formé de deux

ou trois carpelles, est souvent accompagné d'un disque hypogyne, dont les éléments, linéaires ou squamiformes, alternent avec les carpelles. Les espèces à loges staminales ascendantes sont quelquefois herbacées, mais plus ordinairement ligneuses, arborescentes; c'est ce qui arrive pour les *Claoxylon*, plantes des pays chauds. Les Mercuriales de la sec—

*Mercurialis annua.*

Fig. 177. Pied mâle.

Fig. 179. Pied femelle.

Fig. 178. Fleur mâle (⁴⁄₁).

Fig. 180. Fleur femelle (²⁄₁).

Fig. 181. Fleur femelle, sans le gynécée.

Fig. 182. Fleur femelle normale vue d'en haut.

Fig. 183. Fleur femelle à quatre sépales.

Fig. 184. Fleur femelle à cinq sépales.

tion *Erythrococca* sont ligneuses et épineuses; enfin, plusieurs espèces herbacées du Cap peuvent avoir un androcée réduit, comme celui des *Dysopsis*, à trois étamines. Les *Tetrorchidium*, arbustes de l'Amérique tropicale, ont à peu près les organes de végétation et les fleurs des Mercuriales du sous-genre *Claoxylon ;* mais leurs étamines sont superposées aux trois folioles du calice et formées chacune de quatre loges représentant peut-être une paire d'anthères. La préfloraison des sépales est valvaire ou à peu près dans les fleurs mâles, imbriquée dans les femelles, et l'on observe dans leurs intervalles trois lames pétaloïdes, représentant un disque analogue à celui des *Mercurialis*. Les *Hasskarlia*, arbustes de l'Afrique tropicale occidentale, ont les fleurs mâles des *Tetrorchidium*, avec des sépales mâles nettement valvaires, et diffèrent seulement de ce dernier genre en ce que les lames pétaloïdes de leur disque femelle sont alternes avec les loges ovariennes au lieu de leur être opposées, parce que ces loges elles-mêmes sont alternes avec les sépales dans les *Tetrorchidium* et leur sont superposées dans les *Hasskarlia*.

Les *Acalypha* (fig. 185-189), qui ont souvent servi de type à une tribu de cette famille, tribu à laquelle on donne encore leur nom, se distin-

*Acalypha phleoides.*

Fig. 185. Rameau florifère.

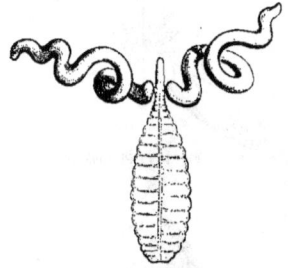

Fig. 186. Étamine ($\frac{14}{1}$).

guent facilement par leur fleur mâle à quatre sépales valvaires, par leur androcée diplostémoné et par la forme vermiculée de leurs loges d'anthères, attachées de chaque côté vers le sommet du filet et plus ou moins allongées et repliées sur elles-mêmes dans le bouton (fig. 186, 187). Leurs fleurs femelles, qui ont de trois à cinq sépales imbriqués, sont remarquables aussi, dans le plus grand nombre de cas, par les bractées dentées, accrescentes, qui les accompagnent et par le grand développement de leurs branches stylaires ramifiées. Ce sont des plantes herbacées, suffrutescentes et frutescentes de toutes les régions chaudes du globe. Les Alchornées, plantes ligneuses de toutes les régions tropicales et sous-tropicales du globe, ont à peu près la même organisation florale, le calice valvaire dans les fleurs mâles, avec deux ou trois divisions, et imbriqué dans les femelles, avec des divisions au nombre de quatre à six.

quatre étamines, ou huit, sur deux rangées, ou un nombre plus considérable, indéfini. Les filets sont libres ou unis inférieurement en un
anneau; les anthères sont introrses ou extrorses, sans configuration particulière; et le gynécée, di- ou trimère, entouré ou non d'un disque

*Acalypha phleoides.*

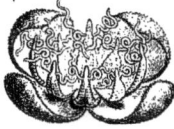

Fig. 188. Fleur femelle (⁵⁄₁).     Fig. 187. Fleur mâle (¹⁰⁄₁).     Fig. 189. Fleur femelle, coupe
longitudinale.

hypogyne, est surmonté d'un style à branches entières ou bifides. Le
*Mareya*, petit arbre de l'Afrique tropicale occidentale, se rapproche
beaucoup du genre précédent, dont il a le périanthe. Ses étamines,
en nombre indéfini, sont insérées sur un réceptacle glanduleux; leurs
loges pendent d'abord distinctes du connectif; après quoi elles se relè-
vent. Les fruits sont capsulaires, et les graines dépourvues d'arille. Le
*Cephalomappa* de Bornéo a des sépales femelles nombreux et des fleurs
mâles 2-3-andres, réunies en capitules globuleux. Le *Ramelia*, petit
arbuste de la Nouvelle-Calédonie, rappelle à la fois, comme type
amoindri, les *Cleidion* et les *Alchornea*. Son ovaire triloculaire est surmonté d'un style infundibuliforme à sa base, puis partagé en trois branches stigmatifères presque pétaloïdes; et sa fleur mâle, à calice valvaire,
ne contient que deux ou trois étamines, alternes avec les sépales. Le
*Caryodendron*, grand arbre de l'Orénoque, se distingue par des fleurs
mâles à calice valvaire, à quatre étamines entourées par un disque péri-
gyne qui tapisse le fond de la fleur des deux sexes, par les loges pendantes de ses anthères, et par son gros fruit, probablement indéhiscent,
du volume d'une noix, à graines comestibles; et le *Platygyne*, arbuste
volubile et à poils brûlants, qui croît à Cuba, possède des étamines en
nombre presque défini (de cinq à huit), portées sur un réceptacle à
sommet tronqué ou concave, et un calice femelle de cinq à sept folioles,
imbriquées ou presque valvaires, entourant un gynécée trimère.

Les *Amperea*, plantes suffrutescentes, australiennes, à rameaux souvent spartioïdes et à feuilles étroites, parfois fort peu développées, ont

été, à eux seuls, relégués dans une tribu particulière (*Amperea*), principalement à cause de la forme semi-cylindrique de leurs cotylédons, égaux à peu près en largeur à leur radicule. D'ailleurs leur calice est, comme dans la plupart des genres précédents, valvaire dans les fleurs mâles, imbriqué dans les femelles. Leur androcée diplostémoné est formé d'étamines à anthères dont les loges en bissac rappellent beaucoup celles de nos Mercuriales indigènes ; et il est parfois entouré d'un disque à glandes allongées. Le *Calycopeplus*, autrefois rangé parmi les Euphorbes, a le port spartioïde des *Amperea*, des feuilles opposées, glanduleuses, très-peu développées et des fleurs également disposées en cymes. La fleur terminale est centrale et composée, comme celle des *Amperea*, d'un gynécée trimère, à loges uniovulées, et d'un périanthe à six divisions ; les fleurs mâles, disposées en cymes bipares, sont périphériques, réduites chacune à un petit périanthe et à une seule étamine dont l'anthère regarde en dehors. Le *Cnesmone javanica*, arbuste grimpant, à larges feuilles chargées de poils, n'a plus qu'un androcée isostémoné, dans des fleurs mâles apétales et trimères. Sa fleur femelle est au contraire à peu près celle d'un *Amperea*, présentant un gynécée trimère, entouré d'un calice imbriqué. Les anthères sont surmontées d'un long prolongement du connectif, sorte de baguette articulée, incurvée-géniculée, qui, dans le bouton, se replie en dedans de la face de l'anthère. Cet organe n'existe pas dans les *Tragia*, qui ont le même périanthe que les *Cnesmone*, avec un nombre de folioles qui varie de trois à huit dans la fleur femelle, où il est imbriqué. Les étamines y sont en nombre égal à celui des pièces du périanthe avec lesquelles elles alternent, ou en nombre moindre (si bien qu'avec trois sépales, il n'y a plus que deux ou une seule étamine), ou bien encore en nombre double, ou même en nombre indéfini, sur plusieurs verticilles, avec des anthères extrorses ou introrses. Dans ces derniers cas, elles sont accompagnées de glandes en nombre variable. Les *Tragia* sont des plantes, souvent hispides, volubiles, de tous les pays chauds du monde, principalement de l'Amérique tropicale. Dans le *Zuckertia*, liane mexicaine, très-voisine des *Tragia*, les fleurs sont dépourvues de glandes ; le calice mâle est piriforme dans le bouton, et les étamines, en nombre indéfini, forment un gros faisceau central. Leurs filets sont unis tout à fait à la base, et leurs anthères, allongées, sont extrorses. L'ovaire triloculaire, entouré d'un nombre variable de sépales, est surmonté d'un style dont la portion basilaire commune se renfle en massue, avant de se partager en trois branches révolutées. Les *Leptorachis*, l'un américain, l'autre de

l'Afrique australe, ressemblent aussi beaucoup aux *Tragia*. Leurs étamines nombreuses, à anthères basifixes, allongées, adossées au connectif
dans toute leur longueur, sont insérées sur un réceptacle convexe.
Les femelles ont un nombre variable de sépales imbriqués, entiers dans
l'espèce américaine, pinnatifides dans l'autre. Dans les *Bocquillonia*,
plantes ligneuses de la Nouvelle-Calédonie, le calice valvaire des fleurs
mâles, insérées sur le bois des branches, enveloppe seulement deux ou
trois petites étamines légèrement monadelphes, avec ou sans rudiment
de gynécée. L'ovaire, trimère, est entouré d'un calice imbriqué. Dans le
*Cladogynos*, originaire de Timor, il y a, dit-on, quatre étamines monadelphes et un ovaire triloculaire, surmonté d'un style à trois branches
glanduleuses-plumeuses. Ce genre semble, par là, voisin des *Cephalocroton*, arbustes de l'Inde et de l'Afrique tropicale orientale, continentale et insulaire, et dont la fleur mâle présente, autour d'une colonne
centrale (gynécée rudimentaire), de quatre à huit étamines à anthères
introrses, supportées par un filet qui se replie souvent deux fois sur lui-
même près de son sommet. Le calice de la fleur femelle est formé de
quatre à six folioles imbriquées et plus ou moins profondément incisées
sur les bords. Le *Cœlodepas*, arbre javanais, semble ne différer du genre
précédent que par les loges indépendantes et suspendues de ses anthères. Dans les *Symphyllia*, arbustes indiens, les caractères des fleurs
sont à peu près aussi les mêmes que dans les *Cephalocroton;* mais le
port et l'inflorescence sont bien différents. Les feuilles sont presque
rapprochées en verticilles au sommet des rameaux ; les fleurs sont groupées en épis ramifiés ; les fleurs mâles sont 3-5-mères, et les anthères
sont dressées et émarginées autour d'un rudiment de gynécée.

Les *Sphærostylis* doivent leur nom à ce que leur ovaire est surmonté
d'un style en forme de boule, bien plus volumineuse que lui-même ; ils
ont une fleur mâle trimère et triandre, analogue à celle des *Tragia*, et
cinq ou six sépales dans la fleur femelle. On n'en connaît qu'une espèce,
native de Madagascar. Dans les *Astrococcus*, arbres du Brésil septen-
trional, la fleur mâle est tétramère, isostémone, et le style prend aussi
un grand développement, surmontant l'ovaire d'une large masse obovoïde ou en pyramide renversée. L'*Angostyles*, arbre du même pays, a
aussi un énorme style, simulant une épaisse corolle infundibuliforme.
Les étamines sont en nombre indéfini et ont leurs filets courts unis à la
base. Les *Fragariopsis*, arbustes grimpants du Brésil, doivent leur nom
à l'apparence de leur androcée, formé d'anthères en nombre très-
variable, appliquées sur la surface conique d'un réceptacle glanduleux.

Leur ovaire quadriloculaire est aussi surmonté d'un large style obpy-
ramidal, qui porte supérieurement quatre petites lèvres stigmatifères.
Tous ces genres rappellent à la fois l'organisation des *Plukenetia*, qui
ont aussi un gros style, de forme variable, presque sphérique ou en
pyramide renversée, à lèvres stigmatifères plus ou moins proéminentes,
un fruit à trois ou quatre coques, plus ou moins saillantes ou cornues,
et des anthères en nombre indéfini, quadrilobées, extrorses, insérées
sur un réceptacle conique ou hémisphérique. Ce genre existe à la
fois dans l'Amérique, l'Afrique et l'Océanie tropicales.

Les *Dalechampia* (fig. 190-195), dont on a fait une tribu spéciale, ne
nous paraissent devoir former qu'une sous-série au voisinage des genres

*Dalechampia (Cremophyllum) spathulata.*

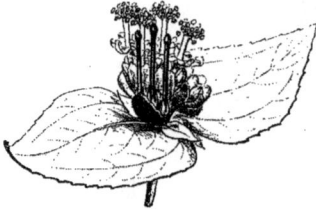

Fig. 190. Inflorescence vue du côté des fleurs femelles.

Fig. 191. Inflorescence, du côté des fleurs mâles.

précédents; ils ont en effet de grandes analogies avec les *Plukenetia*,
leur style étant aussi d'une seule pièce, mais plus allongé en massue ou
en colonne, avec des lobes stigmatifères peu développés, répondant aux
loges ovariennes ou aux cloisons interposées (fig. 194, 195). Le réceptacle, qui porte leurs étamines en nombre indéfini, devient une
colonne plus longue et moins épaisse. D'ailleurs, les fleurs des
deux sexes sont rapprochées en une masse contractée, enveloppée
par deux grandes bractées, souvent colorées, formant un involucre gé-

*Dalechampia (Cremophyllum) spathulata.*

Fig. 192. Inflorescence, coupe longitudinale.

néral à l'inflorescence. Il y a aussi un involucelle particulier pour les fleurs
mâles, réunies en cyme capituliforme, et pour les femelles, qui forment
en bas et en dehors des mâles une petite cyme triflore. On a observé
des *Dalechampia* dans toutes les régions chaudes des deux mondes.

C'est aussi par la présence d'involucres pluriflores et simulant au début des boutons simples, que se caractérisent les *Pera*, dont on a fait également une tribu et même une famille distincte (*Prosopidoclineæ*). Chaque involucre se fend ensuite d'un côté suivant sa longueur, et met

*Dalechampia (Cremophyllum) spathulata.*

Fig. 194. Fleur femelle (⅟₇). — Fig. 193. Fleur mâle (⅟₄). — Fig. 195. Fleur femelle, coupe longitudinale.

à nu un petit groupe de fleurs, soit mâles, soit femelles; les premières, apétales, souvent accompagnées de rudiments latéraux de fleurs femelles; les fleurs femelles parfaites, dépourvues de véritable périanthe. Les *Pera* sont des arbres des régions chaudes de l'Amérique, dont les feuilles, alternes, ou rarement opposées, dépourvues de stipules, rappellent ordinairement celles des Lauracées ou des Monimiacées.

## IV. SÉRIE DES CROTON.

Les fleurs des *Croton* [1] (fig. 196-203) sont régulières, ou à peu près, monoïques ou plus rarement dioïques, avec un petit réceptacle convexe.

1. L., *Gen.*, n. 1083 (part.). — ADANS., *Fam. des pl.*, II, 355. — J., *Gen.*, 389 (part.). — LAMK, *Dict.*, II, 203 (part.); Suppl., II, 404; *Ill.*, t. 790. — GEISEL., *Crot. Monogr.*, Halæ (1808). — A. JUSS., *Euphorb.*, 28, t. 8, fig. A. — ENDL., *Gen.*, n. 5827. — H. BN, *Euphorbiac.*, 349, t. 17, 18, fig. 1-7. — M. ARG., *Prodr.*, 512 (incl. : *Andrichnia* H. BN, *Angelandra* ENDL., *Anisophyllum* BVN (nec HAW.), *Argyrodendron* KL. (part.), *Astræa* KL., *Astræopsis* GRISEB., *Astrogyne* BENTH., *Barhamia* KL., *Brachystachys* KL., *Brunsvia* NECK., *Calyptriopetalum* KL., *Cascarilla* GRISEB., *Cinogasum* NECK., *Cleodora* KL., *Codonocalyx* KL., *Crotonanthus* KL., *Cyclostigma* KL., *Decarinium* RAFIN., *Drepadenium* RAFIN., *Eluteria*

Dans la fleur mâle, il porte d'abord un calice de cinq (plus rarement de quatre ou de six) sépales, libres ou unis à la base, imbriqués en quinconce ou valvaires dans la préfloraison. Les pétales, alternes, sont en

*Croton Tiglium.*

Fig. 196. Rameau florifère et fructifère (⅟₁).

même nombre, valvaires ou plus ou moins imbriqués dans le bouton, parfois trop étroits pour que leurs bords puissent même se toucher. Dans l'intervalle des pétales se voit un nombre égal de glandes alternes (fig. 197), quelquefois très-petites, ou qui même disparaissent tout à fait. L'androcée, disposé en verticilles, dont les pièces sont souvent en même nombre que les sépales ou les pétales, est assez souvent diplosté-

GRISEB., *Engelmannia* KL., *Eutropia* KL., *Furcaria* BVN, *Geiseleria* KL., *Gynamblosis* TORR., *Hendecandra* ESCHR., *Heptallon* RAFIN., *Klotschiphytum* H. BN, *Lasiogyne* KL., *Leucadenia* KL., *Medea* KL., *Micranthis* H. BN, *Microcroton* GRISEB., *Monguia* CHAPEL., *Myriogomphus* DIEDR., *Ocalia* KL., *Palanostigma* MART., *Petalostigma* MART. (nec F. MUELL.), *Pilinophytum* KL., *Podocalyx* KL., *Podostachys* KL., *Ricinocarpus* BOERH., *Ricinoides* T., *Stolidanthus* H. BN, *Tiglium* KL., *Timandra* KL., (?) *Tridesmis* LOUR.).

moné; il comporte, dans ce cas, cinq étamines alternes avec les pétales, et cinq, un peu plus courtes, qui leur sont superposées. Chacune d'elles est formée d'un filet libre, incurvé dans le bouton, et d'une anthère

*Croton Tiglium.*

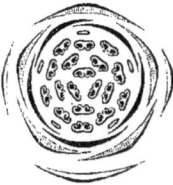

Fig. 197. Fleur mâle, diagramme.

Fig. 198. Fleur mâle, coupe longitudinale ($\frac{5}{1}$).

Fig. 199. Fleur femelle, diagramme.

Fig. 201. Fruit.

Fig. 200. Fleur, coupe longitudinale ($\frac{4}{1}$).

Fig. 202. Graine.

biloculaire, déhiscente par deux fentes longitudinales, introrses, mais dont la face regardait en dehors avant l'anthèse, par suite de l'incurvation du filet. Dans la fleur femelle, le calice, plus souvent valvaire qu'imbriqué, a un nombre de sépales qui peut s'élever de quatre à cinq ou dix ou douze. Les pétales, qui sont rarement aussi développés que ceux de la fleur mâle et de même forme qu'eux, sont plus ordinairement étroits, courts, glanduliformes, et ils peuvent même disparaître complétement. Ils alternent généralement avec les cinq glandes, indépendantes ou plus ou moins unies, d'un disque hypogyne qui entoure la base d'un ovaire sessile, généralement triloculaire. Dans chaque loge se trouve un ovule descendant, à micropyle extérieur et supérieur, coiffé d'un obturateur de taille variable. Le style se partage rapidement, souvent dès sa base même, en trois branches bifides ou plusieurs fois dichotomes, parfois même très-ramifiées. Le fruit, capsulaire, tricoque, est pourvu d'une columelle centrale. Les coques bivalves contiennent chacune une graine descendante, analogue à celles des Euphorbes et des Ricins (fig. 202), dont le micropyle est garni d'un arille charnu, et dont l'albumen huileux abondant entoure un embryon à radicule supère, cylindro-conique, et à larges cotylédons foliacés.

Il y a des *Croton* qui diffèrent de ceux que nous venons de caractériser par une légère inégalité des pièces de leur calice, ou par le nombre extrêmement variable des pièces de leur androcée. Celui-ci peut être isostémoné ; mais, plus ordinairement, il présente

*Croton penicillatum.*

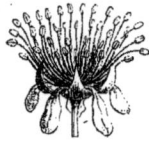

Fig. 203. Fleur mâle (⅔).

trois, quatre ou un plus grand nombre de verticilles (fig. 203), dont les pièces sont alternativement superposées à celles du calice et de la corolle, le verticille intérieur étant complet ou incomplet ; ou bien encore le nombre des étamines se multiplie dans chacun des verticilles. Ce genre renferme environ quatre cent cinquante espèces [1], arborescentes, frutescentes ou herbacées, rarement annuelles. Leurs feuilles sont presque toujours alternes, avec ou sans stipules ; ces dernières sont souvent glanduliformes. Le limbe, penninerve ou 3-5-plinerve, souvent entier, est parfois denté ou lobé. Il est rarement glabre, et bien plus ordinairement couvert de poils, soit simples, soit étoilés, soit peltés et écailleux ; il porte çà et là des glandes dont la situation est extrêmement variable [2].

Les fleurs sont disposées en grappes ou en épis, terminaux ou axillaires, simples ou ramifiés, composés de cymes ou de glomérules. Quand elles sont monoïques, les femelles, en nombre généralement peu considérable, occupent l'aisselle des bractées inférieures de l'inflorescence.

A côté des *Croton* se placent trois genres américains qui, avec la même organisation générale de l'androcée, se distinguent facilement : les *Julocroton*, en ce que leur fleur est résupinée, avec deux de leurs sépales inégaux en arrière, et un autre (ordinairement le plus développé) en avant ; les *Crotonopsis*, en ce que leur ovaire est réduit à une seule loge uniovulée, leur petit fruit demeurant sec et indéhiscent ; et les *Eremocarpus*, en ce que leur fruit sec, uniloculaire, est déhiscent en deux valves, en même temps que leur calice disparaît dans les fleurs femelles, et la corolle dans celles des deux sexes.

1. M. Arg., *Prodr.*, *loc. cit.*, 514-700, 1273 ; in *Flora* (1872). 4. — H. Bn, in *Adansonia*, I, 67, 146, 170, 232, 346 ; II, 217 ; III, 154 ; IV, 289 ; VI, 16, 310.
2. Souvent elles représentent des poils ou d'autres organes accessoires et sont disséminées sur les surfaces ; ailleurs elles répondent à des extrémités de nervures dilatées, ou bien elles sont des lobes de feuilles ou de stipules transformés. (Voy. H. Bn, *Euphorbiac.*, 230.)

## V. SÉRIE DES EXCÆCARIA.

Les *Excæcaria* [1] (fig. 204-214) ont les fleurs régulières, monoïques ou, plus rarement, dioïques et di- ou trimères. Dans les espèces les plus

*Excæcaria Agallocha.*

Fig 205. Fleur mâle, diagramme.

Fig. 204. Fleur mâle (⅜).

Fig. 206. Fleur femelle, diagramme.

typiques du genre, et, par exemple, dans celle qui donne le faux Bois d'aigle ou de Calambac, c'est-à-dire l'*E. Agallocha*, le calice est composé

*Excæcaria (Maprounea) guianensis.*

Fig. 208. Fleur femelle (⅜).

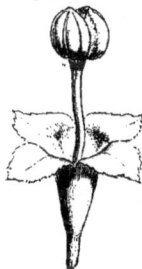

Fig. 207. Fleur mâle.

Fig. 209. Fleur femelle, coupe longitudinale.

de deux ou, bien plus souvent, de trois sépales, dont deux antérieurs, imbriqués dans la préfloraison, et l'androcée, de deux ou trois étamines

1. L., *Gen.*, 1102 (1737). — J., *Gen.*, 390. — LAMK, *Dict.*, I, 47; Suppl., I, 154. — A. JUSS., *Euphorbiac.*, 52. — ENDL., *Prodr. Fl. norfolk.*, 82; *Gen.*, n. 5772. — KL., in *Erichs. Arch.*, VII (1841), 182. — H. BN, *Euphorbiac.*, 517; in *Adansonia*, XI, 120. — M. ARG., *Prodr.*, 1201 (incl. : *Actinostemon* KL., *Adenogyne* KL., *Adenopeltis* BERT., *Ægopricon* L., *Bonania* A. RICH., *Clonostachys* KL., *Cnemidostachys* MART., *Colliguaya* MOL., *Commia* LOUR., *Conosapium*

M. ARG., *Dactylostemon* KL., *Ditrysinia* RAFIN., *Elachocroton* F. MUELL., *Falconeria* ROYL., *Fragiopsis* KARST., *Gussonia* SPRENG., *Gymnanthes* SW., *Gymnarrhæa* LEANDR., *Gymnobotrys* WALL., *Gymnostillingia* M. ARG., *Maprounea* AUBL., *Microstachys* A. JUSS., *Proiaxanthes* DIEDR., *Sapiopsis* M. ARG., *Sapium* JACQ., *Sarothrostachys* KL., *Sclerocroton* HOCHST., *Sebastiania* SPRENG., *Spirostachys* SOND., *Stillingfleetia* BOJ., *Stillingia* GARDEN., *Tæniosapium* M. ARG., *Triadica* LOUR.).

alternes, formées chacune d'un filet inséré au centre de la fleur, et d'une anthère extrorse, courte, à deux loges adnées aux bords d'un connectif vertical, et déhiscente par deux fentes longitudinales [1]. Il n'y a point

*Excœcaria (Sapium) Laurocerasus.*

Fig. 210. Bouton mâle jeune ($\frac{8}{1}$).   Fig. 211. Bouton mâle, coupe longitudinale.

d'indice du gynécée, de même que dans la fleur femelle on ne voit aucune trace de l'organe mâle. Le gynécée seul se trouve en dedans des sépales, formé d'un ovaire à trois loges alternes avec eux, et sur-

*Excœcaria (Adenopeltis) Colliguaya.*

monté d'un style dont les trois branches révolutées sont intérieurement chargées de papilles stigmatiques. Dans l'angle interne de chaque loge s'insère un ovule descendant, anatrope, à micropyle extérieur et supérieur, coiffé d'un obturateur. Le fruit est capsulaire, déhiscent en trois coques bivalves et monospermes ; et la graine, dépourvue d'arille, renferme sous ses téguments un abondant albumen charnu au centre duquel est un embryon à cotylédons foliacés, bien plus larges que la radicule supère et cylindrique.

Fig. 212. Inflorescence ($\frac{2}{3}$).   Fig. 213. Fleur mâle.

Dans certains *Excœcaria*, tels que l'*E. Lastellei*[2], le nombre des étamines peut s'élever jusqu'à sept ou huit, tous les autres caractères demeurant les mêmes. Dans ceux qu'on a distingués sous le nom de *Maprounea*[3] (fig. 207-209), les deux étamines ont leurs filets unis très-haut en une longue colonne, et la portion commune du style est aussi

---

1. Le pollen, là où il est connu, est celui des Euphorbiacées en général, presque sphérique ou ovoïde, avec des plis ou des bandes, ordinairement au nombre de trois.

2. *Anomostachys* H. Bn., *Euphorb.*, 525.

3. Aubl., *Guian.*, 895, t. 342. — J., *Gen.*, 391. — A. Juss., *Euphorb.*, 54, t. 17. — A. S. H., *Pl. us. Bras.*, t. 65. — Endl., *Gen.*, n. 5769. — M. Arg., *Prodr.*, 1190. — *Ægopricon* L., *Suppl.*, 413.

bien plus allongée. Dans d'autres, les lignes de déhiscence des anthères sont assez courtes pour avoir été décrites comme des pores [1]. Dans l'espèce dont on fait le type du genre *Conosapium* [2], la portion libre des étamines est très-courte et a pour support commun un prolongement conique du réceptacle. Dans les *Adenopeltis* [3] (fig. 212, 213), *Gymnostillingia* [4], *Gymnanthes* [5], *Dactylostemon* [6], etc., dont on fait aussi des genres distincts, les sépales, soit dans les fleurs mâles, soit dans les femelles, le calice peut être réduit à de très-petites dimensions, n'être plus représenté que par de très-petites folioles, ou découpées (fig. 213, 214), ou même disparaître tota-

*Excœcaria (Dactylostemon) Klotzschii.*

Fig. 214. Fleurs mâles ($\frac{5}{1}$).

lement. Le réceptacle qui les supporte a simplement la forme d'un cône surbaissé, ou bien, comme il arrive dans les *Stillingia* [7], *Gymnostillingia* et *Adenopeltis,* il se dilate en une plateforme triangulaire dont les cornes répondent aux coques du fruit qu'elle supporte. Dans ce cas, les coques sont séparées inférieurement par une courte columelle, tandis que, dans les *Maprounea,* celle-ci demeure rudimentaire [8]. Quant aux *Dactylostemon*, non-seulement ils se font remarquer par le peu de développement de leur calice, mais encore le nombre des étamines

---

1. Par exemple, dans les *Elachocroton* F. Muell., in *Hook. Journ.* (1857), 17.

2. M. Arg., in *Linnœa*, XXXIII, 87 ; *Prodr.*, 1154.

3. Bert., ex A. Juss., in *Ann. sc. nat.*, sér. 1, XXV, 24. — Endl., *Gen.*, n. 5770. — C. Gay, *Fl. chil.*, V, 337. — H. Bn, *Euphorb.*, 532, t. 7, fig. 15-19. — M. Arg., *Prodr.*, 1164.

4. M. Arg., in *Linnœa*, XXXII, 89 ; *Prodr.*, 1163. — H. Bn, in *Adansonia*, V, 339 ; XI, 121.

5. Kl., in *Erichs. Arch.*, VII (1841), 181 ; in *Hook. Journ.*, II, 44. — Endl., *Gen.*, Suppl., II, 87. — M. Arg., in *Linnœa*, XXXII, 84 ; *Prodr.*, 1195. — *Gymnarrhœa* Leandr., ex Kl., *loc. cit.* — *Actinostemon* Kl., in *Erichs. Arch.* (1841), 180. — Endl., *Gen.*, Suppl., II, 88. — M. Arg., in *Linnœa*, XXXII, 84 ; *Prodr.*, 1192. — H. Bn, *Euphorb.*, 532 ; in *Adansonia*, V, 342 ; XI, 122.

6. Sw., *Prodr.*, 6 (1783). — Kl., in *Erichs. Arch.*, VII, 182. — H. Bn, *Euphorb.*, 530 ; in *Adansonia*, XI, 121. — *Excœcaria* A. Juss., *Euphorb.*, t. 16, fig. 55. — *Sebastiania* Spreng., *N. Entd.*, II, 118, t. 3 (1821). — *Gussonia* Spreng., *loc. cit.*, 119, t. 2, fig. 7-10. — *Adenogyne* Kl., *loc. cit.*, 183 (part.). — *Cnemidostachys* Mart., *Reis.*, 206 ; *Nov. gen. et spec.*, I, 70, t. 40-44. — *Ditrysinia* Rafin., *Neog.*, 2

(1825). — *Microstachys* A. Juss., *Euphorb.*, 48, t. 15. — *Sarothrostachys* Kl., *loc. cit.*, 185. — *Clonostachys* Kl., *loc. cit.* — *Elachocroton* F. Muell., in *Hook. Journ.* (1857), 17. — *Fragiopsis* Karst., in *Koch. Wochenschr.* (1859), 5.

7. Garden, in *L. Mantiss.*, I (1767). — J., *Gen.*, 390. — Poir., *Dict.*, VII, 446. — Neck., *Elem.*, II, 340. — Endl., *Gen.*, n. 5780. — H. Bn, *Euphorbiac.*, 640 ; in *Adansonia*, V, 340. — M. Arg., in *Linnœa*, XXXII, 84 ; *Prodr.*, 1155.

8. La columelle prend son plus grand développement et persiste, avec un péricarpe capsulaire ou plus ou moins charnu dans les diverses espèces, parmi les vrais *Sapium* (Jacq., *Stirp. sel. amer.*, 249, t. 158 (1763). — Endl., *Gen.*, n. 5780. — Kl., in *Erichs. Arch.*, VII, 187. — M. Arg., *Prodr.*, 1202. — *Commia* Lour., *Fl. cochinch.*, 605, 742. — *Triadica* Lour., *op. cit.*, 748. — *Sclerocroton* Hochst., in *Flora* (1845), 85. — *Spirostachys* Sond., in *Linnœa*, XXIII, 106. — *Falconeria* Royl., *Ill. himal.*, 354, t. 84. — *Gymnobotrys* Wall., ex H. Bn, *Euphorbiac.*, 526. — *Bonania* A. Rich., *Fl. cub.*, 201, t. 68. — *Stillingfleetia* Boj., *Hort. maur.* 248. — *Sapiopsis* M. Arg., in *Linnœa*, XXXII, 84).

peut s'élever dans chacune de leurs fleurs jusqu'à une quinzaine[1]. Le gynécée présente un moins grand nombre de variations. Les branches du style, ordinairement cylindriques, peuvent devenir aplaties, comme il arrive dans les *Conosapium* et les *Tœniosapium*[2]; caractères qu'on a jugés suffisants pour distinguer des genres, mais auxquels nous n'accordons pas la même valeur. Il en est de même de la hauteur à laquelle le style, d'abord unique, se partage ensuite en deux ou trois branches stigmatifères, d'ailleurs toujours entières et plus ou moins récurvées et révolutées. Dans les *Adenopeltis* (fig. 212), la division a lieu presque dès le sommet de l'ovaire. Les graines, pourvues ou non d'une dilatation arillaire du micropyle ou de toute l'étendue de leur surface, étant en général complétement anatropes, si bien que leur chalaze est tout à fait inférieure, cet organe peut, dans les *Dactylostemon*, remonter plus ou moins haut sur leur bord intérieur; variations qui nous semblent actuellement tout à fait insuffisantes pour constituer des genres distincts. Celui-ci, compris de la sorte, renferme environ cent vingt-cinq espèces[3]. Ce sont des arbres, des arbustes ou même des plantes suffrutescentes ou herbacées; on les rencontre dans toutes les régions chaudes du globe, notamment en Amérique. Elles ont des feuilles alternes, rarement opposées, avec ou sans stipules. Leur limbe, simple, penninerve, porte souvent deux glandes latérales à sa base; il en est de même des bractées, des bractéoles, quelquefois même des sépales. Ces glandes sont d'ailleurs très-variables de forme, plus ou moins creusées en cupules, en sacs ou en tubes, sessiles ou stipitées et claviformes. Les fleurs sont disposées en grappes ou en épis, ordinairement terminaux, chargées de ces bractées dont l'aisselle renferme une fleur ou une cyme, souvent triflore. Dans les espèces monoïques, les fleurs femelles occupent l'aisselle d'une ou de quelques bractées inférieures de l'inflorescence; et les fleurs mâles, bien plus nombreuses, en occupent le sommet.

Tout près des *Excœcaria*, nous énumérons: les *Senefeldera*, arbres du Brésil, qui ont ordinairement de six à huit étamines, bisériées, portées sur un réceptacle conique, un calice mâle obovoïde, trilobé, imbriqué, et un fruit capsulaire à graines arillées; le *Pachystroma*, arbre également brésilien et aussi extrêmement voisin des *Excœcaria*,

1. Outre que, dans certaines espèces, on a quelquefois décrit, comme une seule fleur, un véritable glomérule pluriflore.
2. M. ARG., *Prodr.*, 1200. — H. BN, in *Adansonia*, II, 31 (*Stillingia*).
3. M. ARG., *Prodr.*, 1154 (*Conosapium*), 1155 (*Stillingia*), 1163 (*Gymnostillingia*), 1164 (*Adenopeltis, Sebastiania*), 1190 (*Maprounea*), 1192 (*Actinostemon*), 1195 (*Dactylostemon*), 1201 (*Tœniosapium, Excœcaria*). — BENTH., *Fl. austral.*, VI, 151 (*Sebastiania*), 152; *Fl. hongkong.*, 302 (*Stillingia*). — H. BN, in *Adansonia*, 77, 285, 350; II, 27 227; III, 162; V, 320; VI, 323 (*Stillingia*).

qui a le calice valvaire ou à peu près, avec trois étamines dressées et allongées, et la base du fruit dilatée en une masse triangulaire, comme celle des *Stillingia;* le Mancenillier (*Hippomane*), arbre de l'Amérique centrale, qui a des fleurs mâles diandres d'*Excœcaria* et ne se distingue que par un fruit drupacé, à noyau dur, rugueux et pluriloculaire; les *Carumbium*, qui, avec le port des *Excœcaria*, ont à la fleur mâle deux grands sépales imbriqués, égaux ou inégaux, plus ou moins épaissis et glanduleux inférieurement, soit en dehors, soit en dedans, et un ou plusieurs cercles d'étamines, centrales ou à peu près, repliées souvent en deux moitiés appliquées l'une contre l'autre, et un fruit sec ou charnu; ils habitent les régions chaudes de l'Asie et de l'Océanie. Les *Omphalea*, avec les ca-

*Hura crepitans.*

Fig. 215. Androcée (⁴⁄₁).

ractères généraux des genres précédents, ont un calice à quatre ou cinq divisions et un androcée dont les trois ou quatre anthères sont insérées sur le bord d'une dilatation en forme de disque ou de champignon sur-

*Hura crepitans.*

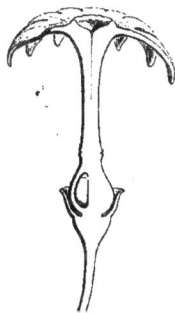

Fig. 216. Fleur femelle.          Fig. 218. Fruit (½).          Fig. 217. Fleur femelle, coupe longitudinale.

montant une courte colonne centrale. Les Sabliers (*Hura*) ont un calice cupuliforme et un androcée dont la colonne centrale supporte des anthères sessiles, extrorses, disposées sur deux ou plusieurs verticilles (fig. 215). Leur gynécée est surmonté d'un gros style qui se dilate en une tête simulant une corolle charnue à divisions nombreuses, épaisses et réfléchies (fig. 216, 217). Leur fruit (fig. 218), pluriloculaire comme leur ovaire, est une capsule déprimée, dont les coques se séparent les unes des autres et s'ouvrent élastiquement avec fracas.

Dans une petite sous-série particulière, qui a reçu le nom d'Anthosté-
midées, les fleurs sont monandres, le gynécée demeurant à peu près
celui des *Excœcaria*. Dans l'*Ophthalmoblapton*, arbre brésilien, à feuillage d'*Excœcaria*, l'anthère est biloculaire et sort par une sorte de per-
foration du sommet d'un calice urcéolé, et le sommet dilaté du style
est percé d'un pore triangulaire conduisant dans une cavité stigmatifère.
Dans le *Tetraplandra*, également originaire du Brésil, l'anthère termi-

*Anthostema senegalense.*

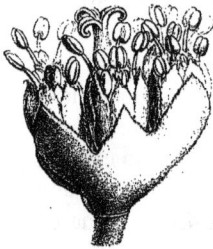

Fig. 219. Inflorescence,
avec l'involucre général (⅓).

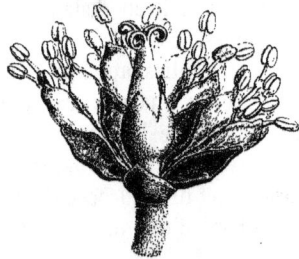

Fig. 220. Inflorescence,
sans les grandes bractées inférieures.

nale est quadriloculaire (à moins qu'on ne veuille la considérer comme
formée par le rapprochement de deux anthères biloculaires au sommet
de la colonne commune et articulée), et le style est à trois branches distinctes. L'*Algernonia*, arbre du même pays, n'a qu'une anthère à deux
loges, sans articulation. Son calice mâle est 3-5-lobé, et son calice
femelle, denticulé-glanduleux, a trois divisions. Les *Dalembertia*, qui
habitent le Mexique, n'ont pas de calice mâle ; leur anthère biloculaire
est supportée par un filet, d'abord incurvé, portant sur sa convexité une
bractéole superposée à la bractée axillante. Enfin, les *Anthostema*
(fig. 219, 220), à tort rapprochés des Euphorbes et des *Dalechampia*
dans une seule et même tribu, ont les fleurs monandres des genres précédents, accompagnées de bractées glanduleuses, comme celles des
Excæcariées en général, et réunies en petits bouquets autour d'une fleur
femelle qui finit par devenir latérale. Les fleurs des deux sexes ont un
petit calice dans les trois espèces connues du genre, originaires de
l'Afrique tropicale occidentale et de Madagascar.

## VI. SÉRIE DES DICHAPETALUM.

Les *Dichapetalum*[1] (fig. 221-225) que l'on a longtemps désignés sous le nom de *Chailletia*, et dont on a fait une famille distincte, parce que leurs fleurs sont souvent hermaphrodites, peuvent être considérés comme les plus élevées en organisation des Euphorbiacées à loges ovariennes biovulées. Ils sont parfois polygames. Dans celles de leurs fleurs qui réunissent les deux sexes, on observe un réceptacle souvent convexe qui porte un double périanthe, un androcée isostémoné et un gynécée supère. Le calice est formé de cinq sépales inégaux, libres ou unis inférieurement, imbriqués en quinconce, d'autant plus grands et plus membraneux, qu'ils sont plus intérieurs dans la préfloraison, et la corolle, de cinq pétales alternes plus ou moins profondément partagés en haut en deux lobes en cuilleron ou en capuchon, légèrement imbriqués ou indupliqués dans le bouton. L'androcée est formé de cinq étamines, alternes avec les pétales et avec un même nombre de glandes hypogynes, libres ou unies, ordinairement bifides. Chaque étamine se compose d'un filet

*Dichapetalum (Chailletia) toxicarium.*

Fig. 221. Rameau florifère.

hypogyne et d'une anthère dont les deux loges, introrses, déhiscentes par une fente longitudinale, sont appliquées sur la face interne d'un connectif épais, glanduleux, coloré. Le gynécée se compose d'un ovaire

1. DUP.-TH., *Nov. gen. et spec.*, 78 (1806). — H. BN, in *Adansonia*, XI, 102, t. 9, fig. 7-9. — *Leucosia* DUP.-TH., *op. cit.*, 79. — *Symphyllanthus* VAHL, in *Naturist. Selsk.*, VI, 86 (1810). — *Chailletia* DC., in *Ann. Mus.*, XVII (1811), 153, t. 1, fig. 1 ; *Prodr.*, II, 57. — TURP. in *Dict. sc. nat.*, Atl., t. 247. — ENDL., *Gen.*, n. 5758. — B. H., *Gen.*, 341, n. 1. — H. BN, in *Payer Fam. nat.*, 307. — *Moacurra* ROXB., *Fl. ind.*, II, 69. — H. BN *Et. gén. Euphorbiac.*, 587. — M. ARG., in *DC. Prodr.*, XV, p. II, 227. — ? *Quilesia* BLANCO, *Fl. de Filipp.*, 176. — *Mestotes* SOLAND., mss. (ex R. BR., *Congo*, 442). — *Walhenbergia* R. BR., in *Wall. Cat.*, n. 4332 (nec BL., nec SCHRAD., nec SCHUM.). — *Plappertia* REICHB., *Consp.*, n. 3824 (ex ENDL.).

à deux ou trois loges, surmonté d'un style partagé supérieurement, dans une étendue très-variable, en deux ou trois branches stigmatifères. Dans l'angle interne de chaque loge s'insèrent deux ovules colla-

*Dichapetalum pedunculatum.*

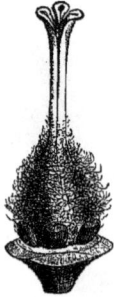

téraux, descendants, à micropyle supérieur et extérieur, coiffé d'un obturateur parfois peu développé ou nul. Le fruit est sec, déhiscent incomplétement, ou indéhiscent, et à une, deux ou trois loges, ordinairement monospermes. Les graines renferment sous leurs téguments un gros embryon sans albumen et à courte radicule supère, cylindro-conique.

Fig. 222. Gynécée jeune et disque ($\frac{10}{1}$).　　Fig. 223. Fleur, coupe longitudinale.

Dans certains *Dichapetalum* africains, tels que le *D. Heudelotii* (fig. 224), le réceptacle floral, au lieu d'être convexe, se creuse en une coupe peu profonde, sur les bords de laquelle s'insèrent le périanthe et l'androcée, à peu près au niveau du milieu de la hauteur de l'ovaire qui occupe le fond de la coupe réceptaculaire. Dans d'autres espèces

*Dichapetalum Heudelotii.*

Fig. 224. Fleur, coupe longitudinale ($\frac{4}{1}$).

du même pays, comme le *D. hispidum* (fig. 225), la profondeur de cette coupe devient si considérable, que l'ovaire tout entier est plongé dans la cavité et que c'est sur le bord du réceptacle, bien plus haut que le sommet de l'ovaire, que s'insèrent le périanthe, l'androcée et les glandes du disque. Ce genre, tel qu'il demeure actuellement constitué, renferme donc à la fois des plantes à insertion hypogynique, périgynique et épigynique. Les espèces qui le constituent, au nombre d'une trentaine [1], habitent toutes les régions tropicales de l'Amérique, de l'Afrique, de l'Asie et de l'Océanie; elles ont toutes des feuilles alternes, simples, accompagnées de deux stipules caduques, et des fleurs axillaires disposées en grappes plus ou moins ramifiées de cymes. Le plus souvent le pédoncule de l'inflorescence est entraîné et conné dans une étendue variable avec le pétiole de la feuille axillante.

---

1. HOOK., *Icon.*, t. 791, 592 (*Chailletia*).    — TUL., in *Ann. sc. nat.*, sér. 3, VII, 83. — — KL., in *Pet. Moss. Reis., Bot.*, t. 19, 20.    MIQ., *Fl. ind.-bat.*, Suppl., I, 328. — OLIV.,

Tout à côté des *Dichapetalum* se placent deux genres qui leur sont très-étroitement alliés : les *Stephanopodium* [1] (fig. 226), qui s'en distinguent principalement en ce que leurs pétales sont unis, quelquefois dans une très-grande étendue, en une corolle gamopétale qui porte les étamines; et les *Ta-pura* [2] (fig. 227-229), qui ont aussi une corolle gamopétale, mais irrégulière, imbriquée et des étamines fertiles, le plus souvent en nombre moindre, plus rarement en nombre égal à celui des pièces de la corolle [3]. Leur disque est unilatéral. Ces deux derniers genres ont des feuilles alternes et des fleurs en glomérules entraînés jusqu'au sommet de leur pétiole. Le premier n'a

*Dichapetalum hispidum.*

Fig. 225. Fleur, coupe longitudinale (¼).

*Stephanopodium Engleri.*

Fig. 226. Fleur, coupe longitudinale (⁴⁄₁).

*Tapura guianensis.*

Fig. 227. Fleur (⁴⁄₁).

Fig. 228. Diagramme.

Fig. 229. Fleur, coupe longitudinale.

que des espèces américaines, jusqu'ici au nombre de quatre [4] ; le dernier

*Fl. trop. Afr.*, I, 339 (*Chailletia*). —| WALP., *Rep.*, II, 829 ; *Ann.*, I, 898 ; II, 279 ; IV, 441 (*Chailletia*).

1. PŒPP. et ENDL., *Nov. gen. et spec.*, III, 40, t. 246. — B. H., *Gen.*, 341, n. 2. — H. BN, in *Payer Fam. nat.*, 308.

2. AUBL., *Guian.*, 126, t. 48. — J., *Gen.*, 419. — POIR., *Suppl.*, VII, 587 ; *Ill.*, t. 122. — DC., *Prodr.*, II, 58. — ENDL., *Gen.*, n. 5759. — B. H., *Gen.*, 341, 995, n. 3. — H. BN, in *Payer Fam. nat.*, 308 ; in *Adansonia*, XI, 110. — *Rohria* SCHREB., *Gen.*, 30 (nec VAHL).

3. Le fait ne se présente jusqu'ici que dans

une seule espèce américaine, le *T. capitulifera*, type de notre section *Dischizolœna*. Quant aux espèces méiostémonées, elles ont ordinairement trois étamines fertiles, alternes avec les deux grands pétales à double capuchon; les autres sont stériles. Le plan de symétrie, qui passe par le milieu du sépale 2 et dans l'intervalle des sépales 1, 3, coupe suivant un angle de 1/10ᵉ de circonférence le plan de symétrie de la corolle (fig. 228), de l'androcée et du gynécée (voy. *Adansonia*, XI, 111, 112).

4. WALP., *Rep.*, II, 828 ; V, 408. — H. BN, in *Adansonia*, XI, 109, t. 9.

est représenté par une espèce dans l'Afrique tropicale occidentale; les
autres, au nombre de sept ou huit[1], habitent toute l'Amérique tropicale.

## VII. SÉRIE DES PHYLLANTHES.

Les *Phyllanthus*, le genre le plus connu de cette série, n'en est pas le
type le plus complet. Celui-ci se trouve représenté par d'autres plantes
telles, par exemple, que le *Wielandia elegans*[2] (fig. 230-233), arbuste
des Seychelles et des îles voisines, qui a des fleurs monoïques, avec un

*Wielandia elegans.*

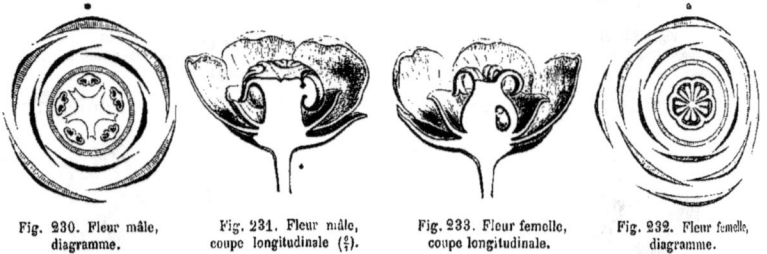

Fig. 230. Fleur mâle, diagramme.   Fig. 231. Fleur mâle, coupe longitudinale (⁴⁄₁).   Fig. 233. Fleur femelle, coupe longitudinale.   Fig. 232. Fleur femelle, diagramme.

réceptacle convexe. Il porte un calice de cinq sépales, un peu unis à la
base, disposés dans le bouton en préfloraison quinconciale, et une
corolle de cinq pétales alternes, libres, imbriqués. Plus intérieurement
se trouve un disque en forme de cupule, à cinq angles peu saillants[3],
alternipétales. Après quoi, le réceptacle s'élève en une colonne centrale
épaisse qui supporte cinq étamines alternipétales, dont les anthères
presque sessiles sont introrses dans le bouton, puis se réfléchissent en
dehors lors de l'anthèse, et ont deux loges déhiscentes par des fentes
longitudinales. La colonne se termine par un corps à cinq branches
oppositipétales, représentant les divisions d'un gynécée rudimentaire.
Dans les fleurs femelles, en dedans du périanthe et du disque, semblables
à ceux de la fleur mâle, se voit un gynécée fertile, dont l'ovaire est à cinq
loges superposées aux pétales et surmonté d'un style à cinq branches
stigmatifères bilobées, réfléchies. Dans l'angle interne de chaque loge

1. Pœpp. et Endl., *Nov. gen. et spec.*, III,
t. 246, fig. 2. — Oliv., *Fl. trop. Afr.*, I, 344. —
H. Bn, in *Adansonia*, XI, 111, note. — Walp.,
*Rep.*, I, 549; II, 829; V, 408; *Ann.*, IV, 442.

2. H. Bn, *Euphorbiac.*, 568, t. 22, fig. 6-
10; in *Adansonia*, II, 32. — *Savia elegans*
M. Arg., in *Linnæa*, XXXII, 78; *Prodr.*, 228.
3. Parfois à peine distincts.

s'insèrent deux ovules collatéraux, descendants, à micropyle extérieur. et supérieur, coiffés d'un obturateur bien développé. Cette plante a des feuilles alternes, simples, pétiolées, accompagnées de deux stipules, et des fleurs portées par de petits rameaux axillaires dont les bractées ou les feuilles alternes ont dans leur aisselle des petites cymes. Les pédicelles des fleurs femelles sont moins nombreux, plus longs, plus épais et plus renflés à leur sommet que ceux des fleurs mâles.

Les *Savia* sont des plantes très-voisines qui se distinguent, avant tout, par un gynécée trimère. Leurs fleurs ont ou cinq pétales, ou un nombre moindre, et un disque à cinq ou six lobes, parfois pétaloïde. Leur fruit est capsulaire ; et leurs graines renferment, dans un albumen charnu, un embryon à cotylédons plans ou légèrement sinueux. Ce sont des arbustes des Antilles et des îles orientales de l'Afrique. On en peut, à la rigueur, séparer les *Actephila*, arbustes des régions chaudes de l'Asie et de l'Océanie, qui, avec la même organisation florale, ont un réceptacle plus ou moins cupuliforme, et des graines dont l'embryon, dépourvu d'albumen ou n'en présentant, dans l'intervalle de ses replis, qu'une petite quantité, a des cotylédons plissés-involutés, s'enveloppant l'un l'autre et formant quelquefois de la sorte, dans les espèces australiennes où ils sont membraneux, un grand nombre de tours de spire. Les *Discocarpus* sont, dans l'Amérique tropicale, les analogues de ces plantes ; ils ont la même fleur à peu près, des cotylédons qui aussi s'enveloppent l'un l'autre ; mais leurs graines sont pourvues d'un arille membraneux. Leurs sépales sont imbriqués ou en partie valvaires ; leur corolle et leur androcée sont souvent incomplets, et leur gynécée, comme celui des *Actephila*, est ordinairement entouré d'un nombre variable de staminodes. On peut considérer ce genre comme servant de passage entre les *Actephila* et les *Amanoa*. Ceux-ci étaient autrefois réduits à quelques espèces américaines et africaines, à réceptacle peu concave, sur les bords duquel s'insèrent un calice et de petits pétales légèrement périgynes ; ils avaient leurs sépales plus ou moins imbriqués, mais à bords épais, coupés droit et, par suite, quelquefois complètement valvaires. Leur fruit était ordinairement capsulaire, mais souvent aussi plus ou moins charnu lors de la maturité, incomplétement ou difficilement déhiscent. Nous avons rattaché à ce groupe un grand nombre d'espèces de tous les pays chauds de l'ancien monde, rapportées précédemment à d'autres genres et qui diffèrent des précédentes, en ce que leur calice devient tout à fait et constamment valvaire ; en ce que leur réceptacle devenant plus creux, la périgynie de leurs pétales et de leurs

glandes est bien plus accentuée, en même temps que la portion centrale
du réceptacle qui supporte leurs étamines devient plus étirée; en ce que
leur péricarpe est ou nettement déhiscent, ou tout à fait indéhiscent;
enfin en ce que leur embryon a des cotylédons plans ou chiffonnés,
qui fréquemment s'amincissent de plus en plus et s'entourent, par
suite, d'un albumen plus ou moins considérable.

La forme du réceptacle se modifie dans les *Andrachne*, sans cesser
toutefois, en général, de demeurer légèrement concave; c'est une sorte
d'écuelle peu profonde sur les bords de laquelle s'insèrent les sépales et

*Poranthera ericoïdes.*

Fig. 234. Fleur mâle (⁴⁄₁).          Fig. 235. Fleur mâle, coupe longitudinale.

les pétales, parfois nuls et très-petits. Les glandes du disque sont en face
des pétales et non des sépales; et les anthères sont introrses. Les graines
sont pourvues d'un albumen. D'ailleurs, le petit groupe des Andrachnéées,
est très-analogue à la sous-série des Amanoées; il renferme beaucoup
de plantes suffrutescentes, qui croissent dans les deux mondes, surtout
dans les portions tempérées. Les *Poranthera* (fig. 234, 235), tous originaires de l'Australie, ont la même symétrie florale que les *Andrachne;*
mais leurs feuilles linéaires sont éricoïdes; et, comme conséquence, leurs
cotylédons sont étroits et épais, au lieu d'être membraneux. Leurs
anthères à quatre logettes s'ouvrent supérieurement par quatre fentes
courtes dont les bords écartés circonscrivent une sorte de pore ovalaire.

Les *Lachnostylis*, arbustes du Cap, se rapprochent davantage des
*Andrachne* par leur feuillage; ils ont le port des *Myrica* et des étamines
alternipétales, portées sur une colonne centrale, comme celles de la
plupart des *Amanoa*. Les *Payeria*, arbres des îles orientales de l'Afrique
australe, à feuilles alternes ou opposées, ont aussi des fleurs pentamères,
pourvues de pétales; mais leur calice femelle a la forme d'un sac à dents
très-courtes, qui semblent valvaires; et leur ovaire, surmonté d'un style
en forme de colonne entière, est à cinq loges superposées à ces dents.

Les pétales disparaissent dans les *Caletia* (fig. 236-239), type d'une sous-série particulière dont les genres, tous australiens, ont le feuillage éricoïde et les cotylédons étroits des *Poranthera;* mais leur calice pétaloïde est construit sur le type ternaire répété, ainsi que leur androcée

*Caletia micrantheoides.*

Fig. 237. Fleur mâle ($\frac{4}{1}$).

Fig. 238. Fleur femelle.

Fig. 236. Rameau florifère.

Fig. 239. Fleur femelle, coupe longitudinale.

dont les pièces sont superposées aux sépales. Les *Micrantheum*, qui en sont très-voisins, n'ont, avec le même port, que trois étamines superposées aux sépales extérieurs; et les lobes de leur gynécée rudimentaire sont superposés aux sépales intérieurs, au lieu d'alterner avec eux, comme dans les *Caletia* [1]. Les *Pseudanthus* (fig. 240, 241) diffèrent des genres précédents en ce que leurs étamines, au lieu d'entourer un rudiment central de pistil, sont insérées sur une colonne axile dont se détachent les filets surmontés des deux loges séparées des anthères; celles-ci sont en nombre défini ou indéfini. Ce dernier cas est toujours celui des

---

[1]. Malgré la différence du port et du feuillage (et le fait semblerait démontrer le peu de valeur de ces caractères), je ne puis placer qu'ici les *Choriceras*, arbustes australiens, qui ont tout à fait la fleur mâle des *Caletia*, avec deux verticilles de sépales dissemblables et les étamines au nombre de 5-7, insérées sous un rudiment central de gynécée, mais dont les feuilles opposées sont aplaties et non éricoïdes, et dont les carpelles, atténués chacun en un style distinct, sont indépendants dans le fruit jusqu'à la moitié environ de leur hauteur.

*Stachystemon*, dont l'androcée, formé d'un grand nombre d'anthères, sessiles sur une colonne étirée, représente en effet une sorte d'épi.

Il n'y a pas non plus de pétales dans les *Securinega*, qui ont des fleurs pentamères, à calice imbriqué, avec un même nombre d'étamines super-

*Pseudanthus pimeleoïdes.*

Fig. 240. Fleur femelle (⅓).

Fig. 241. Fleur femelle, coupe longitudinale.

posées, insérées autour d'un corps central, de façon qu'on peut les décrire comme des *Wielandia* apétales. Leurs graines sont albuminées, et leurs feuilles sont plates et élargies. Ce sont des arbres et des arbustes des régions chaudes et tempérées de toutes les parties des deux mondes, même de l'Europe. Leur fruit est à deux ou trois loges, capsulaire et déhiscent, ou indéhiscent et quelquefois même tout à fait charnu. Les *Antidesma* (fig. 242, 243), dont on formait autrefois une famille distincte, sont extrêmement voisins des *Securinega*. Leur fruit, plus souvent indéhiscent que déhiscent, a de une à trois loges; mais ils se distinguent aisément par un caractère d'ailleurs peu considérable en lui-même : ils ont des loges d'anthère en bissac, d'abord pendantes, puis redressées après l'anthèse.

*Antidesma Bunius.*

Fig. 242. Fleur femelle (⅘).

Fig. 243. Fleur femelle, coupe longitudinale.

On a observé des *Antidesma* dans toutes les régions chaudes du globe. Tout à côté d'eux et des *Securinega* se placent encore : Les *Aporosa* qui, sous le nom de *Scepa*, étaient aussi considérés comme constituant un ordre particulier et qui ont des fleurs mâles disposées en chatons, avec des anthères à loges adnées suivant leur longueur. Leur androcée, inséré autour d'un corps central, souvent petit ou même nul, est ordinairement formé de deux pièces, ainsi que leur gynécée; leur fruit est capsulaire. Ils habitent les régions tropicales de l'Asie et de l'Océanie. Les *Cometia*, arbustes de Madagascar (devant peut-être rentrer dans le genre précédent), qui ont aussi des chatons à fleurs 3-5-andres, un gynécée unicarpellé ; leur fruit est charnu. Les *Richeria*, plantes américaines, à fruit capsulaire, à fleurs dioïques, 3-5- mères, les mâles disposées en épis de glomérules ; les femelles, en épis, pourvues d'un disque hypogyne urcéolé[1]. Les *Hymenocardia*, de l'Asie et de l'Afrique tropicales, dont les fleurs mâles sont en épis simples, avec un calice à divisions valvaires ou à peine imbriquées, et dont le fruit biloculaire est surmonté de deux grandes ailes qui répondent au dos des loges et en font une samare. Les *Baccaurea*, qui croissent dans l'Afrique, l'Asie et l'Océanie tropicales, et qui ont un fruit indéhiscent, avec des graines pourvues d'un arille charnu ; leur androcée est isostémoné ou diplostémoné, avec un verticille d'étamines dont une ou plusieurs pièces peuvent être dédoublées. Les *Uapaca*, qui habitent l'Afrique tropicale, continentale et insulaire, et qui ont des fleurs mâles analogues à celles des *Securinega* et des *Baccaurea*, isostémones, toutes réunies, au sommet d'un pédoncule commun, en une boule qu'enveloppe un involucre caliciforme ; leur fruit est trimère, charnu ou subéreux. Les *Bischoffia*, arbres de l'Asie et de l'Océanie tropicales, qui, avec des fleurs mâles très-analogues à celles des *Hymenocardia*, mais réunies en grappes très-ramifiées, sans disque, ont un fruit indéhiscent, presque complétement charnu, et se distinguent surtout par leurs feuilles composées trifoliolées, analogues à celles de certaines Araliacées et Térébinthacées. Les *Piranhea*, qui, originaires du Brésil, ont aussi des feuilles trifoliolées, mais dont les étamines sont en nombre indéfini dans la fleur mâle et remplacées dans la fleur femelle par quelques languettes hypogynes, et dont le gynécée rudimentaire est représenté par un assez grand nombre de lobes glanduleux qui s'étendent jusque dans l'intervalle du pied des étamines. Le *Freireodendron*, arbre brésilien, qui a, dit-on, dix étamines insérées autour d'un corps central disciforme, les cinq extérieures superposées aux sépales, et dont le fruit drupacé est uniloculaire, comme l'ovaire. Les *Drypetes*, dont l'ovaire a une, deux ou trois loges, comme celui des *Antidesma*, et devient toujours un fruit indéhiscent. Leurs étamines sont en nombre tantôt défini, et tantôt indéfini, et insérées autour d'un corps central de dimensions variables, décrit ici comme un disque et là comme un gynécée rudimentaire. Ils appartiennent à tous les pays tropicaux du globe.

Les *Putranjiva* (fig. 244-247) sont rapportés à une autre tribu et l'ont

---

1. On ne peut fixer définitivement la place des *Dissiliaria* dont la fleur femelle est seule connue ; mais qui ont à peu près le fruit des *Richeria*, tri- et tétracoque, avec des feuilles opposées ; ce qui leur donne l'apparence de cer- tains *Baloghia* (*Codiœum*), un grand calice foliacé, imbriqué et un disque continu, cupuli- forme, entourant la base de l'ovaire. Les deux espèces jusqu'ici connues sont australiennes. Leurs feuilles sont généralement opposées.

même été à une famille distincte ; mais ils affectent avec les *Drypetes* les plus étroites affinités. Ils en ont le port, le feuillage, le fruit et souvent la fleur femelle ; mais leurs étamines, au nombre de deux ou trois, libres ou diadelphes, s'insèrent au centre de la fleur et non autour d'un rudi-

*Putranjiva Roxburghii.*

Fig. 246. Gynécée (⁴⁄₁).      Fig. 244. Bouton mâle (⁵⁄₁).      Fig. 245. Fleur mâle      Fig. 247. Gynécée,
                                                                 épanouie.                  coupe longitudinale.

ment de gynécée ; caractère qui appartient en somme à toutes les Phyllanthées proprement dites. Les espèces connues sont indiennes. Les *Longetia*, qui habitent la Nouvelle-Calédonie, se distinguent des genres précédents, en ce que leurs branches stylaires, au lieu d'occuper le sommet de l'ovaire, sont rejetées vers sa périphérie ; à cet égard, ils sont les analogues des *Bernardia* parmi les genres uniovulés. La première espèce connue avait des étamines nombreuses. Dans une seconde espèce, elles sont en nombre parfois presque défini. Dans ce genre, la présence d'un corps central n'est pas constante ; mais le fait s'observe quelquefois. Les feuilles sont opposées. Dans les *Bureavia*, qui sont du même pays, les feuilles sont également opposées ; les étamines sont nombreuses ; le gynécée est tri- ou tétramère, avec un style central ; et le fruit capsulaire renferme des graines pourvues d'un arille lacinié et coloré, procédant à la fois du micropyle, du hile et même des restes de l'obturateur. Les *Petalostigma*, arbustes australiens, sont caractérisés, non-seulement par le développement en lames charnues des branches de leur style, mais encore par des étamines nombreuses, centrales, et des fruits en partie charnus, quoique déhiscents, dans lesquels chaque loge est partagée par une fausse-cloison en deux compartiments monospermes. L'*Hyœnanche*, genre anormal de l'Afrique australe, a des fleurs mâles dont les sépales sont en nombre très-variable, ainsi que les étamines, insérées autour du centre vide du réceptacle irrégulier. Les fruits, à trois ou quatre coques, sont capsulaires, à mésocarpe subéreux. Les feuilles sont opposées ou verticillées. Dans les *Daphniphyllum*, arbres et arbustes des régions chaudes asiatiques, océaniennes et africaines, rapportés avec doute à cette famille, les étamines s'insèrent tout près du centre de la fleur où, en nombre indéfini, elles forment un verticille ombelliforme. Leur fruit est charnu, indéhiscent, et leur graine renferme un embryon plus court qu'il n'est d'ordinaire dans les Euphorbiacées.

Les *Phyllanthus* (fig. 248-253), qui ont donné leur nom à cette série, en constituent le genre le plus anciennement et le plus complétement étudié. On lui rapportait autrefois la presque totalité des Euphorbiacées biovulées qui s'observent dans les pays tropicaux. Leurs fleurs, généralement monoïques, plus rarement dioïques, et toujours de petite taille, n'ont le plus souvent que trois étamines, plus rarement quatre ou cinq, et exceptionnellement un plus grand nombre, mais toujours à insertion centrale. Leur périanthe a généralement de quatre à six sépales imbriqués, avec un même nombre de glandes alternes. Leur fruit est capsulaire, rarement plus ou moins charnu, avec des graines sans caroncule, anatropes ou descendantes, ou quelquefois presque complétement orthotropes et ascendantes, mais dirigeant toujours vers le sommet organique de la loge

*Phyllanthus (Xylophylla) angustifolius.*

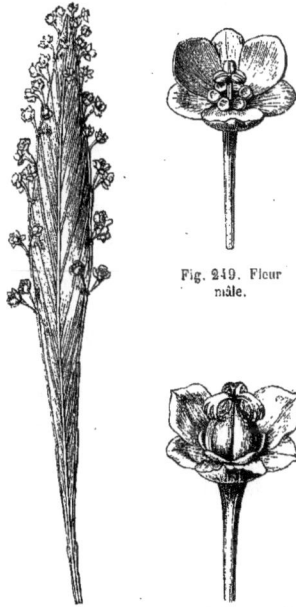

Fig. 249. Fleur mâle.

Fig. 248. Rameau florifère. Fig. 250. Fleur femelle (⅟).

leur micropyle qui dans l'ovule était coiffé d'un obturateur celluleux. Leur tégument séminal extérieur peut s'épaissir dans toute son étendue. Rien n'est variable comme l'organisation de leur androcée, leurs anthères extrorses ayant la base dirigée en bas, et les filets étant dans certains cas tout à fait libres (fig. 251). Elles peuvent être courtes, obliques ou presque transversales, ou bien dressées, allongées, plus ou moins unies à une colonne verticale (fig. 252), ou encore complétement monadelphes, insérées sur les bords d'un connectif plus ou

moins triangulaire (fig. 249) et à direction transversale, quelquefois
même confluentes à l'époque de leur déhiscence en une sorte d'anneau
horizontal (fig. 253). Les nombreuses espèces de ce genre sont des
herbes, des arbustes ou même des arbres qui croissent dans les régions
chaudes et tempérées du monde entier. Le plus souvent leurs feuilles

Phyllanthus Niruri.          Phyllanthus Fagueti.          Phyllanthus cyclanthera.

Fig. 251. Fleur mâle (⁴⁄₁).    Fig. 252. Fleur mâle (¹⁄₁).    Fig. 253. Fleur mâle (¹⁄₁).

sont alternes-distiques, simulant sur le rameau qui les porte la dispo-
sition des folioles d'une feuille pennée. Quelquefois elles sont réduites
à de simples écailles, et, dans ce cas, les rameaux sur lesquels elles s'insèrent se dilatent en cladodes aplatis : c'est ce qui arrive dans les espèces
de la section *Xylophylla* (fig. 248). Les *Breynia*, qui appartiennent aux
parties chaudes de l'Asie et de l'Océanie, ont les organes de végétation
des *Phyllanthus* foliacés; ils s'en distinguent par leurs fleurs à périanthe
mâle obconique, avec des divisions plissées-appendiculées sur le dos et
infracto-conniventes. Leurs graines sont pourvues d'un arille partiel ou
généralisé. Les *Sauropus* sont des mêmes pays; ils ont un calice mâle
turbiné-déprimé, avec un disque adné, 6-lobé, et dont les glandes sont
superposées aux sépales, au lieu de leur être alternes comme dans les
*Phyllanthus*, dont les *Sauropus* ont d'ailleurs l'organisation générale
et le mode de végétation. Les *Agyneia*, également très-voisins, ont les
glandes situées comme celles des *Sauropus*, le disque étant dans la fleur
mâle longuement adné en dedans, libre et lobé en dehors; ce qui est
l'inverse de ce qu'on observe dans les *Sauropus*. Le seul *Agyneia* connu,
herbe de tous points très-analogue aux *Phyllanthus* par son feuillage et
ses inflorescences, habite les régions tropicales de l'ancien monde.

## VIII? SÉRIE DES CALLITRICHE.

Les *Callitriche* [1] (fig. 254-258), qu'on a considérés, non sans contestation, comme un type amoindri, aquatique, d'Euphorbiacées biovulées, ont des fleurs hermaphrodites ou plus ordinairement monoïques ou dioïques, dimères, apétales. La fleur mâle a deux sépales [2] latéraux, imbri-

*Callitriche stagnalis.*

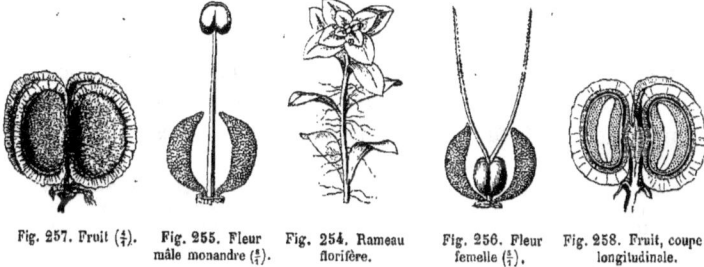

Fig. 257. Fruit (⁴⁄₁).    Fig. 255. Fleur    Fig. 254. Rameau    Fig. 256. Fleur    Fig. 258. Fruit, coupe
    mâle monandre (⁴⁄₁).    florifère.    femelle (⁵⁄₁).    longitudinale.

qués et deux étamines alternes, insérées sur un petit réceptacle convexe, ou bien une seule étamine médiane. Les filets sont libres, dressés, exserts dans l'anthèse; les anthères sont réniformes, déhiscentes par une fente semi-circulaire [3], latérale. Dans la fleur femelle, le périanthe, parfois très-peu développé, est analogue à celui de la fleur mâle; et le gynécée se compose d'un ovaire libre [4], à deux loges superposées aux sépales, divisées chacune en deux demi-loges par une fausse-cloison centripète; surmonté d'un style aussitôt divisé en deux branches latérales, simples, étroites, stigmatifères sur toute leur surface. Dans chaque loge se trouvent deux ovules collatéraux, descendants, anatropes, à micropyle dirigé en haut et en dehors, avec l'exostome épaissi et souvent coiffé d'un petit obturateur cellulcux. Dans les fleurs hermaphrodites, il y a un ovaire à deux loges superposées aux sépales, et une ou deux étamines alternes. Le fruit est capsulaire, à deux coques peu épaisses, divisées chacune en deux demi-coques, marginées ou ailées sur le dos, par dédoublement de

1. *Gen.*, n. 13. — ADANS., *Fam. des pl.*, II, 471. — J., *Gen.*, 19. — LAMK, *Dict.*, I, 564; Suppl., II, 36. — GÆRTN., *Fruct.*, I, 330, t. 68. — DC., *Prodr.*, III, 70. — NEES, *Gen.*, II, 4. — ENDL., *Gen.*, n. 1830. — H. BN, in *Bull. Soc. bot. de Fr.*, V, 337; *Euphorbiac.*, 650, t. 21, fig. 28-33. — CLARKE, in *Trans. Linn. Soc.*, XXII, 414; in *Seem. Journ. of Bot.* (1865),

36. — HEGELM., *Monogr. der Gatt.* Callitriche. Stuttg. (1864). — B. H., *Gen.*, 676, n. 9.

2. Pour les botanistes qui considèrent les fleurs comme nues, ce seraient des bractées.

3. Il y a sans doute deux loges dont les fentes sont confluentes par le sommet.

4. On l'a supposé théoriquement « adhérent » à un calice dont le limbe avorterait.

la fausse-cloison. Dans chaque demi-coque se trouve une graine descendante, à caroncule exostomique, à albumen charnu, entourant un embryon axile, cylindrique, rectiligne ou arqué, à radicule supère. Les *Callitriche* sont des herbes délicates, annuelles, à tige souvent nageante. Leurs feuilles sont opposées, petites, entières, trinerves ; leurs fleurs sont axillaires, ordinairement solitaires. On en a décrit jusqu'à une douzaine[1] d'espèces, lesquelles peut-être doivent être réduites à une ou deux. Elles habitent toutes les parties chaudes et tempérées du globe.

———

Cette grande famille, que nous réduisons, comme on vient de le voir, à cent cinquante genres, à part ceux, assez nombreux, qui sont mal connus et douteux[2], fut entrevue dès longtemps par les classificateurs.

1. KUETZ., in *Reichb. Ic. crit.*, t. 881-900. — GREN. et GODR., *Fl. de Fr.*, I, 590. — OLIV., *Fl. trop. Afr.*, I, 406. — BENTH., *Fl. austral.*, II, 491.— LEBEL, *Callitr.*, in *Mém. Soc. Cherb.* (1873), 129. — WALP., *Ann.*, VII, 944.
2. Ces genres comprennent, ou de véritables Euphorbiacées, comme le prouve l'étude de leur fleur femelle, mais sans que l'on connaisse leur véritable place dans cette famille, ou bien des plantes dont la fleur mâle est seule connue ; si bien qu'on ne saurait affirmer qu'elles soient des Euphorbiacées. En voici l'énumération :
1° *Adenochæton* (FENZL, in *Flora* [1844], I, 212). Ménispermacée du genre *Cocculus*.
2° *Antitaxis* (MIERS, *Menisperm.*, 12). Euphorbiacée, selon MM. BENTHAM et HOOKER (*Gen.*, 33), mais non suivant M. MUELLER (*Prodr.*, 1258). L'*A.*? *longifolia* MIERS est certainement une Ménispermacée, type pour nous (in *Adamsonia*, X, 155) du genre *Gabila* (voy. *Hist. des plantes*, III, p. 4).
3° *Austrobuxus* (MIQ., *Fl. ind.-bat.*, Suppl., I, 444). Arbuste (?) à feuilles opposées, simples, à fleurs femelles (seules connues) en cymes (?) à l'aisselle de bractées coriaces. Ovaire nu, ovoïde, surmonté d'un style à trois divisions courtes, trisulqué. Loges biovulées. — 1 esp., de Sumatra : *A. nitidus* (peut-être d'une des sect. asiatiques du genre *Amanoa*?).
4° *Calpigyne* (BL., *Mus. lugd.-bat.*, II, 192). Fleurs mâles : calice 4-fide, subvalvaire ; 4 étamines centrales, à anthères introrses. Ovaire triloculaire ; loges 1-ovulées. Styles bifides. Arbuste de Bornéo, des Célèbes, à feuilles alternes, penninerves, à fleurs monoïques, en épis (peut-être du g. *Cladogynos*, p. 18.?).
5° *Centrodiscus* (M. ARG., in *Fl. bras.*, *Euphorb.*, mox edend., ex comm. oral.) Gen. nob. ignot.
6° *Desmonema* (RAFIN., *Herb.*, 23). Rapporté

par l'auteur au voisinage des *Euphorbia* et *Tragia*; ressemble aux premiers par son ovaire longuement stipité, mais a, dit-on, des fleurs hermaphrodites (Amér. bor.).
7° *Elæogene* (MIQ., *Fl. ind.-bat.*, Suppl., 460). Arbre de Sumatra, à feuilles alternes. Poils étoilés. Calice femelle 5-partit. Baie à péricarpe épais, coriace, subligneux, tricoque et trisperme (*Baccaurea*?).
8° *Fahrenheitia* (REICHB. F. et ZOLL., in *Linnæa*, XXVIII, 599). Calice et corolle 5-mères. Fleur mâle à 10 étamines. Ovaire 3-loculaire. Capsule 3-coque, 3-sperme. — 1 esp. de Java : *F. collina* (*Codiæum*?).
9° *Forchhammeria* (LIEBM., *Nov. plant. mex. dec.*, 4). Euphorbiacée douteuse (B. H., *Gen.*, 104). Fruit entièrement spongieux, muqueux. Embryon sans albumen, à cotylédons convolutés (Malvacée??).
10° *Geruma* (FORSK., *Fl. æg.-arab.*, 62). Euphorbiacée douteuse (B. H., *Gen.*, 330), en diffère toutefois par ses fleurs hermaphrodites (M. ARG., *Prodr.*, 1259).
11° *Lascadium* (RAFIN., *Fl. ludov.*, 114). Plante de la Louisiane, laineuse, odorante, à feuilles alternes, à fleurs en ombelles, la femelle entourée des mâles, apétales. Calice entier. Etamines 12 environ. Ovaire triloculaire. Capsule 3-sperme (*Crotonea*?).
12° *Lobocarpus* (WIGHT et ARN., *Prodr.*, 7). Plante ligneuse, à feuilles glabres. Fleurs axillaires 1-3. Calice 3-fide. Fruit 5-loculaire. Loges 2-spermes. — 1 esp. (*L. Candolleanus*), de l'Inde orientale, peut-être du genre *Glochidion* (M. ARG., *Prodr.*, 1256).
13° *Mettenia* (GRISEB., *Fl. brit. W.-Ind.*, 43). Calice mâle 3-fide. Etamines 7, dont 4 extérieures, à anthères didymes. Calice femelle 5-partit. Ovaire 3-loculaire ; loges 1-ovulées. Capsule 3-coque. Arbres à feuilles alternes. Fleurs

En 1592, ZALUZIAN, dans son *Methodus*, indiquait déjà une classe des Tithymales. LINNÉ, en 1738, la distinguait, dans ses *Fragmenta Methodi naturalis*, sous le nom de *Tricoccæ*, qu'elle a conservé jusqu'à nos jours. B. DE JUSSIEU, en 1759, dans le jardin de Trianon, admet une classe des

en grappes axillaires et terminales, dioïques, fasciculées. — 1 esp. de la Jamaïque : *M. globosa* GRISEB. — *Croton globosus* Sw., *Prodr.*, 100. — *Ricinus globosus* W., *Spec.*, IV, 567. Appartient à la série des Hippomanées (M. ARG., *Prodr.*, 1255).

14° *Phyllobotryum* M. ARG., in *Flora* (1864), 524 ; *Prodr.*, 1231. — H. BN, in *Adansonia*, XI, 137). Rapporté par M. MUELLER aux Euphorbiacées-Hippomanées et décrit comme dioïque, ce genre peut avoir· des fleurs polygames, car nous en avons observé une dans laquelle il y avait un gynécée jeune, dont l'ovaire était surmonté d'un style à trois petits lobes stigmatifères. Ses placentas pauciovulés, au nombre de trois, étant pariétaux, il est probable que le genre doit être écarté des Euphorbiacées et être rapporté aux Bixacées ou aux Saxifragacées. Les fleurs mâles, apétales, ont cinq ou six sépales imbriqués, entourés de deux ou trois folioles analogues qu'on a décrites comme formant un involucre. Les étamines, en nombre indéfini, insérées sur un réceptacle plan ou légèrement convexe, sont formées d'un filet libre, dressé, surmonté d'un connectif coloré dont les bords portent les loges de l'anthère, presque triangulaires, à déhiscence longitudinale introrse. Un gynécée rudimentaire à trois ou quatre saillies apicales peut exister dans la fleur mâle. Le *P. spathulatum*, seule espèce connue du genre, est un arbre de l'Afrique tropicale occidentale. Ses feuilles alternes sont en effet spathulées, pétiolées, accompagnées de deux stipules. Les fleurs sont épiphylles, l'axe de l'inflorescence axillaire qui en porte une cyme pauciflore étant soulevé avec la face supérieure du pétiole et d'une portion de la face supérieure du limbe.

15° *Phylloxylon* (H. BN, in *Adansonia*, II, 54). Fleurs mâles à 3 sépales et 3 pétales imbriqués. Étamines 6, sur deux verticilles.—Arbuste de Maurice, à cladodes de *Xylophylla*, aphylle, à fleurs en épis amentiformes, axillaires. Fleur femelle...? (Santalacée ? M. ARG., *Prodr.*, 1256).

16° *Prætoria* (H. BN, *Euphorbiac.*, 470 ; — *Croton incanum* BL.). Urticacée du genre *Pipturus* (M. ARG., *Prodr.*, 1260).

17° *Regnaldia* (H. BN, in *Adansonia*, I, 187, t. 7, fig. 7, 8). Arbuste de Ceylan, à feuilles alternes et à fleurs mâles nombreuses en cymes axillaires. Calice de 4 sépales imbriqués. Colonne androcéenne entourée d'un disque circulaire, surmontée d'un rudiment de pistil et portant au-dessous de lui deux verticilles 4-mères d'étamines. Fleurs femelles...? (Genre voisin

probablement des *Securinega*, *Drypetes*, etc.)

18° *Ryparia* (BL., *Bijdr.*, 600. — H. BN, *Euphorbiac.*, 339). Genre dont les fleurs mâles nous sont inconnues. Le *R. cæsia* (*Aspidandra* HASSK., *Cat. Hort. bog.*, ed. nov., 47) serait peut-être une Artocarpée (M. ARG., *Prodr.*, 1258). Il nous a semblé que c'est plutôt une Bixacée, très-voisine des *Osmelia* et des *Lunania*, de la série des Samydées (voy. *Hist. des plantes*, IV, 307, 308).

19° *Stelechanteria* (DUP.-TH., ex H. BN, in *Adansonia*, IV, 147). Fleurs mâles disposées en petits bouquets sur les tiges. Calice 3-mère imbriqué. Etamines 4, 5, à anthères introrses, à filets insérés en dehors d'un grand disque monophylle, urcéolé, aussi haut que le calice, rétréci vers son ouverture supérieure et à bords inégalement découpés. Fleurs femelles...? Plante de Madagascar (Euphorbiacée ? biovulée ?).

20° *Secretania* (M. ARG., *Prodr.*, 227). Fleur mâle à 4 sépales et 4 pétales alternes ; 4 étamines oppositipétales, à anthères introrses, insérées autour d'un rudiment de gynécée. Fleur femelle...?—Arbre de la Guyane (S. *loranthacea*) à feuilles alternes, chargées de poils courts, ferrugineux, à fleurs mâles en grappes composées. Placé dans le *Prodromus* près des *Savia* et peut-être allié aux Myrsinées polypétales (H. BN, in *Adansonia*, XI, 137).

21° *Tetragyne* (MIQ., *Fl. ind.-bat.*, Suppl., I, 463). Fleur femelle : calice 5-phylle. Ovaire à 4 loges 1-ovulées (ou à 2 loges 2-ovulées ?). Stigmates 4, linéaires. Plante ligneuse de Sumatra (*T. acuminata*), à feuilles alternes, à fleurs axillaires (*Aporosa* ? M. ARG., *Prodr.*, 1254).

22° *Trisyngyne* (H. BN, in *Adansonia*, XI, 136). Fleurs monoïques, apétales ; fleur mâle à calice tubuleux-obconique, membraneux, gamophylle, à 4, 5 dents valvaires. Etamines ∞, à filets libres, très-grêles, centraux, à anthères linéaires, basifixes, subapiculées, introrses. Fleur femelle (incomplétement connue) accompagnée de deux petites folioles (sépales ?). Ovaire à 2 loges uniovulées. Style épais, dressé, bifide et stigmatifère au sommet.—Arbustes de la Nouv.-Calédonie, à feuilles alternes, simples, penninerves. Fleurs nombreuses sortant d'un bourgeon axillaire ou latéral ; les mâles disposées en cymes, insérées dans l'aisselle d'une écaille scarieuse ; les femelles disposées plus haut sur un petit axe rigide en glomérules 3-flores, se comprimant entre elles, accompagnées de bractées et de bractéoles glandulifères dans leur aisselle et de deux glandes comprimées, latérales à chaque glomérule.

*Euphorbieæ*, qui, avec quatorze genres d'Euphorbiacées, renferme les Buis, Papayers et *Sterculia*. ADANSON [1] donna également trop d'extension à ses Titimales, en y comprenant les *Clusia, Hernandia, Papaya, Polygala* et *Cupania*. A. L. DE JUSSIEU [2] les réduisit un peu, mais y fit encore figurer des Cucurbitacées, telles que les *Sechium*. C'est R. BROWN qui, en 1815 [3], paraît avoir le premier donné à cette famille le nom d'Euphorbiacées. Quelques années après, A. DE JUSSIEU en publiait une monographie [4] qui semble actuellement fort imparfaite, mais qui fut longtemps suivie par les botanistes de ce siècle, jusqu'à l'époque où KLOTZSCH reprit, dans plusieurs de ses travaux [5], une révision rapide des *Tricoccæ* de LINNÉ auxquelles il ajouta de nombreux genres, la plupart sans grande valeur ou qui avaient été déjà établis sous d'autres noms par des auteurs antérieurs. Lorsque nous entreprîmes, en 1858, une *Étude générale du groupe des Euphorbiacées*, nous y trouvâmes environ deux cent soixante genres conservés comme valables, et les réduisîmes à près de deux cents. En même temps nous démontrions, dans plusieurs publications successives : que les Buis ne sont pas des Euphorbiacées [6]; que les familles des Antidesmées [7], des Putranjivées [8] et des Scépacées [9] n'ont aucune raison d'être, quoiqu'elles aient été placées comme distinctes plus ou moins loin des Euphorbiacées, et qu'elles doivent rentrer dans ces dernières. Huit ans plus tard, M. J. MUELLER (D'ARGOVIE), rédigeant pour le *Prodromus* [10] la description de toutes les Euphorbiacées connues, réunit un assez bon nombre des genres que nous avions conservés, en dédoubla plusieurs autres, et énuméra cent quatre-vingt onze genres, dont une douzaine sont insuffisamment connus. Depuis cette publication, M. J. MUELLER a proposé, en 1872, le genre *Pseudocroton* [11] et élevé les *Adenophædra* au rang de genre ; M. RADLKOFFER a publié le genre *Pausandra* en 1870 [12], et nous avons fait connaître les genres *Piranhea* en 1865 [13], *Dissiliaria* de M. F. MUELLER en 1867 [14], et, tout récemment, les genres *Alphandia, Ramelia, Choriceras, Bureavia, Cephalomappa, Cocconerion* et *Trisyngyne* [15].

1. *Fam. des pl.*, II (1763), 346, Fam. 45.
2. *Gen.* (1789), 384, Ord. 1.
3. In *Flind. Voy.*, 554; *Misc. Works* (ed. BENN.), I, 28.
4. *De Euphorbiacearum generibus medicisque earumdem viribus Tentamen.* Paris (1824).
5. In *Erichs. Arch.*, I, 175, 250, t. 7-9; in *Seem. Herald, Bot.*; in *Pl. Mey.*, ex *Act. Acad. nat. cur.*, XIX, 412, — KL. et GRCKE, *Linn. nat. Pflanz. Tricocc.* (1860).
6. H. BN, *Sur la vérit. organis. du Buis* (in

*Bull. Soc. bot. de Fr.*, III, 285) ; *Monogr. des Buxacées et des Stylocérées.* Paris (1859).
7. H. BN, in *Bull. Soc. bot. de Fr.*, IV, 987.
8. H. BN, *loc. cit.*, 989.
9. H. BN, *loc. cit.*, 993.
10. XV, sect. II, 1-1273.
11. In *Flora* (1872).
12. In *Flora* (1870).
13. In *Adansonia*, VI.
14. *Ibid.*, VII.
15. *Ibid.*, XI (1873).

Dans l'état actuel de nos connaissances, il n'y a plus qu'un caractère commun à toutes les Euphorbiacées : leurs ovules descendants dont le micropyle est tourné en haut et en dehors. Le nombre en est toujours défini, mais il y en a tantôt un et tantôt deux dans chaque loge. C'est ce caractère que nous avons employé en première ligne, et nous pensons encore qu'il est seul pratique ; nous avons partagé toutes les Euphorbiacées en uniovulées et en biovulées. D'autres caractères, considérés autrefois comme constants dans cette famille, ne le sont plus maintenant que dans la majeure partie des cas, mais manquent dans quelques exceptions. C'est d'abord la présence d'un albumen autour de l'embryon ; cet organe disparaît quelquefois ou plutôt se réduit à une membrane dans certaines espèces dont les cotylédons épaissis deviennent plans-convexes, sans que, à la façon dont nous limitons les genres, on puisse en exclure d'autres espèces qui ont tous les autres caractères communs, mais où l'albumen s'épaissit par suite de la conformation foliacée des cotylédons. L'existence d'une saillie placentaire, nommée par nous obturateur, est encore un caractère presque constant, et cet organe prend souvent un développement tel, qu'il dépasse de beaucoup le volume des ovules insérés plus bas que lui ; mais il y a des genres dont certaines espèces ont seules un obturateur bien visible, tandis qu'il est minime ou presque nul dans les autres. Évidemment on ne saurait, pour de semblables dissidences, placer deux plantes dans deux genres ou même dans deux familles différentes. Les Euphorbiacées sont toutes pourvues de fleurs diclines pour la plupart des auteurs ; on a vu que nous ne considérions ce caractère que comme très-fréquent, mais non comme constant. Les divisions de la famille, dans le *Prodromus*[1], sont fondées sur la forme des cotylédons, certaines Euphorbiacées les ayant beaucoup plus larges que la radicule (*Platylobeæ*), tandis que d'autres les ont épais, semi-cylindriques ou à peu près et de même largeur environ que la radicule (*Stenolobeæ*) ; sur la préfloraison du calice, tantôt valvaire et tantôt imbriqué ; sur la présence ou l'absence des pétales ; sur le mode d'insertion de l'androcée, tantôt au centre du réceptacle, tantôt sous la base d'un corps central (ordinairement un gynécée rudimentaire[2]) ; sur la forme des étamines, dont les anthères ont les loges adnées dans leur longueur au connectif, ou libres et attachées seulement par une extrémité, et dont le filet est dressé dès le bouton ou incurvé à cette époque de façon à porter en dehors la face de l'anthère, qui est intérieure quand le filet

1. Voyez le tableau dans cet ouvrage, p. 189. 2. Décrit souvent comme un disque central.

s'est redressé ; sur la consistance du péricarpe, tantôt déhiscent et tantôt indéhiscent ; et enfin sur la présence ou l'absence d'un épaississement arillaire, plus ou moins généralisé ou borné au voisinage de la région micropylaire (caroncule) ; tous caractères qui, nous le verrons, sont à la rigueur suffisants pour distinguer deux genres l'un de l'autre, quand il y a d'ailleurs entre eux d'autres différences importantes, mais qui généralement n'ont pu seuls nous suffire à différencier des groupes d'un ordre plus élevé [1].

En somme, nous avons conservé les séries suivantes que nous caractérisons de la sorte :

### A. Euphorbiacées uniovulées.

I. EUPHORBIÉES. — Fleurs généralement hermaphrodites, régulières ou irrégulières, à calice involucriforme, pourvu de glandes alternes avec ses divisions. Étamines ∞, à filet articulé, insérées autour d'un gynécée stipité, dont l'ovaire est accompagné ou non à sa base d'un disque hypogyne. Glandes ou bractéoles disposées en dedans du périanthe en faisceaux alternes avec les faisceaux staminaux. — 2 genres.

II. RICINÉES. — Fleurs unisexuées, apétales. Étamines en nombre indéfini, polyadelphes, centrales ou périphériques. — 3 genres.

III. JATROPHÉES. — Fleurs unisexuées, avec ou sans pétales. Calice valvaire ou imbriqué, avec ou sans disque glanduleux. Étamines en nombre défini ou indéfini, insérées au centre de la fleur ou autour d'un corps central. Filets staminaux rectilignes, dressés, ou peu incurvés, parfois plissés dans le bouton. — 88 genres.

IV. CROTONÉES. — Fleurs unisexuées, avec ou sans pétales et pourvues d'un disque glanduleux. Calice valvaire ou imbriqué. Étamines en nombre presque toujours indéfini, insérées sur des verticilles au centre du réceptacle floral saillant, à anthères introrses, infracto-incurvées dans le bouton par suite de la courbure du filet[2]. — 4 genres.

V. EXCŒCARIÉES. — Fleurs unisexuées, apétales, presque toujours trimères et à calice ordinairement imbriqué, généralement dépourvues de disque glanduleux. Étamines centrales, alternes avec les divisions du calice quand elles sont (ce qui est l'ordinaire) en même nombre. Fleurs disposées ordinairement en épis simples ou formés de glomérules, à bractées latéralement glanduleuses à la base. — 12 genres.

---

1. Voy. *Adansonia*, XI, 72.          2. Réellement extrorses avant l'anthèse.

**VI. Dichapétalées.** — Fleurs hermaphrodites ou plus rarement polygames, à périanthe double, régulier ou irrégulier, à pétales libres ou unis en une corolle gamopétale, régulière ou irrégulière. Étamines fertiles en nombre moindre ou égal à celui des pétales, hypogynes, périgynes ou épigynes. Fruit incomplétement déhiscent. Graines sans albumen. — 3 genres.

**VII. Phyllanthées.** — Fleurs unisexuées, à périanthe simple ou double, régulier, à pétales libres ou nuls, hypogynes ou périgynes, à étamines en nombre défini ou indéfini, insérées au centre de la fleur ou autour d'un corps central (gynécée rudimentaire). Fruit déhiscent ou indéhiscent. Graines avec ou sans albumen. — 37 genres.

**VIII. Callitrichées.** — Plantes aquatiques, à fleurs unisexuées ou plus rarement polygames, à périanthe (?) simple, 2-mère. Étamines 1, 2. Gynécée 2-carpellé, à loges ovariennes subdivisées en deux compartiments uniovulés. Fruit séparable en quatre portions (demi-loges) sèches, monospermes. Graines albuminées. — 1 genre.

---

Cette famille, ainsi partagée, a des affinités multiples. On les a surtout anciennement cherchées parmi les groupes apétales, et l'on a souvent rapproché des Euphorbiacées tous les types autrefois réunis sous le nom d'Urticées. Les Scépacées et les Antidesmées surtout ont été fréquemment rapprochées de ces dernières, sans doute à cause de leurs inflorescences amentacées[1]. Aujourd'hui qu'on sait bien le peu de valeur de ce caractère, il ne reste, dit-on, pour distinguer les Euphorbiacées des Urticacées proprement dites, que les styles simples de ces dernières, l'absence d'arille dans leurs graines et les différences de propriétés[2]. Pour les Artocarpées, elles ont souvent le style divisé, ce qui indique l'existence primitive de plusieurs feuilles carpellaires dont une seule se développe dans sa portion ovarienne ; et leur suc laiteux leur donne des propriétés analogues à celles des Euphorbiacées ; mais leur inflorescence a ordinairement une configuration particulière ; et une Artocarpée se reconnaît toujours au premier aspect à l'organisation de ses stipules en forme de capuchon conique qui enveloppe toute la portion extrême des

1. Endl., *Gen.*, 287, Ord. 96; 288.    2. Voy. Wedd., *Monogr. Urtic.*, 39.

rameaux et laisse à peu de distance de la feuille une cicatrice annulaire.
Les véritables affinités des Euphorbiacées avec plusieurs familles polypétales à organisation élevée, ont été surtout défendues par R. BROWN et,
après lui, par LINDLEY [1]. C'est à côté des Malvacées que ce dernier les a
placées, imité en cela par un grand nombre de botanistes contempo-
rains [2]. « Pour moi, disais-je, en 1858 [3] », je considère les Euphorbiacées comme si voisines des *Malvales*, que je les regarde comme
constituant deux séries parfaitement parallèles. En appliquant aux unes
et aux autres ce principe si fécond des développements collatéraux,
j'arrive, en effet, si je ne me fais illusion, à établir deux séries où chaque
terme est représenté, avec toutefois des différences de proportions numé-
riques qui n'ont ici qu'une importance secondaire. Dans la première de
ces séries se trouvent les *Malvales* telles que les limite M. LINDLEY. En
y considérant principalement les plantes à loges mono- ou dispermes,
on trouve les fleurs généralement hermaphrodites, plus rarement
uni-sexuées, souvent pétalées, moins souvent apétales, l'albumen peu
abondant, plus rarement en grande quantité, et l'ovule anatrope avec
le micropyle inférieur. Dans la seconde, qui représente les Euphorbiacées, on rencontre, selon nous, des fleurs hermaphrodites seulement
dans une couple de types, d'ordinaire unisexuées, plus souvent privées
que pourvues de corolle, le périsperme en quantité toujours notable et
l'ovule anatrope avec le micropyle tourné en haut. D'autre part, les
Géraniacées et les Linacées sont très-voisines aussi des Euphorbiacées [3].
Les Lins ne diffèrent de certaines Euphorbiacées, telles que les *Jatropha*,
que par leurs fleurs hermaphrodites, l'organisation et la consistance de
leur péricarpe, et le grand développement de leur embryon par rapport
à leur albumen peu considérable. Les Euphorbiacées affectent encore
des rapports plus éloignés avec les Rhamnacées et les Célastracées par
l'intermédiaire des Buxées, les Quassiées par les *Tariri* (*Picramnia*) et les
genres voisins, les Burséracées et surtout les Ulmacées, qui différeraient
bien peu des *Hymenocardia*, si l'une de leurs loges ovariennes ne s'ar-
rêtait dans son développement [4].

----

Les Euphorbiacées présentent toutes les variations possibles dans leurs

1. *Introd.*, ed. 2, 112; *Veg. Kingd.*, 275.
2. AD. BR., *Enum.* (1843), 79, Fam. 140.
— ENDL., *Gen.*, 1107, Ord. 243.
3. *Et. gén. Euphorbiac.*, 247. On peut d'ailleurs, pour le détail de cette question, se reporter
à ce passage.
4. Voy. H. BN, *loc. cit.*, 249-254. — J. G.
AG., *Theor. Syst. plant.*, 249.

organes de végétation [1]. Leurs tiges sont tantôt herbacées, tantôt frutescentes, dressées ou grimpantes, volubiles, tantôt arborescentes et attei-
gnant même parfois des dimensions considérables. Quelquefois les axes,
comme dans les *Xylophylla*, s'aplatissent en cladodes et quelquefois,
comme dans certains *Euphorbia* et *Pedilanthus*, ils deviennent charnus
et cactiformes. Les feuilles sont le plus souvent alternes, rarement
opposées ou verticillées, souvent pourvues de stipules et même de sti-
pelles, assez souvent insymétriques à la base [2]. Les rameaux, les feuilles
et les stipules peuvent s'y transformer en épines. L'existence de glandes
est très-fréquente dans ces plantes, surtout sur les feuilles ou les bractées où elles occupent assez souvent la place latérale des stipules, et
dans les fleurs, où elles forment parfois des disques très-développés. Les
poils sont très-communs dans cette famille, simples, glanduleux, étoilés,
peltés ou squamiformes, quelquefois même composés [3]; il y en a même
quelquefois jusque dans l'intérieur des loges ovariennes. Mais ce qui, de
tout temps, a été le plus remarqué parmi les caractères généraux de ces
plantes, c'est l'existence d'un suc propre laiteux. A vrai dire, ce point
a été singulièrement exagéré, car le latex ne s'observe guère avec cette
qualité que dans une moitié des espèces de cette famille. Mais les
réservoirs de ce latex présentent souvent ici une organisation particulière [4]. Ils forment des tubes, ordinairement longs, ramifiés, répandus
abondamment partout dans le parenchyme du tissu fondamental. Leurs
parois sont généralement épaisses, et souvent à un tel degré, que leur
coupe transversale est semblable à celle des fibres du liber auxquelles on
les a même plusieurs fois totalement assimilés. C'est d'ailleurs au voisinage des faisceaux libériens qu'ils sont le plus développés; ils en tien-
nent la place dans certains cas. Leurs branches, très-nombreuses en
général, se dirigent en dedans et en dehors, quelquefois tout à fait
transversales, vers la moelle d'une part, de l'autre au travers de l'écorce,
arrivant même, dans certaines espèces, tout près de la surface des tiges,
très-nombreuses et très-ramifiées, surtout vers l'insertion des feuilles.
Pour les uns, ce sont des vaisseaux véritables; pour d'autres [5], ce sont

1. Cette question est également traitée avec
détail dans l'*Et. gén. Euphorbiac.*, 209-241.
2. Ordinairement (mais non constamment) le
côté de la feuille qui est le plus élargi à sa base
est celui qui se trouve entre la nervure médiane et
le rameau (H. Bn, *Euphorbiac.*, 221), tandis que
dans les Urticées, par exemple, c'est l'inverse
qu'on a observé (Wedd., *Monogr. Urtic.*, 12).
3. Ces prétendus poils composés, ramifiés et
glanduleux, sont généralement des nervures, à

sommet glanduleux, de feuilles, de lobes foliaires
ou de stipules dont le parenchyme ne s'est pas
développé, mais prend tout son accroissement
anormalement, dans certaines circonstances et
explique de la sorte la véritable signification de
ces organes.
4. Trécul, in *Compt. rend. Acad. sc.*, LXI,
1849; in *Adansonia*, VII, 159.
5. G. David, *Ueb. die Milchzell. d. Euphorb.*
Breslau (1872).

seulement de grandes cellules ramifiées qui, appartenant essentiellement
au parenchyme fondamental de la plante, s'allongent démesurément
dans le sens vertical et aussi latéralement, de façon à s'insinuer dans les
intervalles des autres éléments anatomiques ; leur contenu peut péné-
trer dans ces derniers suivant des circonstances qui sont encore mal
connues. Mais ce qui semble certain, c'est que sa quantité n'est pas la
même à tout moment dans les réservoirs laticifères. Le latex est tantôt
opalin ou presque complétement incolore, et tantôt opaque et laiteux.
Dans ce cas, les corpuscules solides qu'il renferme sont très-abondants.
Il est souvent riche en caoutchouc, et se distingue ordinairement par
une autre particularité ; la présence de petits corps linéaires, rectiligues,
bactériformes, dont les réactions sont celles de l'amidon [1]. Il y a dans un
certain nombre d'Euphorbiacées des sucs d'une tout autre nature ; ce
sont des liquides colorés, ordinairement en rose violacé. Ils se rencon-
trent dans beaucoup de fleurs, notamment dans celles des *Tournesolia*,
*Mercurialis*, *Lasiocroton*, *Plukenetia*, ou bien dans les graines, assez
souvent aussi dans les organes de la végétation.

———

Les Euphorbiacées actuellement connues, au nombre d'environ trois
mille deux cent soixante-deux espèces, sont très-inégalement réparties
sur la surface entière du globe. Le genre qui s'étend sur l'aire la plus
large est le genre *Euphorbia*, qui existe partout, aussi bien dans les
régions chaudes que dans les pays tempérés et froids, jusqu'au nord de
l'Europe et de l'Asie, d'une part, et, de l'autre, jusqu'à l'extrémité sud de
l'Afrique, de la Patagonie et de la Nouvelle-Zélande. Quant au nombre des
genres bien reconnus comme se rapportant à la famille qui appartiennent
en propre à l'ancien monde, on en compte soixante-quatorze, et l'Amérique n'en a que quarante. Les genres communs aux deux mondes sont
donc au nombre de vingt-trois, mais ce sont en général les plus vastes
et les plus nombreux en espèces, car ils en comprennent environ deux
mille quatre cent trente ; tandis que les quarante genres uniquement
américains, presque tous moins importants comme nombre d'espèces,
n'en renferment que cent soixante et douze. Dans les genres qui n'habitent
que l'ancien monde, nous comptons cinq cent quatre-vingts espèces. De

1. M. Hofmeister admet que les grains d'amidon du latex de certaines Euphorbiacées constituent une exception, en ce sens qu'ils ne cessent
pas de s'accroître quand ils ne sont plus en
contact avec les substances protoplasmiques ;
mais il y a de ces dernières substances dans ce
latex (Sachs) : de sorte que l'exception n'est
qu'apparente.

plus, si nous tenons compte du nombre des espèces propres à l'Amérique pour les genres qui lui sont communs avec l'ancien continent, nous calculons qu'elle possède en totalité dix-huit cent vingt-deux espèces d'Euphorbiacées, les quatre cent cinquante autres appartenant à l'ancien continent. Partout d'ailleurs les espèces ne sont en grand nombre que dans les régions les plus chaudes, et il n'y a d'exceptions que pour le genre *Euphorbia*. La famille des Euphorbiacées représente à peu près, suivant la plupart des calculs, la quarantième partie des Phanérogames répandues sur le globe. L'Europe est la plus pauvre en genres des cinq parties du monde ; elle n'en possède que cinq (outre les *Callitriche*), et encore trois d'entre eux, les *Tournesolia*, *Andrachne*, *Securinega*, y sont représentés par une seule espèce, et le genre Mercuriale par quatre ou cinq. Les genres australiens sont fréquemment remarquables par un port et un feuillage particuliers : à leurs feuilles linéaires, éricoïdes, répondent des embryons à cotylédons étroits et semi-cylindriques ; à ce pays appartiennent tous les genres à embryons « sténolobés ». Il y a d'ailleurs dans ce groupe, comme dans tant d'autres, un certain nombre de plantes ubiquistes qui ont suivi l'homme dans ses migrations, soit à cause de leur utilité, soit parce que leurs graines se mélangent avec celles des moissons : tels sont les *Euphorbia Lathyris*, *Peplus*, *Helioscopia*, notre Mercuriale annuelle, et, pour les pays chauds seulement, car ils ne supportent pas les climats rigoureux, plusieurs *Phyllanthus* et *Acalypha*, qui, comme certaines Orties, sont devenus ce qu'on a appelé, non sans raison, « les mauvaises herbes des régions tropicales [1] ».

---

Les Euphorbiacées les plus actives doivent leurs propriétés[2] à leur latex ou aux substances huileuses et résineuses que renferment leurs graines[3]. Parmi ces dernières, il faut surtout citer celles des Euphorbes, des Ricins, des Médiciniers, des Pignons d'Inde et des Bancouliers. Les anciens employaient beaucoup, comme évacuantes, les semences de l'Épurge[4] (fig. 143-150), dont on extrait une huile à propriétés éner-

1. Sur les questions de détail qui touchent à la distribution géographique, voy. : ENDL., *Enchirid.*, 589. — LINDL., *Veg. Kingd.*, 276. — H. BN, *Et. gén. Euphorbiac.*, 242. — A. DC., *Géogr. bot. rais.*, 328, 685, 700, 707, 753, 759, 1045, 1281, etc.
2. ENDL., *Enchirid.*, 590. — LINDL., *Veg. Kingd.*, 276. — A. JUSS., *Euphorb.*, 73. — GUIB., *Drog. simpl.*, éd. 6, II, 336-368. — PEREIRA,

*Elem. Mat. med.*, ed. 4, II, p. I, 399. — ROSENTH., *Syn. pl. diaphor.*, 807-841, 1154.
3. Ces graines sont, dans les espèces utiles, pourvues d'un albumen et d'un embryon. On professait autrefois partout cette opinion (qu'il faudrait abandonner), que les principes contenus dans le dernier sont tout à fait différents de ceux que renferme l'autre, plus âcres, plus vénéneux.
4. *Euphorbia Lathyris* L., *Spec.*, 655. —

giques, encore usitée dans les campagnes et qui purge bien à une faible dose, mais qui a l'inconvénient de faire quelquefois vomir énergiquement et qui peut amener des accidents graves. Les graines de Ricin employées à l'extraction d'une huile purgative sont celles d'une seule espèce, le R. commun [1] (fig. 153-162) ; mais elle a plusieurs formes et variétés, et l'on distingue surtout les R. de France ou d'Europe [2], ceux d'Amérique [3] et ceux d'Afrique ou du Sénégal. Ces derniers sont les moins employés. Ceux de France sont les plus petits, pâles, peu nettement marbrés. Ceux d'Amérique, les plus gros, les plus âcres, avec une marbrure plus nette et plus foncée, sont depuis assez longtemps importés en grande quantité en Europe. Tous servent à préparer l'huile purgative par différents procédés, mais principalement par l'expression à froid ou à une température moyennement chaude. Le tourteau est d'ailleurs plus actif pour purger que l'huile elle-même, parfois totalement dépourvu d'âcreté, et qui, comme l'on sait, s'emploie comme aliment ou condiment dans certains pays. Cette huile est siccative [4]. Elle est bien moins énergique que celle du grand Pignon d'Inde ou Médicinier des Barbades [5] (fig. 163-165), extraite d'une graine bien plus grosse, noire, finement rugueuse, toute parsemée de petites brisures en forme de rides qui ne se produisent à la surface qu'à mesure que la graine se dessèche. Cette huile, souvent rance, est très-âcre et purge énergiquement à la dose d'une dizaine de gouttes. Celle-ci est encore bien surpassée par celle des petits Pignons d'Inde ou Graines de Tilly, semences du *Croton Tiglium* [6] (fig. 196-202), dont la forme générale est semblable à celle des graines précédentes, mais qui s'en distinguent par leur teinte uniforme

DC., *Fl. fr.*, III, 333. — GREN. et GODR., *Fl. de Fr.*, III, 98. — GUIB., *loc. cit.*, 340, fig. 445. — PEREIRA, *op. cit.*, 412. — REV., in *Bot. méd. du* XIXe *siècle*, II, 13. — ROSENTH., *op. cit.*, 818. — BOISS., *Prodr.*, 99, n. 384. (*Grande Catapuce, Grande Esule, Ginousèle.*)

1. *Ricinus communis* L. (voy. p. 110, note 2). — MÉR. et DEL., *Dict. Mat. méd.*, VI, 86. — GUIB., *loc. cit.*, 350, fig. 450. — REV., in *Fl. méd. du* XIXe *siècle*, III, 214, II, 21. — PEREIRA, *Elem. Mat. med.*, éd. 4, p. I, 416. — LINDL., *Fl. med.*, 183. — CAZ., *Pl. méd., indig.*, éd. 3, 914. — M. ARG., *Prodr.*, 1017. (*Palma Christi, Paume-Dieu, Herbe à l'huile américaine, de castor, de Kerva.*)

2. GUIB., *loc. cit.*, fig. 452.

3. GUIB., *loc. cit.*, fig. 451.

4. Elle renferme, dit-on, de l'acide ricinolique ($C^{36}H^{34}O^{6}$); elle est soluble en toute proportion dans l'alcool absolu. La *ricinine*, qu'on en a extraite, a été comparée aux alcaloïdes et est

cristallisable en prismes. Par la distillation sèche, elle donne de l'acide œnanthylique, de l'aldéhyde œnanthylique et de l'acroléine. SOUBEIRAN admet qu'elle renferme un principe purgatif spécial qui aurait jusqu'ici échappé aux chimistes. Ce fait, que les graines elles-mêmes sont beaucoup plus actives que l'huile extraite, ici comme dans la plupart des autres Euphorbiacées, semble en être la preuve.

5. *Jatropha Curcas* L., *Spec.*, ed. 1, 1006. — A. JUSS., *Euphorb.*, t. 11, fig. 34 A. — MÉR. et DEL., *Dict. Mat. méd.*, III, 674. — GUIB., *loc. cit.*, 354, fig. 454. — M. ARG., *Prodr.*, 1076. — *Curcas purgans* MED., *Ind. pl. hort. manhem.*, I (1771), 90. — ROSENTH., *op. cit.*, 828. — PEREIRA, *op. cit.*, 426. — *C. indica* RICH., *Cub.*, III, 288. — *Castigliona lobata* R. et PAV., *Prodr.*, 139, t. 37. (*Noix américaine, Figue d'enfer, Pignon de Barbarie.*)

6. L., *Spec.*, 1004. — GUIB., *op. cit.*, II, 357, fig. 456. — MÉR. et DEL., *Dict. Mat.*

d'un jaune terne (ou d'un brun noirâtre quand elles ont perdu leur tégument extérieur), des dimensions un peu moins considérables ou tout au plus presque égales à celles des Ricins de France, et la saillie, souvent très-légère, de trois lignes longitudinales qu'elles portent sur les côtés et sur le milieu de leur face interne. L'huile, dite de *Croton*, exprimée de ces graines, est, à l'intérieur, un purgatif énergique à la faible dose d'une ou deux gouttes, et à l'extérieur, un rubéfiant et un éruptif d'une terrible causticité. Parmi les autres graines d'Euphorbiacées, riches en substance purgative, nous pouvons encore citer : celles de l'*Anthostema Aubryanum* [1], arbuste du Gabon, les plus énergiques de toutes, d'après ce qu'on en rapporte ; celles du Médicinier multifide [2], grosses comme des avelines, assez souvent employées dans les pays chauds ; du M. sauvage ou M. à feuilles de Cotonnier [3], très-petites, mais également actives comme évacuantes, et usitées dans l'Amérique et l'Afrique tropicales ; celles du Bancoulier ou Noix des Moluques [4], qui ont la forme et la grosseur d'une petite châtaigne avec une enveloppe pierreuse, et qui, purgeant beaucoup moins énergiquement, peuvent, dans des conditions données, s'employer comme alimentaires et économiques ; celles de l'*Andaaçu* du Brésil [5], souvent au nombre de deux dans un volumineux et épais noyau, un peu tétragone, plus larges que longues et riches aussi en une huile purgative analogue, par ses propriétés, à celle des Ricins ; celles encore du Sablier élastique [6]

méd., II, 477. — LINDL., *Fl. med.*, 181. — KL., in *Hayn. Arzn.*, XIV, t. 3. — PEREIRA, *Elem. Mat. med.*, ed. 4, II, p. I, 403. — ROSENTH., *Syn. pl. diaph.*, 835. — REV., in *Fl. méd. du* XIXe *siècle*, 1, 421. — L. MARCH., in *Adansonia*, I, 232, t. 9, 10. — BERG et SCHM., *Off. Gew.(Croton)*.—MOQ., *Bot. méd.*, 399, fig.108. — *C. Pavana* WALL., *Cat.*, n° 7722 A. — *C. Jamalgota* HAM., in *Trans. Linn. Soc.*, XIV, 258. — *Tiglium officinale* KL., in *Nov. Act. nat. cur.*, XIX, Suppl., I, 418. (*Bois des Moluques, purgatif, de Pavane, de Tigli.*)

1. H. BN, in *Adansonia*, V, 366, not. Suivant M. AUBRY-LECOMTE, une seule goutte d'huile extraite des graines purge violemment.

2. *Jatropha multifida* L., *Spec.*, 1006. — DESR., in *Lamk Dict.*, IV, 10. — SW., *Obs.*, 368. — GUIB., *loc. cit.*, 356, fig. 455. — PEREIRA, *op. cit.*, 426. — M. ARG., *Prodr.*, 1089, n. 35. — *Adenorhopium multifidum* POHL, *Pl. bras.*, I, 16. (*Arbre de corail, Médicinier d'Espagne, Noisetier purgatif, grand Ben purgatif.*)

3. *J. gossypifolia* L., *Spec.*, 1006. — SW., *Obs.*, 336. — M. ARG., *Prodr.*, 1086. — MÉR. et DEL., *Dict. Mat. méd.*, III, 676. — ROSENTH., *op. cit.*, 828. — GUIB., *loc. cit.*, 354, fig. 453.

(*Herbe au mal de ventre, Médicinier à feuilles de Cotonnier, de Staphisaigre, de Groseillier.*)

4. *Aleurites moluccana* W., *Spec.*, IV, 590. — M. ARG., *Prodr.*, 723. — *A. triloba* FORST., *Char. gen.*, 112, n. 56. — *A. commutata* GEISEL., *Crot. Mon.*, 82.—*A. ambinux* PERS., *Synops.*, 587. — A. JUSS., *Euphorb.*, t. 12. — *Camirium cordifolium* GÆRTN., *Fruct.*, II, 195. — *C. oleosum* REINW. — *Juglans Camirium* LOUR., *Fl. cochinch.* (ed. 1790), 573.

5. *Johannesia princeps* VELLOS., *Alograf.*, 199. — M. ARG., *Prodr.*, 716.— *Anda Gomesii* A. S. H., *Pl. us. Bras.*, t. 54, 55. — H. BN, in *Adansonia*, IV, 284 ; in *Dict. encycl. sc. méd.*, IV, 304.—*A. brasiliensis* RADDI, *Mem. quar. piant. bras.*, 25. — *Andiscus pentaphyllus* VELLOS.—*Aleurites pentaphylla* WALL.—GUIBOURT distingue (*op. cit.*, 361, fig. 460) un autre *Anda* du Brésil, à graine ronde, qui est peut-être un *Jatropha.*

6. *Hura crepitans* L., *Spec.*, 1431. — TURP., in *Dict. sc. nat.*, Atl., t. 279. — SPACH, *Suit. à Buffon*, t. 76. — H. BN, *Euphorb.*, t. 6. — M. ARG., *Prodr.*, 1229. — GUIB., *loc. cit.*, 360, fig. 459. Mêmes propriétés dans l'*H. polyandra* (H. BN, *Euphorb.*, 544), espèce mexicaine.

(fig. 216-218) : au nombre de dix à vingt, elles se trouvent placées de champ, chacune dans une des loges de ce fruit singulier qui se désagrège quelquefois et s'ouvre avec un fracas énergique ; elles sont lenticulaires, aplaties, à contour orbiculaire et à surface lisse. Beaucoup d'autres Euphorbiacées sans doute pourraient être utilisées pour les mêmes usages [1], quand leurs graines sont suffisamment volumineuses ; mais on n'en fait guère emploi. Il y en a quelques-unes dont l'amande comestible ne renferme aucun principe dangereux : telles sont les Noisettes de Saint-Domingue, produites par l'*Omphalea triandra* [2] ; celles du *Caryodendron orinocense* [3], que l'on consomme à la Nouvelle-Grenade, et celles du *Jatropha Heudelotii* [4], dont le péricarpe, dit-on, est également comestible [5]. Généralement, les graines mûres sont recouvertes d'une enveloppe sèche et résistante ; mais quelquefois aussi leur tégument extérieur s'épaissit et présente une consistance toute différente. Dans certains *Baccaurea*, il a pu être décrit à une certaine époque comme un arille sapide et gorgé de sucs, se mangeant comme un fruit charnu [6]. Dans le Gluttier à suif [7], il forme tout autour de la semence une tunique épaisse et blanche dont les mailles sont gorgées d'une cire aussi utile que celle de l'abeille. Dans le *Kamala* de l'Inde [8], la graine est comme saupoudrée de petits grains rougeâtres qui sont autant de vésicules compliquées,

---

1. On se sert en Arabie de celles des *Jatropha glauca* VAHL et *glandulosa* VAHL ; en Amérique, du *J. herbacea* L. À Sierra-Leone, on emploie comme poison contre les rats, etc., le fruit du *Dichapetalum toxicarium* (*Chailletia toxicaria* DON) ou la graine ? (Voy. H. BN, in *Dict. encycl. sc. méd.*, XIV, 631.)

2. L., *Spec.*, 1377. — H. BN, *Euphorbiac.*, 529, t. 7, fig. 6-9. — M. ARG., *Prodr.*, 1136, n. 5.— LINDL., *Veg. Kingd.*, 280. — ROSENTH., *op. cit.*, 825. — *O. nucifera* SW., *Obs.*, 95. Les graines sont aussi comestibles dans l'*O. diandra* L. (*O. cordata* SW.), ou *Liane à l'anse*, L. *popaye* des Antilles, qui sert à préparer des cerneaux et dont les feuilles s'emploient topiquement au traitement des ulcères anciens.

3. KARST., *Fl. columb.*, 94, t. 45. — M. ARG., *Prodr.*, 765 (vulg. *Tacaï*). L'albumen fournit une sorte de beurre qu'on dit parfaitement comestible.

4. H. BN, in *Adansonia*, I, 64 ; XI, 134. — M. ARG., *Prodr.*, 1083, n. 17.—*Ricinodendron africanus* M. ARG., in *Flora* (1864), 533 ; *Prodr.* 1111.

5. Le péricarpe est charnu et comestible dans l'*Antidesma Dallachyanum* H. BN, espèce d'Australie. Les animaux mangent celui du *Securinega Leucopyrus* M. ARG. (*Flueggea Leucopyrus* W.), blanc et charnu, comme la baie d'un *Symphori-carpos*. Dans le *Phyllanthus Emblica* (L., *Spec.*, 1393 ; —H. BN, *Euphorbiac.*, 637, t. 24, fig. 20-24 ; — *Emblica officinalis* GÆRTN., *Fruct.*, II, 122, t. 108 ; — *Dichælactina nodicaulis* HANCE, *Pl. chin.*, I, 2), c'est le fruit qui constituait les *Myrobalans emblics* ou *Monbins*, employés autrefois comme laxatifs, rafraîchissants, etc. (GUIB., *op. cit.*, II, 364. — LINDL., *Fl. med.*, 176. — ROSENTH., *op. cit.*, 838.)

6. Notamment dans les *B. ramiflora* et *cauliflora* LOUR., en Cochinchine ; dans le *B. dulcis* (*Pierardia dulcis* JACK), à Sumatra ; et dans le *B. racemosa* (*Pierardia racemosa* BL.), à Java (vulg. *Menting*).

7. *Excæcaria sebifera* M. ARG., *Prodr.*, 1210, n. 17. — *Croton sebiferus* L., *Spec.*, ed. 3, 1425. — *Triadica sinensis* LOUR., *Fl. cochinch.*, 610. — *Stillingia sebifera* MICHX, *Fl. bor.-amer.*, II, 213. — *S. sinensis* H. BN, *Euphorb.*, 512, t. 7, fig. 26-30.— *Stillingfleetia sebifera* BOJ., *Hort. maur.*, 284.

8. *Echinus philippinensis* H. BN, in *Adansonia*, VI, 314. — *Rottlera tinctoria* W., *Spec.*, IV, 832. — GUIB., *op. cit.*, II, 367, fig. 462. — *Croton philippinensis* LAMK, *Dict.*, II, 206. — *C. punctatus* RETZ., *Obs.*, V, 30. — *C. coccineus* VAHL, *Symb.*, II, 97. — *C. montanus* W., *Spec.*, IV, 515. — *Mallotus philippinensis* M. ARG., in *Linnæa* (1865), 196; *Prodr.*, 980, n. 68.

isolables, dépendant du tégument séminal externe, et qui ressemblent
à autant de petites glandes distinctes, entourées de cellules en massue
auxquelles leur contenu résineux donne une couleur rouge plus ou moins
brune ou cramoisie. Cette sorte de farine colorée sert depuis longtemps
dans l'Inde à la teinture des soieries ; elle a été introduite depuis plusieurs années en Europe comme le meilleur ténifuge que les Indiens
connaissent. Il y a parmi les Euphorbiacées beaucoup d'autres plantes
à matière colorante et tinctoriale. Celles qui renferment les sucs rougeâtres dont nous avons parlé ou que la dessiccation rend plus ou moins
bleuâtres, comme nos Mercuriales indigènes, sont particulièrement dans
ce cas. La plus connue en Europe est la Maurelle (*Tournesolia tinctoria* [1]),
qui croît dans la région méditerranéenne et qu'on cultive principalement
au Grand-Gallargues pour la fabrication du tournesol en drapeaux. Des
chiffons imprégnés du suc exprimé de cette plante sont soumis à un
dégagement d'ammoniaque qui les rougit ; et leur matière colorante
sert ensuite à teinter des fromages, des liqueurs, des sirops et des
conserves. On a proposé d'en préparer aussi du tournesol en pains. La
Mercuriale vivace [2], qui colore le papier en bleu, a été proposée aussi
comme plante tinctoriale, et de même la M. annuelle [3] (fig. 177-184) ;
mais ces plantes peu actives sont surtout connues de nos jours comme
médicaments laxatifs [4]. Cette propriété réside dans leurs organes de
végétation, et il en est de même de plusieurs Euphorbes qui agissent
comme remèdes évacuants. L'*Euphorbia Ipecacuanha* [5], de l'Amérique

1. *Croton tinctorius* L., Spec., 1004. — GRISEL., Crot. Mon., 68. — DC., Fl. fr., III, 347. — C. verbascifolius W., Spec., IV, 539. — C. patulus LAG., Nov. gen. et spec., 21. — C. villosus SIBTH. et SM., Fl. græc., t. 951. — C. oblongifolius SIEB., ex SPRENG., Syst., III, 850. — Crozophora tinctoria A. JUSS., Euphorb., t. 7, fig. 25. — NEES, Gen., II, t. 37.—JOLY, Obs. sur les pl. à coul. bleue, t. 5. — REICHB., Ic. Fl. germ., V, t. 52. — GUIB., op. cit., II, 342. — LINDL., Fl. med., 178. — ROSENTH., op. cit., 837. — M. ARG., Prodr., 748. — C. verbascifolia A. JUSS., loc. cit., 28. — C. integrifolia BUNGE, Rel. Lehm., 450. — C. hierosolymitana SPRENG., loc. cit. (Tourne-sol, Héliotrope, Gabbéré, Herbe de Clytie.)

2. *Mercurialis perennis* L., Spec., 1465. — DC., Fl. fr., III, 328. — GREN. et GODR., Fl. de Fr., III, 99. — REICHB., Ic. Fl. germ., V, t. 152. — MÉR. et DEL., Dict. Mat. méd., IV, 372. — GUIB., op. cit., II, 342. — LINDL., Fl. med., 188. — M. ARG., Prodr., 796, n. 5. — H. BN, in Dict. encycl. sc. méd., p. II, VII, 90. — M. ovata HOST, Fl. austr., II, 666. — M. Cyno-crambe SCOP., Fl. carniol., II, 666. (Chou de chien, M. sauvage, des bois, de montagne.)

3. *M. annua* L., Spec., 1465. — DC., Fl. fr., III, 328. — GREN. et GODR., Fl. de Fr., III, 99. — REICHB., Ic. Fl. germ., V, t. 151. — PAYER, Organog., t. 110. — GUIB., op. cit., II, 342. — MOQ., Bot. méd., 34, fig. 3, 4. — H. BN, Euphorbiac., t. 9, fig. 12-29 ; in Dict. encycl. sc. méd., p. II, VII, 89.— M. ambigua L. F., Dec., I, 15, t. 8. — M. ciliata PRESL, Del., 56.—M. Huetii HANR. (Foirolle, Leuzette, Cagarelle, Ramberge, Vignette, Ortie bâtarde, O. morte, Marcois, Mercoret, etc.)

4. On a employé quelquefois aux mêmes usages les M. elliptica VENT. et tomentosa L., SPRENGEL pense que ce dernier est le Φύλλον de DIOSCORIDE (voy. H. BN, in Dict. encycl. sc. méd., p. II, VII, 90).

5. L., Amœn., III, 117. — LODD., Bot. Cab., t. 1145. — Bot. Mag., t. 1794. — BOISS., Prodr., 104, n. 391.—BIGEL., Med. Bot., III, t. 52. — E. gracilis ELL., Sketch, II, 657. — E. portulacoides L., loc. cit. — Anisophyllum Ipecacuanhæ HAW., Pl. succ., 104.

du Nord, est un vomitif énergique, et sa souche constitue un des faux Ipécacuanhas blancs américains. Presque tous nos *Euphorbia* indigènes sont vomitifs, purgatifs, hydragogues et ne sauraient être maniés sans circonspection, notamment les *E. Cyparissias* [1], *Esula* [2], *Gerardiana* [3], *Helioscopia* [4], *Peplus* [5], *Pithyusa* [6], etc., etc. [7] Ils doivent leurs propriétés, parfois énergiques, au latex qu'ils renferment et qui devient si abondant dans les espèces cactiformes des pays chauds, souvent cultivées dans nos serres, telles que les *E. neriifolia* [8], *canariensis* [9], *antiquorum* [10], *grandidens* [11], *virosa* [12], *abyssinica* [13], *Caput-Medusæ* [14], *meloformis* [15], *globosa* [16], *triaculeata* [17], *candelabrum* [18] et *officinarum* [19]. On avait longtemps attribué à cette dernière espèce la production de la gomme-résine d'Euphorbe, substance qui est donnée au Maroc par l'*E. resinifera* [20], et qui consiste en un suc desséché, jaunâtre, friable, âcre, sternutatoire, vésicant presque à l'égal des cantharides, et dont l'emploi comme purgatif est généralement abandonné comme trop dangereux. Le nombre des Euphorbiacées à latex irritant, vénéneux, est considérable [21], et généralement ce latex découle en abondance des incisions que l'on fait au tronc et aux branches. Les plus célèbres sont : le Mancenillier [22], commun sur-

1. L., *Spec.*, 664. — Boiss., *Prodr.*, n. 636. (*Petit Cyprès, Rhubarbe des pauvres.*)

2. L., *Spec.*, 660. — Boiss., *Prodr.*, n. 637. (*Grande-Ésule, Embrunchée.*)

3. Jacq., *Fl. austr.*, V, 17, t. 436. — Boiss., *Prodr.*, n. 658. (*E. de Gérard.*)

4. L., *Spec.*, 658. — Boiss., *Prodr.*, n. 539. (*Réveil-matin, Omblette, Lait de couleuvre*, etc.)

5. L., *Spec.*, 658. — Boiss., *Prodr.*, n. 555. — *E. peploides* Griseb. (*Petit Réveil-matin.*)

6. L., *Spec.*, 656. — Boiss., *Prodr.*, n. 587. — Gren. et Godr., *Fl. de Fr.*, III, 86 (*E. à feuilles de Genévrier*). — *E. mucronata* Lap.

7. Voy. Rosenth., *op. cit.*, 810-818.

8. L., *Hort. Cliff.*, 196 (part.). — DC., *Pl. gr.*, II, t. 46. — Boiss., *Prodr.*, n. 292. — *Ligularia*... Rumph., *Herb. amb.*, X, t. 40.

9. L., *Spec.*, 646. — Boiss., *Prodr.*, n. 314.

10. [?]L., *Hort. Cliff.*, 196. — Boiss., *Prodr.*, n. 302. — *Schadidacalli* Rheed.

11. Haw., in *Phil. Mag.* (1825), 33. — Boiss., *Prodr.*, n. 310. — *E. arborescens* hort.

12. W., *Spec.*, 832. — Boiss., *Prodr.*, 315.

13. Rœusch., *Nom. bot.* — Boiss., *Prodr.*, n. 318. (*Kolquall.* des Abyss., ex Bruce.)

14. L., *Hort. Cliff.*, II, 135. — Lodd., *Bot. Cab.*, t. 1315. — Boiss., *Prodr.*, n. 326.

15. Ait., *Hort. kew.*, II, 135. — Boiss., *Prodr.*, n. 332. — Andr., *Bot. Rep.*, t. 617.

16. Sims, in *Bot. Mag.*, t. 2624. — Boiss., *Prodr.*, n. 330. — *Dactylanthes globosa* Haw.

17. Forsk., *Fl. æg.-arab.*, 94. — Vahl, *Symb.*, II, 53. — Boiss., *Prodr.*, n. 322.

18. Trémx, ex Kl., *Allegm. ueb. d, Nill*, 13. — Boiss., *Prodr.*, n. 319.

19. L., *Spec.*, 647. — Boiss., *Prodr.*, n. 320.

20. Berg et Schm., *Darst. off. Gew.*, IV, t. 34 d. — Coss., sur l'*Euphorbia resinifera*, in *Bull. Soc. roy. bot. belg.*, X, 5.

21. On cite surtout les *Euphorbia palustris, pilosa, Chamæsyce* dans nos pays, et en Amérique les *E. laurifolia* et *buxifolia*, qui sont des purgatifs énergiques; en Orient, l'*E. aleppica*. Deslongchamps a préconisé comme vomitif l'*E. Gerardiana* (note 3). Parmi les espèces cactiformes, les *E. neriifolia* et *canariensis* sont cités comme des désobstruants puissants. Toutes les Euphorbes laiteuses ont sans doute les mêmes propriétés. Leur action est due à un principe volatile, car la chaleur les rend inoffensives. Ainsi l'*E. balsamifera*, purgatif violent, devient, cuit, un aliment sans saveur. Les chameaux mangent cuit l'*E. Tirucalli*, qui, cru, est un poison énergique. Les *Pedilanthus*, notamment les *P. tithymaloides, padifolius, angustifolius* et les *Codiæum*, sont aussi des évacuants très-actifs.

22. *Hippomane Mancinella* L., *Spec.*, 1431. — Jacq., *Amer.*, 250, t. 159. — Sw., *Obs.*, 369. — Turp., in *Dict. Hist. nat.*, Atl., t. 278. — A. Rich., *Cuba*, III, 200. — H. Bn, *Euphorb.*, t. 6, fig. 12-20; in *Dict. encycl. sc. méd.*, sér. II, IV, 481. — M. Arg., *Prodr.*, 1200. — *Mancanilla* Plum., *Gen.*, 49, t. 30. — *Mancinella venenata* Tuss., *Fl. Ant.*, III, 21, t. 5. (*Noyer vénéneux, Arbre-poison, A. de mort, Figuier vénéneux.*)

tout aux Antilles et sur la terre ferme dans l'Amérique du Sud, arbre qui a été l'objet d'un grand nombre de fables et dont on ne ressent les effets funestes que quand on met en contact avec la peau ou le tube digestif le suc âcre que contiennent ses organes de végétation. L'homme et certains animaux sont plus souvent encore empoisonnés par le sarcocarpe de son fruit, très-analogue, dit-on, pour l'aspect, à une petite pomme d'api, et qui contient, même à l'état de maturité, une certaine quantité de ce latex [1]. L'*Excœcaria Agallocha* [2] (fig. 204-206), commun sur les plages maritimes des pays tropicaux de l'ancien monde, doit aux mêmes propriétés son nom d'Arbre aveuglant. L'*Ophthalmoblaptòn macrophyllum* [3], des environs de Rio-Janeiro, est dans le même cas. On peut en dire autant de plusieurs *Excœcaria* qui ont été désignés sous le nom de *Sapium*, comme l'*E. Laurocerasus* [4] et l'*E. biglandulosa* [5], de l'Amérique tropicale, l'*E. mauritiana* [6], et en Asie les *E. indica* [7], *baccata* [8] et *oppositifolia* [9]. Le suc des *Hura* est aussi fort dangereux [10]; de même celui de l'*Hyœnanche globosa* [11] du Cap, aussi vénéneux que le fruit et les graines, et employé à empoisonner les animaux féroces. Plusieurs autres Euphorbiacées à suc caustique servent en Amérique à tuer le gibier. D'autres sont citées comme enivrant le poisson, lorsqu'on les jette dans les cours d'eau. Les plus

1. On attribue les mêmes propriétés à l'*H. spinosa* L. (*Spec.*, ed. 3, 1432 ; — Descourt., *Fl. Ant.*, *loc. cit.*; — Guib., *op. cit.*, II, 344, fig. 446 ; — *Mancinella aquifolii foliis* Plum., *Gen.*, 50 ; *Ic.*, t. 74, fig. 1 ; — *Sapium ilicifolium* W., *Spec.*, IV, 573), plante rare, incomplètement connue, et qui pourrait bien n'être qu'une forme de l'*H. Mancinella*.

2. L., *Spec.*, 1451.— M. Arg., *Prodr.*, 1220, n. 44. — H. Bn, in *Adansonia*, VI, 324. — *E. Camettia* W., *Spec.*, IV, 864. — *E. ovalis* Endl., *Prodr. Fl. norfolk.*, 83. — *Arbor excœcans* Rumph., *Herb. amboin.*, II, 237, t. 79, 80. — *Commia cochinchinensis* Lour., *Fl. cochinch.* (ed. 1790), 606. — *Stillingia Agallocha* H. Bn, *Euphorb.*, 518, t. 7, fig. 31-34. (*Agalloche, faux Calambac, faux bois de Calambouc, Santal faux noir.*)

3. Allem., in *Guanab.* (1844). — H. Bn, *Euphorb.*, 547 ; in *Adansonia*, V, 324. — *O. brasiliense* Walp., *Ann.*, III, 362, 628 (*Santa-Lucia*).

4. M. Arg., *Prodr.*, 1202.— *Sapium Laurocerasus* Desf., *Cat. Hort. par.*, ed. 3, 342, 411. — *Stillingia Laurocerasus* H. Bn, *Euphorb.*, 513, t. 6, fig. 1-9.

5. M. Arg., *Prodr.*, 1204, n. 6. — *Sapium biglandulosum* M. Arg., in *Linnœa*, XXXII,

116. — *S. prunifolium* Kl. — *Stillingia biglandulosa* H. Bn, in *Adansonia*, V, 320.

6. *Stillingia mauritiana* H. Bn, in *Adansonia*, II, 27. — *Sapium lineatum* Lamk, *Dict.*, II, 734, n. 2. — *S. lævigatum* Lamk. — *S. obtusifolium* Lamk. (*Gluttier rayé, G. lisse.*)

7. M. Arg., in *Linnœa*, XXXII, 123.— *Sapium indicum* W., *Spec.*, IV, 572. — Rosenth., *op. cit.*, 822. — *S. bingyricum* Roxb., mss. — *S. Hurmais* Ham., in *Trans. Linn. Soc.*, XVII, 229. — *Tragia elliptica* Hochst., mss. (ex M. Arg., *Prodr.*, 1216). — *Sclerocroton ellipticus* Hochst., in *Flora* (1845), 85. — H. Bn, *Euphorbiac.*, t. 8, fig. 17 (*Hoorooa* des Bengal.)

8. M. Arg., *Prodr.*, 121, n. 19. — *Sapium baccatum* Roxb., *Fl. ind.*, III, 694. — *S. hexandrum* Wall., *Cat.*, n. 7965.—*S. Daccee* Wall., *loc. cit.* — *S. populifolium* Wight, *Icon.*, t. 1950. — *Stillingia paniculata* Miq.

9. Jack, in *Calc. Journ. of nat. Hist.*, IV, 386. — M. Arg., *Prodr.*, 1219, n. 40.

10. Voy. p. 163, note 6.

11. Lamb. et Vahl, *Descr. Cinch. et Hyœn.* Lond. (1797), 52, t. 10. — H. Bn, *Euphorb.*, t. 23, fig. 29-39.— *Jatropha globosa* Gærtn., *Fruct.*, II, 122, t. 109, fig. 3. — *Toxicodendron capense* Thunb., in *Act. holm.* (1796), 188, t. 7. — W., *Spec.*, IV, 821.

remarquables sont : en Afrique, l'*Euphorbia piscatoria*[1]; dans l'Inde, le *Securinega Leucopyrus*[2]; à la Guyane, le *Phyllanthus brasiliensis*[3]; au Brésil, l'*Euphorbia cotinifolia*[4] et le *Johannesia princeps*. Un très-grand nombre de ces plantes à latex âcre et vénéreux sont employées dans la médecine des pays chauds comme sudorifiques, dépuratives, antisyphilitiques, antigoutteuses; on peut citer en première ligne plusieurs *Excœcaria*, comme l'*E. Agallocha*[5], l'*E. spinosa*[6], de nombreuses Euphorbes, surtout parmi les espèces cactiformes[7], les Pédilanthes[8], certains *Croton* américains, notamment au Brésil, le *C. antisyphiliticum*[9]. Plusieurs *Phyllanthus* sont aussi dépuratifs, et quelques-uns sont, dans l'Asie tropicale, recherchés comme de puissants diurétiques : les plus célèbres sous ce rapport sont les *Phyllanthus Niruri*[10] (fig. 251) et *urinaria*[11], également employés comme antisyphilitiques. Comme ces

1. Aɪᴛ., *Hort. kew.*, ed. 1, II, 137. — Jᴀᴄǫ., *Hort. schœnbr.*, IV, t. 485. — Rosᴇɴᴛʜ., *op. cit.*, 814. (*Figuera de inferno* à Madère.)
2. Aussi l'a-t-on encore appelé *Phyllanthus virosus* (W., *Spec.*, III, 578) et *Flueggea virosa* (voy. p. 164, note 5).
3. Poɪʀ., *Dict.*, V, 296, n. 2. — *P. Conami* Sᴡ., *Prodr.*, 28. — H. Bɴ, in *Adansonia*, V, 356. — *P. fruticosus* L. C. Rɪᴄʜ., in *Act. Soc. Hist. nat. par.*, 113. — *P. piscatorum* H. B. K., *Nov. gen. et spec.*, II, 113. — *Conami brasiliensis* Aᴜʙʟ., *Guian.*, II, 927, t. 354. (*Conami, Bois à enivrer.*)
4. L., *Amœn.*, III, 112. — *Alectoroctonum cotinifolium* Kʟ. et Gʀᴄᴋᴇ, *Tric.*, 40. — *A. Willdenowii* Kʟ. et Gʀᴄᴋᴇ (*Euphorbe fustet*). On cite encore comme servant à enivrer les poissons l'*E. hybernica*, employé en Angleterre (Hoᴏᴋ., *Brit. Fl.*, ed. 4, 326), l'*E. punicea*, le *Croton Tiglium*, l'*Excœcaria indica*, l'*E. Agallocha*, etc. Les poissons et les crabes qui mangent le fruit du Mancenillier, sont, dit-on, vénéneux.
5. Voy. p. 167, note 2.
6. Avec les *E. hibernica* et *sylvatica* il s'administrait souvent dans les affections vénériennes avant qu'on usât du mercure.
7. Surtout dans l'Inde les *E. pilulifera* et *parviflora* (Lɪɴᴅʟ., *Veg. Kingd.*, 277). On dit que les paysans espagnols se servent, pour le même usage, de l'*Euphorbia canescens* L.
8. Surtout le *P. padifolius* Poɪᴛ., aux Antilles, et aussi les *P. tithymaloides* Poɪᴛ. et *angustifolius* Poɪᴛ. (in *Ann. Mus*, XIX, 390, t. 19).
9. Mᴀʀᴛ., in *Isis* (1824), 586; in *Linnæa* (1830), Litt., 37. — M. Aʀɢ., *Prodr.*, 593, n. 208. — Rosᴇɴᴛʜ., *op. cit.*, 834. — *C. perdicipes* A. S. H., *Pl. us. Bras.*, t. 59. — H. Bɴ, in *Adansonia*, IV, 336. — *Ocalia grandifolia* Kʟ., in *Erichs. Arch.* (1841), 195. — *O. cordifolia* Kʟ. — *O. echiifolia* Kʟ. — *O. Sellowiana* Kʟ. (*Pé de perdis, Erva mular*). On emploie

encore aux mêmes usages, en Amérique, les *C. Urucurana* H. Bɴ, *Draco* Sᴄʜʟᴄʜᴛʟ, *draconoides* M. Aʀɢ., *salutaris* Cᴀsᴀʀ., dont le suc est rougeâtre, dépuratif, sudorifique ; d'où leur nom vulgaire de *Sangue de Drago*. Le *C. campestre* A. S. H. (*Pl. us. Bras.*, t. 60; — H. Bɴ, in *Adansonia*, IV, 316; — M. Aʀɢ., *Prodr.*, 632, n. 300) a des propriétés analogues (vulg. *Velame do campo*). Le *C. origanifolius* Lᴀᴍᴋ (*Dict.*, II, 205), espèce des Antilles, a, dit-on, les mêmes vertus que le copahu. Dans l'Amérique du Nord, on considère comme un puissant antisyphilitique et dépuratif l'*Excœcaria sylvatica* (*Stillingia sylvatica* Gᴀʀᴅᴇɴ, in *L. Mantiss.*, 126. — Mɪᴄʜx, *Fl. bor.-amer.*, II, 213. — A. Gʀᴀʏ, *Man.*, 391. — *Sapium lineorifolium* Toʀʀ.), sous le nom de *Yaw-root*. Dans l'Inde, on prescrit contre la syphilis l'*E. Chamœlea* H. Bɴ (in *Adansonia*, VI, 324 ; — *Tragia Chamœlea* L., *Spec.*, 1391; — *Cnemidostachys Chamœlea* Sᴘʀᴇɴɢ.; — Rosᴇɴᴛʜ., *op. cit.*, 822; — *Microstachys Chamœlea* A. Jᴜss.; — *Elachocroton asperococcus* F. Mᴜᴇʟʟ.; — *Sebastiania Chamœlea* M. Aʀɢ., *Prodr.*, 1175, n. 9) et le *Tragia involucrata* L.; au Brésil, le *Jatropha officinalis* Poʜʟ (*Pl. bras.*, I, 13; — H. Bɴ, in *Adansonia*, IV, 266;—*Adenoropium ellipticum* Poʜʟ), usité aussi comme purgatif dans le Sertao de Minas-Geraës. (*Raiz de Tiuh, R. de Lagarto.*)
10. L., *Spec.*, 1392. — M. Aʀɢ., *Prodr.*, 406, n. 358. — Rosᴇɴᴛʜ., *op. cit.*, 839. — *P. carolinianus* Bʟᴀɴᴄo. — *Nymphanthus Niruri* Loᴜʀ., *Fl. cochinch.*, 545 (*Herbe au chagrin, Erva Pombinha*). Usité au Brésil contre le diabète, et dans l'Inde comme stomachique, antidysentérique tonique, diurétique, etc.
11. L., *Spec.*, 1393. — M. Aʀɢ., *Prodr.*, 364. — *P. cantoniensis* Hoʀɴᴇᴍ. — *P. alatus* Bʟ. — *P. leprocarpus* Wɪɢʜᴛ. — *P. echinatus* Wᴀʟʟ. — *P. lepidocarpus* Sɪᴇʙ. et Zᴜᴄᴄ. *P. polyphyllus* Wᴀʟʟ. (*Urinaire du Malabar.*)

latex âcres sont généralement riches en caoutchouc, plusieurs des arbres qui les produisent sont exploités dans ce but, principalement les *Hevea* à la Guyane et dans les provinces septentrionales du Brésil. Tous les caoutchoucs d'Euphorbiacées provenant de ces pays étaient autrefois attribués à l'*H. guianensis*[1], ou Siphonie élastique ; mais on sait aujourd'hui que la même substance s'extrait au Para d'autres espèces du même genre, telles que les *H. lutea*[2], *brasiliensis*[3], *ternata*[4], *rigidifolia*[5], *pauciflora*[6], *Benthamiana*[7] et *Spruceana*[8]. Le latex s'écoule par des incisions que l'on pratique à ces arbres[9], en dehors de la saison des pluies, parce qu'alors le suc est trop pauvre en matériaux utiles. Une entaille horizontale est d'abord pratiquée avec un couteau ou une hachette dans le tronc, à quelques pouces de sa base ; après quoi, on en fait une autre, verticale, allongée, qui rejoint inférieurement la première, et qui reçoit ensuite à droite et à gauche des incisions plus courtes, obliques, descendantes, disposées parallèlement entre elles comme les barbes d'une plume. Le suc qui sort de toutes ces sections est reçu tout en bas dans des coquilles ou des écuelles de terre. On comprime quelquefois le tronc, pour activer l'écoulement, avec des cordages de liane dont on l'entoure en travers. Le latex, blanc d'abord et opaque comme de la crème, s'épaissit peu à peu ; on favorise le dépôt du caoutchouc par l'action d'une douce chaleur sur de petites quantités placées dans des vases d'argile ou même de bois. L'élévation de température s'obtient par la combustion de fruits de palmier placés dans un brasier ou dans des vases à large goulot et qui dégagent beaucoup de fumée, laquelle épaissit, dessèche et colore en même temps le produit. Un procédé plus moderne consiste à précipiter, par une solution d'alun, le caoutchouc, qu'on soumet ensuite à l'action d'une forte presse.

L'existence dans un grand nombre d'Euphorbiacées de principes

1. Aubl., *Guian.*, 871, t. 335 (*H. peruviana*). — M. Arg., *Prodr.*, 719. — *Jatropha elastica* L., *Suppl.*, 422. — *Siphonia elastica* Pers., *Syn.*, II, 588. — A. Juss. *Euphorbiac.*, t. 12. — Kl., in *Hayn. Arzn.*, XIV, t. 4. — S. *Cahuchu* W., *Spec.*, IV, 567. — S. *guianensis* J., ex H. Bn, *Euphorb.*, 326, t. 15, fig. 1-11. (*Bois de seringue, Pao seringa*.)

2. Spruce, mss., ex Benth., in *Hook. Journ.*, (1854), 370. — M. Arg., *Prodr.*, 719, n. 7. — H. Bn, in *Adansonia*, IV, 285. — S. *apiculata* H. Bn, *loc. cit.*

3. M. Arg., in *Linnæa*, XXXIV, 204. — *Siphonia brasiliensis* H. B. K., *Nov. gen. et spec.*, VII, 171. — Kl., in *Hayn. Arzn. Gew.*, XIV, t. 5.

4. *Micrandra ternata* R. Br., in *Benn. Pl. jav. rar.*, 237. — *Hevea parænsis* R. Br., mss. (ex H. Bn, in *Adansonia*, IV, 284). — *H. discolor* M. Arg., *Prodr.*, n. 2. — *Siphonia discolor* Benth., in *Hook. Journ.* (1854), 369. — S. *brasiliensis* Benth., *loc. cit.* (nec K.)

5. M. Arg., *Prodr.*, 718, n. 4. — *Siphonia rigidifolia* Spruce, ex Benth., *loc. cit.*

6. M. Arg., *Prodr.*, n. 3. — *Siphonia pauciflora* Benth., *loc. cit.*

7. M. Arg., in *Linnæa*, XXXIV, 204.

8. On extrait aussi, dit-on, du caoutchouc des divers *Micrandra* du Para (voy. H. Bn, in *Adansonia*, IV, 286).

9. Collins, *Rep. on the Caoutch. of comm.*, Lond. (1872), 8, 36.

astringents qui en font des plantes tannantes, tinctoriales, tonifiantes, sto-
machiques, etc., est une autre preuve du peu d'uniformité des propriétés
qui peut s'observer dans un groupe d'ailleurs parfaitement naturel. Les
*Phyllanthus* sont assez souvent toniques et astringents, par exemple les
*P. Niruri, squamifolius* SPRENG., *retusus* DENNST, *oblongifolius* DENNST,
le *Bischoffia javanica* [1] BL., les Mirobalans emblics [2] ; plusieurs *Amanoa*
indiens de la section *Bridelia* [3], dont on emploie les écorces riches en
tannin ; le *Securinega Leucopyrus*, l'*Excœcaria guianensis* [4] (fig. 207-209)
de l'Amérique tropicale, et surtout une espèce voisine, l'*E. Hilariana* [5],
qui sert à tanner les peaux, l'*Alchornea latifolia* [6] des Antilles, qui s'emploie dans les maladies du tube digestif et qui passait à tort pour pro-
duire l'écorce d'Alcornoque [7] ; plusieurs *Mabea* [8] du Brésil, qui ont
une écorce amère, astringente, fébrifuge ; le *Trewia nudiflora* [9], dont
l'écorce des racines se prescrit au Malabar contre les affections goutteuses
et rhumatismales ; l'*Echinus philippinensis* [10], dont la racine et les fruits
servent au traitement topique des contusions, douleurs, etc.; les *Macaranga* asiatiques [11], de la section *Mappa*, riches en tannin et qui servent
aussi à la préparation des cuirs ; enfin l'*Acalypha hispida* [12], dont les
fleurs sont considérées dans l'Inde comme un spécifique des affections
diarrhéiques. L'amertume et l'astringence s'allient à une assez grande
proportion de principes aromatiques, stimulants, fébrifuges, dans les
Cascarilles [13], dont l'histoire botanique a été si longtemps couverte d'obs-

1. BL., *Bijdr.*, 1168. — M. ARG., *Prodr.*, 478. — *Stylodiscus trifoliatus* BENN., *Pl. jav. rar.*, 133, t. 29. — *Microelus Rœperianus* WIGHT. — *Andrachne trifoliata* ROXB.

2. Voy. p. 164, note 5.

3. Notamment les *B. spinosa* W. et *scandens* W. (ROSENTH., *op. cit.*, 838). L'*A. collina* H. BN (*Euphorb.*, 582 ; — *Cluytia collina* ROXB., *Pl. corom.*, II, 37, t. 69 ; — *Lebidieropsis orbicularis* M. ARG., *Prodr.*, 509) a des fruits dont le péricarpe est prescrit contre plusieurs affections du tube digestif ; au delà d'une faible dose, il est, dit-on, très-vénéneux.

4. *Maprounea guianensis* AUBL., *Guian.*, II, 895, t. 342. — *Ægopricum betulinum* L. FIL., *Suppl.*, 413.—*Stillingia guianensis* H. BN, *Euphorb.*, 521 (*Maprounier de la Guyane*). La racine sert au traitement des maladies de l'estomac. Les feuilles, tannantes, teignent en noir.

5. *Stillingia Hilariana* H. BN, in *Adansonia*, V, 332. — *Maprounea brasiliensis* A. S. H., *Pl. us. Bras.*, t. 65.—M. ARG., *Prodr.*, 1491.

6. SW., *Prodr.*, 98. — HEYN., *Arzn. Gew.*, 10, t. 42.—M. ARG., *Prodr.*, 908.

7. Voy. *Hist. des plant.*, II, 379, note 7.

8. Notamment à la Guyane, les *M. Piriri* AUBL. et *Taquari* AUBL., vulgairement nommés *Bois pipe, Bois à calumets*, parce que ces plantes (qui donnent un peu de caoutchouc) ont des rameaux creux qui servent à faire des tuyaux de pipe ; et au Brésil, le *M. fistulifera* MART., *Reis.*, et in *Linnœa* (1830), 39, — *M. ferruginea* BENTH. (*Canudo de Pito*), qui sert au traitement des fièvres et des maladies de l'estomac.

9. L., *Spec.*, ed. 3, App., 1661. — M. ARG., *Prodr.*, 953. — *T. macrophylla* ROTH. — *Tetragastris ossea* GÆRTN., *Fruct.*, II, 130, t. 109. — *Rottlera Hoperiana* BL. — *Conschi* RHEED., *Hort. malab.*, I, 76, t. 42.

10. Voy. p. 164, note 8.

11. Principalement le *M. Tanarius* (M. ARG., *Prodr.*, 997, n. 25 ; — *Mappa tanarius* BL., *Bijdr.*, 624 ; — *M. tomentosa* BL.; — *M. moluccana* BENTH.; — *M. glabra* A. JUSS.; — *Ricinus Tanarius* L.;—*Croton lacciferus* BLANCO, nec L.).

12. BURM., *Fl. ind.*, 303, t. 61, fig. 1 (nec W.).—M. ARG., *Prodr.*, 815, n. 38. — *Caturus spiciflorus* ROXB., *Fl. ind.*, III, 760.

13. GUIB., *op. cit.*, II, 361. — H. BN, in *Dict. encycl. sc. méd.*, XII, 756.

curité, et qui toutes sont des écorces d'espèces américaines du genre
*Croton*, espèces des Antilles et surtout des îles Bahama. Linné avait
confondu, sous le nom de *C. Cascarilla*, deux espèces bien distinctes.
L'une est, d'après M. Bennett [1], le véritable *C. Cascarilla* [2] et vient des
Bahama. L'autre, qui donne un produit de qualité secondaire, se trouve
non-seulement dans ces îles, mais surtout à Cuba, à Saint-Domingue :
c'est le *C. lineare* [3]. Le *C. Eluteria* [4], espèce des Bahama, donne actuellement la C. officinale, ou *Chacrille*, Écorce éleuthérienne, tandis que le
*C. Cascarilla* n'en fournit plus qu'une quantité insignifiante, contraire-
ment à ce qui avait lieu autrefois. Le *C. flavens* [5], ou Petit Baume de la
Martinique, espèce dont les feuilles sont à peu près celles d'une Sauge,
fournit une sorte de cascarille dont les propriétés sont analogues à celles
de l'officinale ; mais elle n'arrive guère de nos jours jusqu'en Europe.
Le *C. lucidum* [6] donne à Cuba la fausse Cascarille de Bahama, et le
*C. niveus* [7], la C. de la Trinité de Cuba, ou *Copalchi*. Les écorces des
Cascarilles ont été vantées d'abord comme succédané du quinquina ; mais
leur action fébrifuge paraît bien peu énergique ; elles sont surtout indi-
quées comme toniques, apéritives, antichlorotiques. On se loue de leur
usage dans les cas de diarrhées anciennes, et la médecine vétérinaire les
a employées pour activer la sécrétion du lait. Beaucoup d'autres *Croton*
ont des propriétés stimulantes ; ce qui tient à ce qu'ils sont riches,
comme les Cascarilles, en essences dont l'odeur et les vertus rappellent
beaucoup ce qui s'observe dans les Labiées. Le *C. gratissimus* [8] du Cap
fournit un parfum recherché. Sur les bords de l'Amazone, les *C. adi-
patus* [9] et *thurifer* [10] donnent une sorte d'encens. Aux Antilles, le

---

1. In *Journ. Linn. Soc.*, IV, 30.

2. L., *Spec.*, ed. 3, 1424 (part.) — M. Arg.,
*Prodr.*, 646, n. 260. — Daniell, *On the* Cas-
carilla *and oth. spec...*, in *Pharm. Journ.*,
ser. 2, IV, 144, 226, t. 3, fig. 1 (nec Lamk).
— *C. cascarilloides* Geisel.., *Mon.*, 8 (part.).—
*Clutia Cascarilla* L., *Spec.*, 1042 (part.).

3. Jacq., *Amer.*, 257, t. 162, fig. 4. —
Lamk, *Dict.*, II, 204. — *C. hippophaeoides*
A. Rich., *Cub.*, III, 212. — *Clutia Cascarilla*
L., *Amœn.*, V, 411. Distinct de l'espèce du
*Species* qui porte le même nom (vulg. *Sauge du
port de la Paix*).

4. Benn., *loc. cit.*, 29. — Daniell, *loc. cit.*,
4, t. 1. — M. Arg., *Prodr.*, n. 8. — *Clutia
Eluteria* L., *Spec.*, 1042 (part.).

5. L., *Amœn.*, V, 410. — M. Arg., *Prodr.*,
n. 253. — *C. balsamifer* Jacq. — *C. Richardi*
W. — *C. mucronatus* W. — *C. tomentosus*
Link. — *C. padifolius* Geis. — *C. flocculosus*
Geis. — *C. astroites* W. — *C. leprosus* Spreng.

— *C. Cascarilla* Lamk, *Dict.*, II, 203 (nec L.).
Ses tiges laissent couler un suc balsamique
à saveur un peu âcre et amère (voy. H. Bn, in
*Dict. encycl. sc. méd.*, XII, 757, n. 5).

6. L., *Amœn.*, V, 410. — *C. pallens* Sw. —
*C. spicatus* Berg. — *C. glanduliferus* Vahl.
Le *C. (Astraeopsis) Hookerianus* H. Bn (*Euphor-
biac.*, 363) en est une simple forme.

7. Jacq., *Amer.*, 255, t. 162, fig. 2. —
*C. syringaefolius* H. B. K. — *C. Pseudo-China*
Schlchtl, in *Linnaea*, IV, 84. — Lind., *Fl. med.*,
180, n. 362. — Rosenth., *op. cit.*, 833. —
Guib., *op. cit.*, II, 364. Humboldt a autrefois
à tort attribué l'origine du *Copalchi* au *C. suberosus* H. B. K.

8. Burch., *Trav.*, II, 268. — Sond., in *Linnaea*, XXIII, 149. — Rosenth., *op. cit.*, 835.—
H. Bn, in *Adansonia*, III, 154.

9. H. B. K., *Nov. gen. et spec.*, II, 68. —
M. Arg., *Prodr.*, n. 07.

10. H. B. K., *op. cit.*, II, 76 (*Ullucina*).

*C. humilis* sert à préparer des bains aromatiques. A la Martinique, l'eau
dite de Mantes doit son parfum au *C. flavens*. Le *C. anisatus*[1] de
Madagascar a, sur les échantillons secs, tout à fait l'odeur des Badianes.
Les feuilles du *C. Caryophyllus*[2] sentent, dit-on, le girofle ; celles des
*C. fragrans*[3], *menthodorum*[4] et *balsameum*[5], espèces américaines, sont
très-aromatiques. Le *C. glabellus*[6] des Antilles a une écorce parfumée,
comme le *C. Eluteria*, auquel on le substitue, dit-on. Le *C. vulnerarius*[7]
et le *C. celtidifolius*[8] sont aussi stimulants, vulnéraires. Le dernier doit
surtout ses propriétés à un suc rougeâtre qui se rencontre dans bon
nombre d'espèces américaines, parfois employées au traitement des
plaies, des contusions, comme les *C. abutiloides*[9], *gossypifolius*[10], *Urucurana*[11], *Draco*[12], plantes aromatiques dont le suc concrété est comparé
pour ses propriétés au Sang-dragon. Le *C. Malambo*[13] doit son nom à
ce qu'il fournit l'écorce de Malambo, aromatique, camphrée, analogue
à celle des *Drimys*, *Boldu* et *Atherosperma*, stimulante, digestive, fébrifuge, reconstituante. Dans certaines espèces aromatiques de l'Inde, la nature du suc se modifie sous l'influence de la piqûre des insectes. On croit
que c'est à la suite de l'action sur ses branches du *Coccus Lacca* que le
*C. aromaticum*[14] de l'Inde laisse exsuder la gomme-laque, employée dans
la médecine et dans l'industrie. Le nombre des *Croton* à suc odorant,
balsamique ou résineux, tonique ou excitant, est considérable dans les
régions tropicales des deux mondes[15]. D'autres ont des propriétés très-
variées, peu explicables, et il y a beaucoup d'Euphorbiacées d'autres
genres qui sont dans le même cas. Ainsi, on cite les *Euphorbia Schim-
periana*[16] et *cerebrina*[17] comme ténifuges ; et dans leur pays natal,
l'Abyssinie, on préconise aussi comme tel le *Croton macrostachyus*[18].

1. H. Bn, in *Adansonia*, I, 159.
2. Benth., in *Hook. Journ.* (1854), 374.
3. H. B. K., *op. cit.*, II, 81.
4. L., *Amœn.*, V, 409. — Geis., *Mon.*, 40
(part.). — *C. Eluteria* Sw. (nec Benn.). — *C.
nitens* Sw. — *C. squamulosus* Vahl. — *Clutia
Eluteria* L., *Amœu.*, V, 411 (nec *Spec.*).
5. Benth., *Pl. Hartweg.*, 248.
6. M. Arg., in *Linnæa*, XXXIV, 107.
7. H. Bn, in *Adansonia*, IV, 328.
8. H. Bn, in *Adansonia*, IV, 331. — *C. san-
guis Draconis* Mart., mss. — *C. cynanchicum*
H. Bn, *loc. cit.*, 329.
9. H. B. K., *Nov. gen et spec.*, II, 86.
10. Vahl, *Symb.*, II, 98. — *C. hibiscifolius*
H. B. K., *op. cit.*, II, 89.
11. H. Bn, in *Adansonia*, IV, 335 (*Sangue de
Drago*).
12. Schlchtl, in *Linnæa*, VI, 380.—*Cyclostigma Draco* Kl. (*Sangue de Drago*).

13. Karst., in *Linnæa*, XXVII, 418 ; *Fl. columb.*, 25, t. 13. — Guib., *op. cit.*, II, 365.
14. L., *Spec.*, 1005 (nec W.).—Geis., *Mon.*,
24 (part.). — *C. lacciferus* Gærtn., *Fruct.*, II,
t. 107 (nec L.). Le *C. aromaticus* W. est une
espèce voisine, mais différente (*C. lacciferus* L.),
qui donne aussi les mêmes produits. C'est la
plante représentée par Burmann (*Thes. zeyl.*, 201,
t. 91), sous le nom de *Ricinoides*, etc.
15. Voy. Rosenth., *op. cit.*, 833-837.
16. Hochst., in *exs. Schimp.*—A. Rich., *Fl.
abyss. Tent.*, II, 242. — Boiss., *Prodr.*, n. 615.
17. Hochst., *loc. cit.* — *Tithymalus cebrinus*
Kl. et Grcke, *Tric.*, 86.—*E. Petitiana* A. Rich.,
*loc. cit.*, 241. — E. Fourn., *Des ténifuges...
Abyss.*, 29. Le même auteur cite encore son
*E. Handoukdouk* et l'*E. depauperata* Hochst.
18. A. Rich., *Fl. abyss. Tent.*, II, 251. —
E. Fourn., *loc. cit.*, 57. — *Rottlera Schimperi*
Hochst. et Steud. (*Tambuch*).

L'*Euphorbia hypericifolia*[1] partage en Colombie le nom de *Canchalagua* avec certaines Gentianacées amères et dépuratives dont il possède, à ce qu'il paraît, les propriétés. Dans certains pays de l'Amérique du Sud, on le considère comme légèrement narcotique ; ailleurs on emploie son suc pour enlever les taches de la cornée. Le suc de l'*E. Chamœsyce*[2] est indiqué contre la gale et comme sudorifique. Au Brésil, on croit l'*E. pilulifera*[3] bon à guérir les morsures des serpents ; le suc sert au traitement des aphthes. L'*E. officinarum*[4], qui, au Maroc, s'emploie au tannage des cuirs, est en même temps un insecticide et un antirhumatismal. On a même proposé comme remèdes de la rage l'*E. pilosa*[5] en Russie et le *Mercurialis tomentosa* dans le midi de l'Europe[6].

Bien peu d'Euphorbiacées sont comestibles, en dehors de celles dont nous avons dit qu'on mangeait les fruits ou les graines. Toutefois les pousses de plusieurs *Euphorbia*, comme l'*E. balsamifera* en Afrique, se mangent quand on les a fait cuire. On cite surtout l'*E. edulis*[7], dont Loureiro a vu les Cochinchinois se nourrir ; les Mercuriales, dont les paysans consomment, dit-on, quelquefois les jeunes feuilles ; les *Plukenetia* de l'Inde, notamment le *P. volubilis*[8], dont on prépare un mets délicat en les faisant cuire dans le lait de coco ; et enfin les *Manihot* dont les Américains du Sud mangent parfois les feuilles hachées et cuites à l'huile. Mais l'aliment le plus célèbre de cette famille est la fécule qu'on retire des racines de quelques espèces de ce dernier genre, et qui porte les noms de *Cassave*, *Moussache*, *Couaque*, *Tapioca* et *Manioc*[9]. Elle est fournie en première ligne par le *M. amer* ou *Manihot edulis* de Plumier[10], cultivé dans la plupart des pays tropicaux des deux mondes, et par le *M. doux* ou *Camagnoc*[11], que nous avons proposé d'appeler

1. L., *Hort. Cliff.*, 198. — Hook., *Exot. Fl.*, I, t. 36. — Boiss., *Prodr.*, n. 51.

2. L., *Amœn.*, III, 115. — Boiss., *Prodr.*, n. 101. — *E. massiliensis* DC., *Fl. fr.*, V, 357.

3. L., *Amœn.*, III, 114. — Boiss., *Prodr.*, n. 43. — *E. capitata* Lamk, *Dict.*, II, 422.

4. L., *Spec.*, 647. — *E. polygonatum* Isn., in *Act. Acad. sc. par.* (1722), 387, t. 10.

5. L., *Spec.*, 659. — *E. procera* Bieb. — *E. villosa* Waldst. et Kit. — *E. illyrica* Lamk, *Dict.*, II, 435. — *E. paniculata* Lois.

6. On cite une propriété singulière, celle de répandre dans l'obscurité des lueurs phosphorescentes, dans une espèce brésilienne, l'*E. phosphorea* Mart. (*Reis.*, 726 ; in *Linnæa* [1820], Litt., 612 ; — Boiss., *Prodr.*, n. 697).

7. Lour., *Fl. cochinch.* (ed. 1790), 298 (*Xuong raong la*). — Boiss., *Prodr.*, n. 294.

8. L., *Spec.*, 1192 (part.). — Lamk, *Ill.*,

t. 788. — Plum., *Nov. pl. amer.*, t. 13, fig. 2. — Rosenth., *op. cit.*, 822. Aux Moluques, le *P. corniculata* Sm. se cultive comme plante potagère. On l'emploie topiquement dans le traitement des œdèmes, abcès, etc. (*Sajor Putj*).

9. Endl., *Enchirid.*, 595. — Guib., *op. cit.*, II, 347. — Pereira, *Elem. Mat. med.*, ed. 4, II, p. I, 428. — H. Bn, in *Dict. encycl. sc. méd.*, sér. II, IV, 561.

10. *M. utilissima* Pohl, *Pl. bras.*, I, 32, t. 24. — M. arg., *Prodr.*, 1064, n. 17. — *M. edule* A. Rich., *Cub.*, III, 208. — *Jatropha Manihot* L., *Spec.*, 1007. — Tuss., *Fl. Ant.*, III, t. 1. — Descourt., *Fl. Ant.*, III, t. 176. — *Janipha Manihot* H. B. K., *Nov. gen. et spec.*, II, 108. — *Bot. Mag.*, t. 3071. (*Mandijba*, *Mandiocca*, *Juca amarya*.)

11. *M. palmata* M. arg., *Prodr.*, 1062, n. 16 — *M. diffusa* Pohl. — *M. Aipi* Pohl. — *M.*

*M. dulcis* ou *mitis*, quoiqu'il ait reçu un grand nombre d'autres noms.
Ce dernier est surtout cultivé en Amérique, où on le plante généralement,
comme le premier, de boutures. Celles-ci développent sous terre des
racines (?) charnues, plus ou moins fusiformes, quelquefois très-volu-
mineuses, qui par la forme rappellent celles de nos *Dahlia*. Celles du
*M. doux* ne renferment, dit-on, que de la fécule, et peuvent se manger
cuites à l'eau ou sous la cendre ; les animaux peuvent les dévorer crues
sans danger. Mais dans celles du *M. amer*, il y a en outre un suc
très-délétère, très-volatil, et dont on peut se débarrasser par la chaleur
ou par l'action de l'eau. Les racines sont râpées et fournissent une pulpe
qu'on renfermait dans un long sac tissé avec des feuilles ou des fibres
de Palmier et au bout duquel on suspendait un poids dont la traction
exprimait le suc dangereux mélangé à la pulpe ; après quoi, ce sac placé
près du feu, ne contenait plus bientôt qu'une poudre desséchée ou
farine de manioc. Aujourd'hui, on emploie une presse ordinaire à l'extraction du suc. Le tapioka est cette même substance préparée en gru-
meaux durs et légèrement élastiques, formés de très-petits grains sphé-
riques et se transformant en empois visqueux et transparent par l'action
de l'eau bouillante. Dans la cassave, elle est étendue en gâteaux minces,
séchés sur une plaque de fer chauffée. Ces fécules servent aux Galibis
à préparer plusieurs boissons fermentées. Peut-être pourrait-on en tirer
de l'alcool pour les usages économiques. L'industrie trouve encore parmi
les Euphorbiacées deux produits d'une assez grande importance : une cire
végétale, fournie par le Gluttier à suif [1], et dont est gorgé tout le tégument extérieur de sa graine ; et une huile, dite *de bois*, qu'on extrait en
Chine des parties intérieures de la semence de l'*Aleurites cordata* [2]
(fig. 170, 171) ; elle sert à brûler, à préparer des vernis très-utiles, à
enduire les bois qu'on veut garantir de l'action de l'humidité, les étoffes
qu'on veut rendre imperméables, et à une foule d'usages domestiques.
Le bois des Euphorbiacées est généralement peu résistant. Toutefois le
*Securinega durissima* [3] porte aux îles Mascareignes les noms de Bois dur
et de B. de hache. L'*Excœcaria lanceolata* [4] du Brésil donne un bon bois

---

*Læflingii* GRAH. — *M. Grahami* HOOK., *Icon.*,
t. 530. — *M. pusilla* POHL. — *Jatropha dulcis*
GMEL., *Onomat.*, V, 7.—H. BN, in *Dict. encycl.
sc. méd.*, *loc. cit.*, 562. — *J. mitis* ROTTB.,
*Surin. Descr.*, 21. — *J. palmata* VELLOS., *Fl.
flum.*, X, t. 81. (*Aipi, Juca dulce.*)

1. *Excœcaria sebifera* M. ARG. (voy. p. 167,
note 2).

2. M. ARG., *Prodr.*, 724, n. 2. — *Dryandra
cordata* THUNB., *Fl. jap.*, 267, t. 27. — D.

*Vernicia* CORR., in *Ann. Mus.*, VIII, 69, t. 52.
— *Elæococca Vernicia* SPRENG. — *E. cordata*
BL. — *E. verrucosa* A. JUSS. — *Vernicia mon-
tana* LOUR. — *Aleurites Vernicia* HASSK. —
*Abrasin* KÆMPF., *Amœn. exot.*, 789. (*Arbre à
l'huile, au vernis, Wu-lung* des Japonais.)

3. GMEL., *Syst.*, II, 4008. — *S. nitida* W.
*Spec.*, IV, 761. — A. JUSS., *Euphorbiac.*, t. 2,
fig. 4.—H. BN, *Euphorbiac.*, t. 26, fig. 33-38.

4. *Actinostemon lanceolatum* SALDANH., in

de construction ; en Australie, celui des *Actephila grandifolia* [1] et *Mooreana* [2]. Sur toutes les plages tropicales de l'Asie et de l'Océanie croît l'*Excœcaria Agallocha* (fig. 204-206), cet arbre des plus vénéneux, qui donne un des faux Bois d'Aloès ou de Calambac du commerce. Il est d'un brun rougeâtre, jaspé de gris ou de noir, dur, pesant, fragile, onctueux ou résineux, très-amer, aromatique, à odeur de myrrhe et de résine animé. Il brûle facilement, en répandant un parfum agréable : on l'envoyait souvent autrefois en Europe comme véritable Bois d'Aigle ou d'Agalloche. Le Mancenillier a un bois assez dur, susceptible de prendre un beau poli ; il sert à faire de jolis meubles. Celui de l'*Hura crepitans*, moins résistant, sert à former des solives. Celui du *Jatropha Curcas* est mou, facilement altérable ; on en fait cependant des palissades aux Indes. La plante sert à faire des haies aux Antilles. Les *Euphorbia* cactiformes sont parfois excellents pour cet usage, à cause de leurs nombreux piquants. L'*E. neriifolia* s'emploie de cette façon en Cochinchine ; dans l'Inde, c'est l'*E. Tirucalli*. Les haies d'*E. myrtillifolia* [3], espèce des Antilles, sont difficiles à franchir à cause du suc caustique qui en découle. Les *Jatropha* apétales de la section *Cnidoscolus* [4] sont terribles pour une autre raison. Les poils brûlants dont ils sont couverts pénètrent dans la peau et causent d'horribles douleurs. Le *Platygyne urens* [5] et les *Tragia volubilis* [6], *pungens* [7], *involucrata* [8], ont aussi des poils urticants qui les rendent redoutables. Il y a peu d'Euphorbiacées ornementales. Les espèces cactiformes sont recherchées par les amateurs de plantes grasses, et l'on en cultive un grand nombre dans nos serres. Les *Codiœum* panachés, qui servent en Cochinchine à décorer les édifices aux jours de fête, ont produit en Europe une foule de variétés à feuilles tachées de jaune ou de rouge qui ornent nos serres chaudes [9]. On emploie aux mêmes usages les Euphorbes à bractées colorées, comme l'*E. pulcher-*

*Adansonia*, VIII, 263 ; *Configur... veg. secul.*, p. II, 63, t. 11. (*Canella de veado.*)

1. H. Bn, in *Adansonia*, VI, 330, 360, t. 10. — *Lithoxylon grandifolium* M. Arg., *Prodr.*, 232.

2. H. Bn, *loc. cit.*, 330, 366.

3. L., *Syst.*, II, n. 38. — Boiss., *Prodr.*, n. 116. — *E. myrtifolia* L., *Spec.*, n. 30. — *E. emarginata* Lamk, *Dict.*, II, 426.

4. Notamment les *J. urens* L. (*J. stimulosa* Micux), *hamosa* M. Arg. (*Cnidoscolus hamosus* Pohl), *vitifolia* Mill., *horrida* M. Arg., dont les fruits sont aussi hérissés de soies très-redoutables. Plusieurs ont néanmoins des tubercules napiformes et comestibles.

5. Voy. p. 215, note 4.

6. L., *Spec.*, 980. — Sw., *Obs.*, 353. — *T. pedunculata* P. Beauv., *Fl. ow. et ben.*, I, 90, t. 54. — *T. diffusa* Vellos., *Fl. flum.*, X, t. 10. — *T. monandra* H. Bn (*Liane brûlante*). Son suc, additionné de sel marin, sert en Amérique à traiter les ulcères, le pian, etc.

7. M. Arg., *Prodr.*, 941. — *T. cordata* Vahl, *Symb.*, I, 176. — W., *Spec.*, IV, 322. — *Jatropha pungens* Forsk., *Æg.-ar.*, 163.

8. Jacq., *lc. rar.*, t. 198. — Boj., *Hort. maur.*, 286. — *Schorigeram* Rheede, *Hort. malab.*, II, 72, t. 39. Dans l'Inde, cette espèce se donne souvent comme reconstituant aux malades affectés de cachexie syphilitique.

9. On recherche aussi certains *Euphorbia* et *Acalypha* à feuillage panaché.

*rima* [1], les *Dalechampia* à involucre pétaloïde [2] et les Euphorbes à feuillage panaché de blanc. Les feuilles magnifiques de quelques *Macaranga* et *Carumbium*, celles parfois si délicates de plusieurs *Phyllanthus*, qui sont simples et dont toutefois les rameaux imitent des feuilles composées, celles encore de nos belles variétés de Ricin, font de toutes ces espèces des végétaux très-ornementaux. Par leurs cladodes foliiformes, les *Phyllanthus* de la section *Xylophylla* sont au nombre des plantes qui, dans les serres, excitent le plus la curiosité.

1. W., *Herb.*, n. 9259. — *E. coccinea* W. — *E. diversifolia* W. — *E. erythrophylla* BER-TOL. — *Pleuradenia coccinea* RAFIN. — *Poinsettia pulcherrima* GRAH., in *Edinb. now Phil. Journ.* (March. 1836); in *Bot. Mag.*, t. 3493. Les bractées sont jaunes, plus ordinairement rouges, et servent à la teinture. Dans l'*E. fulgens* KARW., plus souvent cultivé sous le nom d'*E. jacquiniæflora* (HOOK , in *Bot. Mag.*, t. 3673), la portion colorée en rouge cocciné est le périanthe.

2. Principalement le *D. Roezliana* (M. ARG. *Prodr.*, 1223, n. 2), qui n'est probablement qu'une forme à bractées souvent colorées du *D.* (*Cremophyllum*) *spathulata* H. BN (*El. géo. Euphorbiac.*, 58, t. 3, fig. 16-30).

# GENERA

## I. EUPHORBIEÆ.

**1. Euphorbia** L. — Flores hermaphroditi v. rarius polygami ; calycis campanulati v. subturbinati lobis 5 (raro 4-8) membranaceis imbricatis, cum glandulis totidem (v. 1-8), nunc appendice petaloidea extus auctis, alternantibus. Stamina ∞ , v. raro subdefinita, in series lobis calycinis numero æquales oppositasque dispositis ; filamentis in seriebus singulis 2-seriatim dispositis, valde inter se inæqualibus et plus minus alte transverse articulatis, basi nunc plus minus extus perianthio adnatis ; antheris 2-locularibus, rimosis. Glandulæ ∞ , nunc paucæ v. 0, sæpe bracteiformes ciliato-laceræ, cum staminum seriebus alternantes. Germen centrale longe stipitatum ; stipite sæpius elongato recurvo apiceque sub germine in discum hypogynum 3–6-lobum v. integrum, sæpe 0, incrassato. Loculi 3, 1-ovulati ; stylo mox in ramos 2-fidos diviso ; lobis apice v. et intus stigmatosis ; ovuli descendentis anatropi micropyle extrorsum supera et obturatore subconico v. pileiformi e placenta ovulo altius orta obtecta. Fructus capsularis, sæpius 3-coccus ; coccis lævibus v. verrucosis a columella centrali persistente solutis, elastice demum 2-valvibus ; exocarpio nunc usque ad maturationem subcarnoso, demum exsucco. Semina lævia, rugosa v. tuberculata fossulatave ; testa crustacea extus integumento tenui et circa exostomium in arillum carunculatum incrassato induta ; albumine carnoso oleoso sæpius copioso ; embryonis recti cotyledonibus linearibus v. plus minus ovatis ; radicula tereti supera. — Plantæ herbaceæ, frutescentes v. arboreæ, nunc carnosæ (cactiformes) spinescentes ; succo albo, rarius luteo v. hyalino ; foliis alternis v. oppositis, raro verticillatis, basi æqualibus, nunc parvis v. 0 ; stipulis lateralibus v. 0 ; floribus in cymas axillares v. terminales, 2-5-paras v. rarius

1-laterales, nunc umbelliformes v. capituliformes, dispositis; inflorescentiæ ramis calycibusque sæpius bracteolatis. (*Orb. tot. reg. omnes.*) — *Vid. p.* 105.

2. **Pedilanthus** NECK. [1] — Flores fere *Euphorbiæ*; perianthio irregulari, sæpius oblique calceiformi (*Eupedilanthus*[2]), postice appendice labiiformi integro v. 2-fido aucto, v. rarius (*Cubanthus*[3]) subæquali-urceolato et postice appendice scutelliformi aucto, nunc postice 2-labiato (*Calceolastrum*[4]). Glandulæ in appendicis fundo 2-6, v. rarius 0. Genitalia cæteraque ut in *Euphorbia*; germinis stipite extrorsum declinato. Fructus capsularis; seminibus exarillatis. — Frutices carnosi; foliis alternis; stipulis parvis glanduliformibus v. 0; inflorescentiis [5] cæterisque *Euphorbiæ*. (*America trop.* [6])

---

## II. RICINEÆ.

3. **Ricinus** T. — Flores monœci apetali; calyce 5-partito, demum valvato. Stamina in flore masculo ∞, receptaculo convexiusculo inserta; filamentis ∞, ramosis, superne multoties divisis; antheris parvis, 2-dymoglobosis; loculis lateraliter v. extrorsum rimosis connectivo tenui tota longitudine adnatis. Germen (in flore masculo 0) 3-loculare subsessile; styli ramis 3, mox ultra medium 2-partitis, intus undique valde papillosostigmatosis (rubris). Ovula in loculis solitaria descendentia; micropyle extrorsum supera; obturatore crasso subhemisphærico. Capsula 3-locularis; exocarpio demum soluto, extus lævi v. echinato; coccis ab axi solutis. Semina lævia (plus minus maculata); arillo exostomii depresse conico obscure 2-lobo; embryonis magni cotyledonibus foliaceis subellipticis albumini latitudine æqualibus. — Planta arborescens v. herbacea alta; foliis alternis stipulatis; petiolo longo ad lineam ventralem tuberculis glanduliformibus onusto; limbo lato sæpius peltato palmatinervio, 7-15-lobo, inæquali-dentato; floribus in racemos terminales con-

1. *Elem.*, II, 354. — A. Juss., *Euphorbiac.*, 59. — ENDL., *Gen.*, n. 5765. — H. BN, *Euphorbiac.*, 56,287, t. 3, fig. 1-15. — BOISS., *Prodr.*, 4, 1261. — *Tithymaloides* T., *Inst.*, 654. — *Crepidaria* HAW., *Syn. succ.*, 67. — *Hexadenia* KL. et GRCKE, *Tricocc.*, 19. — *Diadenaria* KL. et GRCKE, *loc. cit.*
2. BOISS., *loc. cit.*, 4, sect. I.
3. BOISS., *loc. cit.*, 7, sect. III.

4. BOISS., *loc. cit.*, 1261, sect. II.
5. Floribus sæpe rubris, nunc rubro viridique maculatis v. violaceis.
6. Spec. ad 18. SPRENG., *Syst.*, III, 802. — POIT., in *Ann. Mus.*, XIX, 388, t. 19. — BENTH., *Sulph.*, 40, t. 23; in *Hook. Journ.*, VI, 321. — KL. et GRCKE, *Tricocc.*, 106. — GRISEB., in *Mem. Am. Ac.* (1860), 164. — H. BN, in *Adansonia*, I, 340.

tracto-ramosos cymiferos dispositis; fœmineis superioribus; inferioribus masculis, 1-bracteatis et 2-bracteolatis; pedicellis articulatis. (*Orb. tot. reg. calid.*) — *Vid. p.* 109.

4. **Homonoya** LOUR.[1] — Flores (fere *Ricini*) monœci v. diœci; calyce masculo 3-partito, valvato. Stamina ∞, polyadelpha (*Ricini*); filamentis interioribus nunc ex parte anantheris; antherarum subglobosarum loculis confluentibus, breviter rimosis. Floris fœminei calyx 5-partitus, imbricatus. Germen 2-4-, sæpius 3-loculare[2]; styli ramis totidem simplicibus dense papillosis. Germen ovulaque ut in *Ricino*. Capsula parva; seminibus lævibus membranaceo-arillatis. — Frutices virgato-ramosi; foliis alternis, sessilibus v. petiolatis, 2-stipulatis penninerviis integris v. dentatis coriaceis; inflorescentiis spicatis v. racemosis axillaribus, nunc 2-sexualibus, a basi florigeris, haud ramosis; bracteis sæpius 1-floris. (*Asia trop. austro-occ. cont. et insul.*[3])

5? **Cœlodiscus** H. BN[4]. — Flores diœci apetali; calyce masculo 4, 5-partito, valvato. Stamina ∞, circa discum centralem glandulosum concavum inserta; filamentis plus minus alte polyadelphis; antheris introrsis, 2-rimosis. Calyx fœmineus 3-5-fidus, hinc profundius apertus. Germen 3-5-loculare; loculis 1-ovulatis; stylis 3-5, simplicibus, intus stigmatosis. Fructus...? — Arbores (?) v. frutices[5]; foliis alternis v. oppositis palmati-3-plinerviis petiolatis exstipulatis (?); floribus ad racemos axillares, 1, 2-sexuales, glomerulatis v. cymosulis. (*India or.*[6])

---

## III. JATROPHEÆ.

6. **Jatropha** L. — Flores monœci v. rarius diœci, plerumque 5-meri; calyce imbricato. Petala imbricata, libera v. in corollam gamopetalam connata, discreta, imbricata tortave, rarius 0. Glandulæ disci alternipetalæ liberæ v. in discum orbicularem connatæ. Stamina sæpius 10,

1. *Fl. cochinch.* (ed. 1790), 636. — ENDL., *Gen.*, n. 5885. — M. ARG., in *Linnæa*, XXXIV, 200; *Prodr.*, 1022. — *Spathiostemon* BL., *Bijdr.*, 621. — ENDL., *Gen.*, n. 5810. — H. BN, *Euphorb.*; 292. — *Lumanaja* BLANCO, *Fl. Filip.*, 821. — *Hæmatospermum* WALL., *Cat.*, n. 7953. — LINDL., *Nat. Syst.*, 116.
2. Loculis anterioribus 2.
3. Spec. ad 3. GEIS., *Crot. Mon.*, 6 (*Croton*).

— ROTH, *Nov. pl. sp.*, 375 (*Adelia*). — WIGHT, *Icon.*, t. 1868, 1869 (*Adelia*). — HASSK., *Hort. bog.*, 237, 264 (*Ricinus*). — MIQ., *Fl. ind.-bat.*, Suppl., I, 452 (*Spathiostemon*).
4. *Euphorb.*, 293. — M. ARG., *Prodr.*, 758.
5. Habitu *Echini*.
6. Spec. 3. WALL., *Cat.*, n. 7723 (*Croton*), 7728 (*Ricinus*). — M. ARG., in *Linnæa*, XXXIV, 154.

2-verticillata, v. rarius 11-30, 3-6-verticillata ; filamentis plus minus alte in columnam connatis aut centralibus, rarius circa gynæcei rudimentum minutum insertis ; exterioribus 5, oppositipetalis; antheris 2-locularibus, introrsis v. ex parte lateraliter rimosis ; interioribus nunc effœtis v. abortivis. Germen 3-loculare (rarius 2- v. 4-loculare); ovulo in loculis solitario ; obturatore sæpius crasso; styli ramis sæpius varie ad apicem stigmatosum semel v. bis 2-fidis. Staminodia hypogyna nunc 3-10, disco interiora. Fructus capsularis , nunc ad maturitatem subcarnosus v. rarissime carnosus ; coccis plerumque a columella solutis et dehiscentibus. Semina sæpius lævia ; micropyle arillata ; embryonis dite albuminosi cotyledonibus foliaceis palmatinerviis. — Frutices v. arbusculæ, nunc urenti-setosi ; foliis alternis petiolatis, 2-stipulatis, integris, dentatis v. lobatis, penninerviis v. sæpius digitinerviis ; floribus sæpius in racemos composito-cymiferos dispositis ; floribus fœmineis centralibus; masculis numerosioribus periphæricis. (*America, Asia et Africa calid.*)— *Vid. p.* 112.

7. **Manihot** PLUM.[1] — Flores monœci apetali (fere *Cnidoscoli*); calyce[2] masculo plus minus profunde 5-fido, quincunciali-imbricato. Stamina 10, 2-serialia ; filamentis liberis gracilibus inter dentes v. lobos marginales disci centralis[3] crassi carnoso-glandulosi late discoidei insertis; antheris dorso adfixis; loculis lateralibus v. sæpius (in staminibus brevioribus cum foliolis calycis alternantibus) plus minus extrorsum spectantibus, longitudinaliter rimosis. Calyx fœmineus 5-fidus v. sæpius 5-partitus deciduus. Discus hypogynus crassus subannularis, sæpe extus staminodiis 10 brevissimis munitus. Germen 3-loculare ; ovulis in loculis solitariis descendentibus; micropyle extrorsum supera ; obturatore crasso[4]; stylo mox in lobos 3, crassos, breviter repetito-2-lobos, papilloso-undulatos, diviso. Fructus capsularis, 3-coccus; coccis 2-valvibus; exocarpio sæpius soluto ; seminibus *Jatrophæ;* micropyle crasse arillata.— Herbæ, suffrutices v. rarius arbores ; radice (?) nunc tuberoso; sæpe glabræ glaucescentes succumque hyalinum scatentes ; foliis alternis (*Jatrophæ*) simplicibus v. digitato-compositis ; stipulis sæpius parvis,

---

1. *Cat.*, 20 (part.). — T., *Inst.*, 658, t. 438. — ADANS., *Fam. des pl.*, II, 356. — ENDL., *Gen.*, n. 5808. — H. BN, *Euphorb.*, 305, t. 19, fig. 12-17. — M. ARG., *Prodr.*, 1057. — *Camagnoc* AUBL., *Guian.*, III, *trois. Mém.*, 65. — *Janipha* H. B. K., *Nov. gen. et spec.*, II, 106, t. 109. — A. JUSS., *Euphorb.*, 37, t. 10, fig. 33. — *Aypi* C. BAUH., *Pin.*, 91.

2. Sæpius colorato, livido v. purpurascente, nunc purpureo-striato pruinoso.

3. Cujus in centro germen abortivum nunc in statu juniore munitum observatur.

4. Processus adest elongatus e summo nucello ortus apiceque plus minus compressus spathulatusve arcte obturatoris dorso applicatus (nonnunquam pro obturatoris ipsius lobo medio sumptus).

deciduis; floribus in racemos simplices v. ramosos, plerumque cymiferos, dispositis, sæpe terminalibus; fœmineis sæpius paucis in racemo inferioribus v. in cymulis centralibus; cæteris masculis; omnibus nunc ample bracteatis. _(America calid._ [1])

8? **Tannodia** H. Bn [2]. — Flores (fere _Jatrophæ_) monœci; calyce masculo 5-partito, valvato. Petala 5, alterna, imbricata. Stamina 10, 2-seriatim verticillata; filamentis basi connatis glandulisque 5, alternipetalis, cinctis, mox liberis; antheris rimosis, 2–locularibus; oppositipetalis brevioribus introrsis; alternipetalis extrorsis. Calyx fœmineus 5-dentatus, imbricatus. Petala 5, alterna. Discus hypogynus membranaceus urceolaris. Germen 3-loculare; ovulis solitariis; micropyle extrorsum supera; obturatore crassiusculo; styli ramis 3, brevibus reflexis, 2-fidis. Fructus...? — Frutex glaber; foliis alternis petiolatis, 2-stipulatis, integris penninerviis; floribus in racemos spiciformes dispositis; bracteis 2-glandulosis cymoso-3-floris [3]. _(Malacassia_ [4].)

9. **Tournesolia** Scop. [5] — Flores (fere _Jatrophæ_ [6]) plerumque monœci, rarius diœci; receptaculo convexo v. nunc leviter concavo (insertio unde perianthii et disci subperigyna). Calyx masculus 5- v. rarius 3, 4-partitus, valvatus v. reduplicatus. Petala totidem alterna, demum valvata, plus minus evoluta, nunc minima v. 0, integra _(Crozophora, Ditaxis_ [7], _Philyra_ [8]), v. crenato–dentata _(Speranskia_ [9]), sub-3-loba v. 3-loba _(Argythamnia_ [10]), nunc palmato-3-7-fida _(Chiropetalum_ [11]), raro inæqualia, imbricata v. rarius torta, nunc subvalvata v. nequidem con-

1. Spec. ad 40. L., _Spec._, 1007 _(Jatropha)._ —Pohl, _Pl. bras.,_ I, 27, t. 10-48.— M. Arg., in _Linnæa_, XXXIV, 205. — H. Bn, in _Adansonia_, I, 66, 145, 343; III, 149; IV, 276.

2. In _Adansonia_, I, 251.—M. Arg., _Prodr._, 728. —_Tandonia_ H. Bn, _op. cit.,_ I, 184, t. 7, fig. 1, 2 (nec Moq.).

3. Gen. ob æstivationem calycis hinc _Jatrophæ,_ inde _Tournesoliæ_ affine, _Sarcoclinio_ quoque et _Pausandræ,_ ut videtur, proximum.

4. Spec. 1. _T. cordifolia_ H. Bn, _loc. cit._

5. _Introd.,_ 243, n. 1097 (1777). — H. Bn, in _Adansonia_, XI, 89. — _Crozophora_ Neck., _Elem._, II, 337, n. 1127 (1790). — A. Juss., _Euphorbiac.,_ 27, t. 7. — Nees, _Gen._, II, t. 37. —Payer, _Organog._, 526, t. 110. — H. Bn, _Euphorbiac._, 321, t. 15, fig. 12-22. — Endl., _Gen.,_ n. 5829. — M. Arg., _Prodr.,_ 746 (incl.: _Androphorus_ Karst., _Aphora_ Nutt., _Argothamnia_ Spreng., _Argyrothamnia_ M. Arg., _Argythamnia_ Sw., _Caperonia_ A. S. H., _Chiropetalum_ A. Juss., _Chlorocaulon_ Kl., _Desfonti-_

nea Vellos., _Ditaxis_ Vahl, _Lepidococca_ Turcz., _Lepidocroton_ Presl, _Philyra_ Kl., _Phylera_ Endl., _Schinza_ Dennst, _Serophyton_ Benth., _Speranskia_ H. Bn, _Stenonia_ Didr.).

6. Quoad symmetriam, multo licet minores.

7. A. Juss., _Euphorb._, 27, t. 7, fig. 24. — Endl., _Gen.,_ n. 5833. — H. Bn, _Euphorb._, 298, t. 15, fig. 23-29. — _Anacanthium_ (sect.) H. Bn, in _Adansonia_, IV, 270.

8. Kl., in _Erichs. Arch._ (1841), 199. — H. Bn, _Euphorb._, 297, t. 12, fig. 16-22. — _Phylera_ Endl., _Gen._, Suppl., II, 94.

9. H. Bn, _Euphorb._, 388.

10. P, Br., _Jam._, 339.— Sw., _Prodr._, 39. — A. Juss., _Euphorb._, 26, t. 7. — _Argyrothamnia_ M. Arg., in _Linnæa_, XXXIV, 144; _Prodr._, 732. — _Euargyrothamnia_ M. Arg., _loc. cit._, 148.

11. A. Juss., in _Ann. sc. nat._, sér. 1, XXV, 21.—Endl., _Gen.,_ n. 5830.—H. Bn, _Euphorb._, 336, t. 15. — _Chlorocaulon_ Kl., in _Endl., Gen._, Suppl., V, 89.

tigua. Glandulæ 5, alternipetalæ, plus minus distinctæ, aut omnino liberæ (*Aphora*[1]), aut varie cum petalis et androcæo connatæ columnamve androcæi basi arcte cingentes (*Crozophora*). Stamina 10, 2-verticillata v. rarius 3–5, oppositipetala, nunc 11–15, 3-verticillata, omnia columnæ centrali perianthio altius verticillatim inserta; filamentis ultra liberis; antheris erectis introrsis v. extrorsis (*Crozophora*), 2-rimosis. Germen rudimentarium summæ columnæ intra filamenta impositum, nunc magis evolutum (*Caperonia*[2]), integrum v. 3–5–partitum, sæpius minutum v. 0. Calyx fœmineus 4–5–merus, imbricatus v. valvatus. Petala totidem evoluta, imbricata v. valvata, nunc parva v. sepalis subsimilia (*Crozophora*), nunc 0. Glandulæ hypogynæ, alternipetalæ, liberæ v. coalitæ, nunc in discum urceolatum (*Speranskia*) connatæ, rarius minutæ v. 0. Germen 3–loculare, nunc staminodiis minimis cinctum[3] (*Crozophora*); ovulo in loculis solitario; micropyle extrorsum supera[4], obturatore tenui obtecta; styli ramis 3, plus minus, nunc alte, semel v. pluries 2–∞ -fidis laciniatisve, ad apicem stigmatosis. Capsula 3-cocca; seminibus subglobosis exarillatis; integumento externo molli, nunc relaxato; testa extus lævi v. tuberculata. — Herbæ annuæ v. perennes, suffrutices v. frutices; succo sæpe purpureo (*Crozophora*, *Argythamnia*, *Chiropetalum*); odore nunc *Meliloti* (*Philyra*); partibus glabris v. pilosis; pilis simplicibus, ramosis, stellatis v. lepidotis; caule et ramis inermibus v. varie aculeatis (*Caperonia*), nunc spinescentibus; foliis alternis petiolatis v. subsessilibus, penninerviis v. basi sub–3–plinerviis, integris, dentatis v. sinuatis lobatisve, basi subtus 2-glandulosis et margine nunc pauciglandulosis; stipulis parvis, herbaceis v. glanduliformibus, nunc (*Philyra*) in spinas mutatis; floribus[5] in racemos axillares et terminales, 1- v. 2-sexuales, dispositis, in axilla bractearum racemi singularum solitariis v. cymosis paucis; fœmineis inferioribus; cæteris numerosioribus masculis. (*Reg. medit.*, *India occ.*, *China bor.*, *Africa calid. or. et occ.*, *America utraque trop. et subtrop.*[6])

1. NUTT., in *Trans. Am. phil. Soc.*, n. sér., V, 174. — *Serophyton* BENTH., *Sulph.*, 52. — ENDL., *Gen.*, Suppl., V, 90. — *Stenonia* DIDR., *Pl. nonn. Univ. hafn.* (1857), 24 (nec H. BN).
2. A. S. H., *Pl. rem. Brés.*, 244; in *Mém. Mus.*, XII, 343. — ENDL., *Gen.*, n. 5831. — — H. BN, *Euphorb.*, 299. — M. ARG., *Prodr.* 751. — *Schinza* DENNST., *Hort. malab.*, 7 (ex ENDL.). — *Cavanilla* VELLOS., *Fl. flum.*, V, t. 102. — *Lepidocroton* PRESL, *Epimel.*, 213. — *Lepidococca* TURCZ., in *Bull. Soc. Mosc.* (1848), 588. — *Androphoranthus* KARST., *Fl. columb.*, II, 15, t. 101.

3. Basi nunc ob perigyniam subinfera.
4. Nucleo apice valde dilatato complanato.
5. Parvis, colore puniceo sæpe imbutis.
6. Spec. ad 52. H. B. K., *Nov. gen. et spec.*, VII, 169, t. 639 (*Ditaxis*). — KAR. et KIR., in *Bull. Soc. imp. nat. Mosc.* (1842), 446 (*Crozophora*). — KL., in *Hook. Journ.*, II, 59 (*Caperonia*). — PRESL, *Epimel.*, 213 (*Caperonia*). — GREN. et GODR., *Fl. de Fr.*, III, 100 (*Crozophora*). — SCHWEINF., *Pl. nil.*, 9 (*Crozophora*). — H. BN, in *Adansonia*, I, 67, 245 (*Crozophora*); IV, 269 (*Ditaxis*), 288 (*Argythamnia*, *Chiropetalum*).

**10. Pausandra** RADLK.[1] — Flores diœci, 3-5-meri ; calyce lobato, imbricato. Petala 3-5, contorta v. imbricata. Stamina pauca (4-8), circa receptaculi concavitatem centralem plus minus conspicuam discoque glanduloso nunc intus undulato-cristato indutam inserta, quorum exteriora 3-5, petalis opposita ; interiora autem 1-4, cum præcedentibus alternantia ; filamentis omnium liberis, demum subexsertis; antheris 2-locularibus sub-4-locellatis, introrsum rimosis. Gynæcei rudimentum 0. Perianthium floris fœminei ut in masculo...? Germen 3-loculare ; loculis 1-ovulatis. Capsula 3-cocca ; seminibus glabris[2] ; micropyle extrorsa arillata. — Arbusculæ glabræ v. villosulæ ; foliis alternis elongato-oblongis subintegris v. dentatis penninerviis petiolatis, 2-stipulatis ; floribus in spices axillares simplices v. pauciramosas glomeruligeras dispositis[3]. (*America trop. austr.*[4])

**11. Monotaxis** AD. BR.[5] — Flores monœci v. rarius diœci; masculi 4-5-meri ; sepalis valvatis v. vix imbricatis (*Linidion*[6]), nunc sæpius vix contiguis, subvalvatis v. plus minus arcte quincunciali–imbricatis (*Reissipa*[7]). Petala totidem alterna ; lamina plus minus basi hastato-2-loba et imbricata rariusve torta. Stamina 8-10, 2-seriata ; filamentis liberis v. ima basi connatis, antheris 2-locularibus extrorsis v. subintrorsis; loculis discretis ex apice connectivi transversim 2-brachiati pendulis, rimosis. Glandulæ 5, cum staminibus exterioribus alternantes. Calyx fœmineus 4, 5-merus. Petala simplicia (*Reissipa*) v. rarius 0. Glandulæ hypogynæ 3, 5, nunc 2-lobæ. Germen 3-loculare ; ovulis solitariis; stylo fere ad basin 3-partito; ramis plus minus alte 2-fidis; lobis apice stigmatoso varie laciniatis. Capsula 3-cocca; seminibus ad exostomium arillatis; embryone albuminoso tenui subcylindrico. — Suffruticuli ; foliis alternis, oppositis v. ternatis, subulato-stipulatis, breviter petiolatis, linearibus v. lanceolatis integris, margine recurvis v. revolutis, muticis v. apiculatis; floribus cymulosis terminalibus (*Linidion*) v. jure terminalibus, sed adspectu lateralibus (*Reissipa*) et ramuli junioris lateralis basin cingentibus. (*Australia*[8].)

1. In *Flora* (1870), 81, t. 2. — H. BN, in *Adansonia*, XI, 91.

2. Fusco-maculatis.

3. Gen. *Tournesoliis* sect. *Argythamniæ* proximum.

4. Spec. 2. 3. CASAR., *Nov. stirp. bras. Dec.*, 75. — WALP., *Rep.*, V, 365 (*Thouinia*).

5. In *Duperr. Voy. Coq., Bot.*, t. 49 B ; in *Ann. sc. nat.*, sér. 1, XXIX, 386. — ENDL., *Atakt.*, 8, t. 8 ; *Gen.*, n. 5833. — H. BN, *Eu-*

*phorbiac.*, 307, t. 16, fig. 22-25. — M. ARG., *Prodr.*, 212.

6. H. BN, in *Adansonia*, VI, 291.

7. STEUD., ex KL., in *Lehm. Pl. Preiss.*, II, 230. — *Hippocrepandra* M. ARG., in *Linnæa*, XXXIV, 61; *Prodr.*, 207. — H. BN, in *Adansonia*, VI, 292.

8. Spec. ad 7, ENDL., *Enum. pl. Hueg.*, 19. — NEES, in *Pl. Preiss.*, II, 230. — H. BN, in *Adansonia*, VI, *loc. cit.*

12. **Sarcoclinium** WIGHT [1]. — Flores (fere *Jatrophæ*) diœci ; sepalis masculis 5, v. rarius 3, 4, valvatis. Petala totidem alterna , calyce breviora, v. nunc sepaloruin numero 2-plo pluria , imbricata. Stamina centralia, 2-verticillata, sepalorum numero 2-plo pluria v. rarius 12-15 ; interiora alternipetala ; filamentis glandulis 5 alternipetalis basi cinctis, subliberis v. sæpius basi connatis, rudimentum germinis parvum v. 0 cingentibus ; antheris introrsis, 2-rimosis ; loculis nunc e conectivo pendulis liberis. Sepala floris fœminei 5 , imbricata. Petala totidem·alterna, imbricata. Glandulæ disci alternipetalæ 5, liberæ v. connatæ. Germen 3-loculare ; loculis 1 -ovulatis [2] ; stylo erecto, mox 3-fido ; ramis 2-4-fidis, apice stigmatosis. Capsulæ 3-cocca ; seminibus albuminosis exarillatis. — Frutices ; ramis crassis ; foliis [3] alternis petiolatis, 2-stipulatis, penninerviis, integris v. serratis coriaceis ; floribus axillaribus v. supraaxillaribus spicatis v. racemosis, 2-6-stichis ; bracteis alternis imbricatis, nunc scariosis, 1-3-floris ; pedicellis cymosis articulatis. (*Asia mer. et Africa trop. occ.* [4])

13. **Galearia** ZOLL. et MOR. [5] — Flores diœci ; sepalis 5, liberis v. ima basi connatis, valvatis [6]. Petala 5, alterna, concava v. subgaleato-cucullata, induplicato-valvata. Stamina 10, 2-seriata ; exteriora alternipetala ; filamentis sub gynæcei rudimento insertis, basi connatis ; antheris introrsis ; oppositipetalis in cavitate petalorum nidulantibus ; loculis liberis, introrsum rimosis, demum emarginatis. Germen 2, 3-loculare ; ovulis solitariis ; stylo mox in lobos 2, 3, apice stigmatoso 2-partitos diviso. Fructus coriaceus irregulariter compressus evalvis, abortu 1-spermus ; semine albuminoso ; embryonis transversi cotyledonibus planis radicula latioribus. — Arbusculæ [7] ; foliis alternis, 2-stipulatis integris penninerviis venosis ; floribus in racemos terminales longos pendulos dispositis ; racemis masculis fasciculato-cymigeris ; fœmineis simplicibus [8]. (*Java, Malaisia* [9].)

1. *Icon.*, t. 1887, 1888. — H. BN, *Euphorbiac.*, 309, t. 11, fig. 17, 18 ; in *Adansonia*, XI, 93. — M. ARG., *Prodr.*, 726. — *Agrostistachys* DALZ., in *Hook. Journ.* (1850), 41. — H. BN, *Euphorbiac.*, 310. — M. ARG., *op. cit.*, 725.

2. Ovula sæpius descendentia ; micropyle extrorsum supera, v. nunc (in *S. Hookeri*) adscendentia ; micropyle introrsum infera.

3. Sæpius magnis.

4. Spec. 5. THW., *Enum. pl. Zeyl.*, 279. — M. ARG., in *Flora* (1864), 534 ; in *Linnæa*, XXXIV, 144 (*Agrostistachys*).

5. *Syst. Verzn.* (1846), 19 (nec HEIST., nec PRESL). — ENDL., *Gen.*, Suppl., V, 94. — PL.,

in *Ann. sc. nat.*, sér. 4, II, 259. — *Bennettia* R. BR., in *Horsf. Pl. jav. rar.* (1852), 249, 50 (nec MIQ.). — H. BN, *Euphorb.*, 311. — SCHNIZL., *Iconogr.*, t. 172 **. — M. ARG., *Prodr.*, 1036. — *Cremostachys* TUL., in *Ann. sc. nat.*, sér. 3, XV, 259.

6. In alabastris junioribus haud contiguis, « ex directione pilorum marginum et ex forma imbricatis. » (M. ARG.)

7. Indumento simplici.

8. Gen. olim ad *Antidesmeas* relatum fuit.

9. Spec. ad 12. BL., *Bijdr.*, 1124 (*Antidesma*). — MIQ., *Fl. ind.-bat.*, Suppl., 471. — M. ARG., in *Linnæa*, XXXIV, 204 (*Bennettia*).

14. **Johannesia** VELLOS. [1] — Flores monœci; calyce gamophyllo, apice breviter 3-5-dentato, valvato. Petala 3-5, imbricata v. torta. Glandulæ alternipetalæ 3-5. Stamina 8-10, 2-serialia, quorum oppositipetala 5, breviora exteriora; cætera longiora 3-5, alternipetala; filamentis omnium basi in columnam centralem connatis; antheris introrsis, 2-rimosis, demum versatilibus extrorsis. Staminodia in flore fœmineo 3-5, breviter linguiformia, v. nunc 0. Germen 2- v. rarius 3-loculare; ovulis in loculis solitariis; micropyle extrorsum supera obturata; stylo 2, 3-partito; ramis bis 2-chotome 2-lobis, apice stigmatosis. Fructus carnoso-capsularis; coccis 2, 3, ægre solubilibus; coccis extus ad apicem porosis; seminibus albuminosis. — Arbor magna lactescens; indumento simplici; foliis alternis digitato-compositis, 3-7-foliolatis; petiolo apice 2-glanduloso; petiolulis nudis; foliolis penniveniis; stipulis lineari-lanceolatis; floribus in cymas axillares compositas corymbiformes dispositis; fœmineis in cymulis singulis centralibus; bracteis sæpe basi 2-glandulosis. (*Brasilia* [2].)

15. **Aleurites** FORST. [3]  Flores monœci; calyce valvato, inæqualirumpendo. Petala 5, contorta v. imbricata. Glandulæ masculæ 5, subliberæ v. in urceolum connatæ, cum petalis alternantes. Stamina ∞, receptaculo conico inserta, 2-∞-verticillata; filamentis subliberis v. ima basi synadelphis; antheris introrsis v. rarius extrorsis [4], 2-rimosis. Perianthium floris fœminei ut in mare, sed longius. Glandulæ hypogynæ 5, alternipetalæ. Staminodia 0, v. rarius pauca [5]. Germen liberum, 2-5-loculare [6]; styli ramis totidem, ad apicem stigmatosum 2-fidis. Ovula

1. *Alograf.* (1798), 199. — M. ARG., *Prodr.*, 715. — *Joannesia* GOM., *Obs. med. bot.*, 2, t. 1 (part., nec PERS.). — *Anda* A. JUSS., *Euphorb.*, 39, t. 12, fig. 37. — MART., *Amœn. monac.*, t. 1. — ENDL., *Gen.*, n. 5801. — H. BN, *Euphorb.*, 316, t. 12, fig. 38-31. — *Andiscus* VELLOS., *Fl. flum.*, II, t. 86.

2. Spec. 1. *J. princeps* VELLOS., *loc. cit.* — *Anda Gomesii* A. JUSS., *loc. cit.* — A. S. H., *Pl. us. Bras.*, t. 54, 55. — *A. brasiliensis* RADD., *Mem. quar. piant. bras.*, 25. — *Andiscus pentaphyllus* VELLOS., *Fl. flum.*, II, t. 86. — *Aleurites pentaphylla* WALL., *Cat.*, n. 7959 (ex H. BN, *Euphorb.*, 317; in *Adansonia*, IV, 284).

3. *Char. gen.* (1776), n. 56. — J., *Gen.*, 389. — LAMK, *Dict.*, I, 80; Suppl., I, 289. — A. JUSS., *Euphorb.*, 38, t. 12, fig. 36. — ENDL., *Gen.*, n. 5802. — H. BN, *Euphorb.*, 315, t. 11, fig. 19, 20, t. 12, fig. 1-15. — M. ARG., *Prodr.*, 722. — *Dryandra* THUNB.,

*Fl. jap.*, 267, t. 27 (nec R. BR.). — CORR., in *Ann. Mus.*, VIII, 69, t. 32. — *Vernicia* LOUR., *Fl. cochinch.* (ed. 1790), 586. — *Telopea* SOLAND. (ex CÆRTN., *Fruct.*, II, 195). — *Carda* NORONH. (ex HASSK., *Cat. Hort. bog.*, 236). — *Ambinux* COMMERS. (ex J., *Gen.*, 389). — *Elæococca* COMMERS. (ex A. JUSS., *Euphorb.*, 38, t. 11). — ENDL., *Gen.*, n. 5804. — H. BN, *Euphorb.*, 318, t. 12, fig. 33-36. — *Elæococcus* SPRENG., *Syst.*, III, 884. — *Camirium* RUMPH., *Herb. amboin.*, II, 180, t. 5. — GÆRTN., *Fruct.*, II, 194, t. 125.

4. In *A. trisperma* (BLANC., *Fl. d. Filip.*, ed. 1, 755. — M. ARG., *Prodr.*, 724, sect. 3 (*Reutiales*). — *A. saponaria* BLANC., *op. cit.*, ed. 2, 519).

5. Nunc raro fertilia; flores unde pauci hinc inde hermaphroditi.

6. Indumento stellari intricato germinis solubili et sæpe (ex M. ARG.) pro disco sacciformi habito.

in loculis solitaria ; micropyle extrorsum supera obturata. Fructus[1] carnoso-capsularis ; exocarpio subdrupaceo soluto ; coccis 2-5, 1-spermis. Semina[2] exarillata[3] ; embryonis crasse albuminosi cotyledonibus folia-ceis orbiculari–ovatis, basi digitinerviis. — Arbores ; indumento stellari v. e pilis simplicibus v. 2-fidis constante ; foliis alternis longe petiolatis, integris v. grosse dentatis lobatisve, basi digitinerviis, supraque 2-glan-dulosis ; petiolis sæpe basi articulatis ; stipulis sæpius 0, nunc parvis inconspicuis v. cito caducis ; floribus[4] in racemos terminales v. ad folia suprema axillares multiramoso-cymiferos dispositis ; centralibus in cymulis sæpe fœmineis crassius stipitalis[5]. (Asia trop. et or. cont. et. ins., Oceania trop.[6])

16. **Sagotia** H. Bn[7]. — Flores monœci, 5-meri ; sepalis in sexu utroque et petalis totidem longioribus imbricatis. Glandulæ (in flore fœmineo 0) totidem cum petalis alternantes. Stamina ∞ , receptaculo convexo inserta libera ; filamentis brevibus erectis ; antheris introrsis, 2-rimosis. Germen 3-loculare ; loculis 1-ovulatis ; styli ramis 3, apice 2-fido stigmatosis. Capsula diu perianthio persistente munita, 3-cocca ; seminibus exarillatis. — Arbor ; foliis alternis petiolatis, 2-stipulatis. simplicibus penninerviis venosis ; floribus racemosis. (Guiana, Brasilia bor.[8])

17. **Chætocarpus** Thw.[9] — Flores diœci apetali ; sepalis 4, decus-satim imbricatis. Disci glandulæ 4, sepalis oppositæ. Stamina 8-16 ; filamentis basi cum germine rudimentario in columnam connatis pilosis ; antheris introrsis, 2-rimosis. Germen 3-loculare ; styli 3-partiti ramis apice stigmatoso 2-partitis ; ovulis in loculo solitariis obturatis. Fructus capsularis ; seminum lævium micropyle arillata. — Arbores ; ligno duro ; foliis alternis stipulatis petiolatis integris penninerviis ; floribus in pulvi-

1. Magnus ; pericarpio crasso.
2. Magna globosa, extus carnosula.
3. Integumento exteriore toto subæquali-incrassato carnosulo ; interiore durissimo.
4. Albis v. roseis ; fœmineis majoribus.
5. Sect. (ex M. Arg.) 3 : 1. Cumirium. Antheris semper erectis ; germine 2-loculari ; indumento stellari. — 2. Dryandra. Antheris erectis, dein oscillando-extrorsum reflexis et subpen-dulis ; pilis a basi 2-partitis v. subsimplicibus. — 3. Reutiales. Antheris paucis, 2-verticillatis ; germine 3, 4-loculari ; indumento stellari.

6. Spec. 3. L., Spec., 1000 (Jatropha). — Lour., Fl. cochinch., 573 (Juglans). — Kæmpf., Amœn. exot., 789 (Abrasia). — Blanco, Fl. de Filip., 755 ; ed. 2, 719. — H. Bn, in Adanso-nia, I, 146, 346 ; VI, 297.
7. In Adansonia, I, 53 (nec Walp.). — M. Arg., Prodr., 1113.
8. Spec. 1. S. racemosa H. Bn, op. cit., I, 54 ; VI, 15.
9. In Hook. Journ. (1854), 300, t. 10 ; Enum. pl. Zeyl., 274. — H. Bn, Euphorbiac., 223. — M. Arg., Prodr., 1121.

nulis axillaribus dense glomeratis, v. fœmineis nunc pedicellatis squa-
muloso-bracteatis. (*India or.* [1], *Brasilia* [2].)

18. **Hevea** AUBL. [3] — Flores monœci apetali; calyce 5-fido, valvato
v. subinduplicato, nunc rarius apice leviter torto. Stamina 5, 1-seriatim [4]
(*Euhevea* [5]), v. 6-10, 2-seriatim (*Bisiphonia* [6]) verticillata; oppositisepalis 5 longioribus inferioribus [7]; cæteris alternis altius insertis; antheris
omnium extrorsis, longitudinaliter 2-rimosis, columnæ centrali erectæ
verticaliter insertis. Discus 0, v. rudimentarius (*Euhevea*), sæpius varie
circa basin columnæ evolutus (*Bisiphonia*). Germen rudimentarium
summam columnam superans. Germen floris fœminei sessile; glandulis distinctis v. connatis, nunc subnullis; loculis 3, 1-ovulatis; stylo
columnari erecto v. brevissimo, apicis stigmatosi incrassati lobis 2-lobis.
Fructus capsularis [8]; endocarpii lignosi solubilis coccis 2-valvibus; seminibus [9] descendentibus; micropyle extrorsa arillata. — Arbores magnæ;
succo lacteo copioso; foliis alternis longe petiolatis, digitatim 3-foliolatis;
foliolis sessilibus v. petiolulatis penniveniis, basi patellari-glandulosis;
floribus [10] in racemos axillares terminalesque ramoso-cymiferos dispositis; fœmineis crassius pedicellatis in cymulis singulis centralibus, v. 0.
(*America austr. trop. or.-bor.* [11])

19. **Trigonostemon** BL. [12] — Flores monœci; calyce 5-partito, nunc
in flore masculo breviter 5-dentato (*Dimorphocalyx* [13]). Petala totidem
alterna, imbricata, nunc minuta v. 0 (*Silvæa* [14]). Stamina 5 (*Telogyne* [15])
v. 3, 1-verticillata (*Silvæa, Eutrigonostemon* [16]), nunc 2-verticillata;

1. ROXB., *Fl. ind.*, III, 848 (*Adelia*). — WALL., *Cat.*, n. 7872 (*Bradleia* ?).
2. Spec. 1. *C. myrsinites* (sect. *Amanoella* H. BN, in *Adansonia*, XI, 94).
3. *Guian.*, 871, t. 335.— M. ARG., *Prodr.*, 716. — *Siphonia* SCHREB., *Gen.*, 656.— A. JUSS., *Euphorb.*, 39, t. 12. — ENDL., *Gen.*, n. 5799. — H. BN, *Euphorb.*, 324, t. 14, fig. 39-41, t. 15, fig. 1-11. — *Caoutchouc* A. RICH., in *Journ. Phys.* (1785). — *Micrandra* H. BN, in *Horsf. Pl. jav. rar.*, 237 (nec BENTH.).
4. Cum calycis laciniis alternantia.
5. M. ARG., in *Linnæa*, XXXIV, 204. — Sect. *Hevea* H. BN, *Euphorb.*, 326.
6. H. BN, *loc. cit.*, 326 (sect. B).
7. Cum calycis et disci lobis alternantibus.
8. Exocarpio sæpe ante maturit. carnosulo.
9. Magnis, fusco-maculatis.
10. Virescentibus v. lutescentibus, parvis.
11. Spec. ad 8.L. F.; *Suppl.*, 422 (*Jatropha*). — PERS., *Syn.*, II, 588 (*Siphonia*).— W., *Spec.*,

IV, 567 (*Siphonia*). — H. B. K., *Nov. gen. et spec.*, VII, 171 (*Siphonia*). — KU., in *Heyn. Arzn.*, XIV, t. 4, 5 (*Siphonia*). — BENTH., in *Hook. Journ.* (1854), 369. — H. BN, in *Adansonia*, IV, 284.
12. BL., *Bijdr.*, 600.—ENDL., *Gen.*, n. 5835. — H. BN, *Euphorb.*, 340, t. 11. — M. ARG., in *Linnæa*, XXXIV, 212; *Prodr.*, 1105 (incl. : *Athroisma* GRIFF., *Dimorphocalyx* THW., *Enchidion* JACK (?), *Silvæa* HOOK. et ARN., *Telogyne* H. BN, *Tritaxis* H. BN).
13. THW., *Enum. pl. Zeyl.*, 278.
14. HOOK. et ARN., in *Beech. Voy.*, Bot., 211. — H. BN, *Euphorb.*, 341.
15. H. BN, *Euphorb.*, 327.
16. M. ARG., in *Linnæa*, XXXIV, 214. — *Trigostemon* BL., *Fl. jav. præfat.*, VIII. — ? — *Enchidion* JACK, in *Hook. Comp. to Bot. Mag.*, II, 257. — ENDL., *Gen.*, n. 5838 (*Enchidium*). — H. BN, *Euphorb.*, 652. — M. ARG., *Prodr.*, 1256. —*Athroisma* GRIFF., *Notul.*, IV, 477.

verticillis numero inæqualibus [1] (*Anisotaxis* [2]), v. sæpius 2, 3-verticillata;
verticillis æqualibus, v. tertio superiore incompleto (*Dimorphocalyx, Tritaxis* [3], *Cheilosopsis* [4]); filamentis centralibus plus minus alte, nunc omnino
connatis; antheris introrsis, 2-rimosis (*Dimorphocalyx, Tritaxis, Anisotaxis*) v. extrorsis (*Cheilosopsis*), nunc superne patulis et connectivi
3-goni margini subhorizontaliter adnatis (*Eutrigonostemon*). Discus in
flore sexus utriusque evolutus, nunc minutus v. 0 (*Tritaxis*). Germen
3-loculare; styli ramis forma variis, semel v. bis 2-chotomis; loculis
1-ovulatis. Fructus capsularis, calyce nunc accreto basi munitus; coccis
3, 1-spermis; seminibus exarillatis. — Arbores v. frutices; foliis alternis
2-stipulatis, sæpius breviter petiolatis oblongis penninerviis, integris v.
serratis, sæpe ad summos ramulos congestis spurie verticillatis; floribus
axillaribus v. terminalibus in racemos subsimplices v. plus minus ramosos dispositis. (*Asia et Oceania bor. trop.* [5])

20. **Cluytia** MARTYN. [6] — Flores diœci; receptaculo convexiusculo
v. sæpius concaviusculo; sepalis 5 petalisque totidem alternis imbricatis
inde demum leviter perigynis. Glandulæ variæ 10, 2-seriatæ, quarum
alternipetalæ 5, 2, 3-lobæ; oppositæ autem simplices v. nunc 2-lobæ,
sæpius minores. Stamina 5, oppositipetala; filamentis columnæ centrali
apice germen rudimentarium integrum v. 2- 3-lobum gerenti hypogyne insertis; antheris introrsis, 2-rimosis. Glandulæ in flore fœmineo
5, alternipetalæ, sæpius 2-lobæ. Germen sessile; loculis 3, 1-ovulatis;
stylo plus minus alte 3-lobo; lobis 2-fidis v. 2-partitis, apice stigmatosis.
Capsula 3–cocca, perianthio persistente basi munita; seminibus albuminosis descendentibus; micropyle arillata. — Frutices v. suffrutices,
glabri v. pubescentes (pube simplici); foliis alternis integris penninerviis;
stipulis 0; floribus [7] solitariis v. cymosis glomerulatisve axillaribus;
pedicellis fœmineis longioribus crassioribusque [8]. (*Africa austr., or., Asia
austro-occ.* [9])

1. Infer. 5-mero; super. autem 3-mero.
2. M. ARG., in *Linnæa*, XXXIV, 213; *Prodr.*,
1107, sect. 4.
3. H. BN, *Euphorb.*, 342, t. 11, fig. 8-11.
— M. ARG., *loc. cit.*, sect. 3.
4. M. ARG., *Prodr.*, 1106, sect. 2.
5. Spec. 15, 16. ROXB., *Fl. ind.*, III, 730
(*Cluytia*). — WALL., *Cat.*, n. 7717, 7740,
7849, 7997 (*Croton*), 7886 (*Cluytia*), 7852
(*Agyneia*). — NIMMO, *App. to Cat. Bomb. pl.*,
251 (*Croton*). — ? MIQ., *Fl. ind.-bat.*, I, p. II,
363 (*Enchidion*). — ? RUMPH., *Herb. amboin.*,
III, 167, t. 160 (*Arbor spicularum*).
6. Ex *Bot. Reg.*, t. 779. — AIT., *Hort.*

kew., III, 419. — A. JUSS., *Euphorb.*, 25,
t. 6, fig. 21. — ENDL., *Gen.*, n. 5840. —
H. BN, *Euphorb.*, 328, t. 16, fig. 1-21. — M.
ARG., *Prodr.*, 1043. — *Clutia* BOERH., *Lugd.-
bat.*, II, 260. — L., *Gen.*, n. 1140. — J.,
*Gen.*, 387. — GÆRTN., *Fruct.*, II, 117, t. 107.
— LAMK, *Dict.*, II, 53; Suppl., II, 302. —
*Altora* ADANS., *Fam. des pl.*, II, 356.
7. Sæpius albidis v. virescentibus, nunc purpurascentibus.
8. De gener. loc. et char. distinct. vid. H. BN,
*loc. cit.*, 329.
9. Spec. ad 30. THUNB., *Fl. cap.* (ed. SCH.),
150 (*Penæa*). — JACQ., *Hort. schœnbr.*, II, 67,

**21. Pogonophora** MIERS.[1] — Flores diœci; sepalis 5, liberis v. basi connatis, valde imbricatis. Petala totidem longiora, intus barbata, imbricata. Stamina 5, alternipetala, inter disci lobos sæpius 2-dentatos inserta; filamentis brevibus liberis erectis; antheris basifixis elongatis, introrsum 2-rimosis. Germen rudimentarium centrale erectum lineare. Discus in flore·fœmineo hypogynus submembranaceus. Germen 3-loculare; loculis 1-ovulatis; stylo mox in ramos 3, apice stigmatoso 2-lobos diviso. Capsula 3-cocca; seminibus exarillatis; hilo lato. — Arbores v. frutices; foliis alternis petiolatis penninerviis; stipulis minutis v. 0; floribus ad racemos v. spicas ramosos glomeratis[2]. (*America trop.*[3])

**22. Microdesmis** PL.[4] — Flores diœci; sepalis sæpius 5, subliberis v. basi connatis, imbricatis. Petala totidem alterna longiora, imbricata v. torta. Stamina 10 (*Ganitrocarpus*[5]), quorum oppositipetala 5, breviora, v. 5, alternipetala (*Eumicrodesmis*); filamentis circa basin incrassatam· disciformemque gynæcei rudimentarii simplicis erecti insertis; antheris introrsis, 2-rimosis; connectivo nunc breviter apiculato. Perianthium floris fœminei ut in masculo. Germen 2, 3-loculare; ovulo in loculis solitario; stylis 2, 3, basi discretis, 2-partitis erectis valde lacero-papillosis. Fructus drupaceus globosus; putamine crasso duro, extus valde muricato; aculeis intra carnem mesocarpii penetrantibus; semine albuminoso; embryonis recti cotyledonibus ellipsoideis v. subcordatis radiculæ tereti subæqualibus. — Frutices; foliis alternis (2-stichis) simplicibus penninerviis, subintegris v. dentatis, pellucido-punctulatis; stipulis parvis subulatis; floribus[6] axillaribus fasciculato-cymosis. (*Africa trop. occ.*, *India*, *China*, *Borneo*[7].)

**23. Micrandra**[8]. — Flores (fere *Pogonophorœ*) monœci apetali; sepalis 5, 6, imbricatis. Glandulæ in flore masculo totidem sepalis

t. 250. — A. JUSS., in *Ann. sc. nat.*, sér. 3, VI, 27 (*Geissoloma* ?). — W., *Spec.*, IV, 879; *Hort. berol.*, t. 51, 52. — JAUB. et SPACH, *Ill. pl. or.*, t. 465-468. — SONDER, in *Linnæa*, XXIII, 129. — BERNH., in *Flora* (1845), 81. — M. ARG., in *Seem. Journ. of Bot.*, I, 337. — H. BN, in *Adansonia*, I, 146, 345; III, 150.

1. In *Hook. Journ. of Bot.* (1854), 372. — H. BN, *Euphorb.*, 332, t. 19, fig. 21-23. — M. ARG., in *Linnæa*, XXXIV, 202; *Prodr.*, 1040.

2. Gen. foliis, inflorescentia et perianthio Icacineas nonnullas regionis ejusdem referens.

3. Spec. 2. H. BN, in *Adansonia*, IV, 286. — M. ARG., in *Flora* (1864), 434.

4. In *Hook. Icon.*, t. 758. — CLOS, in *Ann. sc. nat.*, sér. 4, IV, 382. — H. BN, *Euphorb.*, 668. — B. H., *Gen.*, 124. — M. ARG., *Prodr.*, 1041.

5. PL., *loc. cit.*, sect. 2.

6. « Rubris », siccis virescentibus, parvis.

7. Spec. 2. HOOK. F., *Niger*, 514, t. 26. — H. BN, in *Adansonia*, I, 65.

8. BENTH., in *Hook.Journ.* (1854), 371 (nec R. BR.). — H. BN, *Euphorb.*, 333. — M. ARG., *Prodr.*, 709. — *Pogonophyllum* DIDR., in *Nat. For. Vid. Medd.* (1857), 22.

oppositæ, cum staminibus alternantibus circa gynæcei rudimentum crassum et breve insertæ. Stamina libera ; filamentis apice refracto-incurvis; antheris in alabastro juniore extrorsis; loculis connectivi latiusculi margini adnatis; mox erectis introrsis demumque versatilibus. Floris fœminei sepala 5, longiora, decidua. Germen 3-loculare, basi disco breviter urceolari, nunc staminodiis 1-5 munito, cinctum; stylo apice crasse 3-lobo; lobis brevibus, 2-fidis; ovulis in loculo solitariis obturatis. Capsula globosa, 3-cocca. — Arbores ; succo lacteo; foliis alternis petiolatis 2-stipulatis integris penninerviis ; floribus in racemos axillares terminalesque racemoso-cymiferos dispositis ; fœmineis in cymulis centralibus brevius crassiusque pedicellatis[1]. (*Brasilia bor.*[2])

24. **Cunuria** H. Bn[3]. — Flores diœci apetali ; sepalis 5, in flore fœmineo crassioribus, imbricatis. Stamina 10, circa rudimentum gynæcei 2-seriata ; filamentis basi connatis ; exterioribus brevioribus ; antheris introrsis, 2-rimosis. Discus floris fœminei evolutus, margine in dentes 6 (staminodia?) acuminatas divisus. Germen 3-loculare ; ovulis solitariis; micropyle extrorsum supera crasse obturata ; styli 3-partiti ramis crassis late 2-lobis recurvis. Fructus capsularis, 3-coccus ; seminibus exarillatis. — Arbor (v. frutex?) ; foliis alternis petiolatis; limbo integro coriaceo, basi 2-glanduloso penninervio ; floribus masculis cymosis; fœmineis ad apicem ramulorum glomeratis congestis, bracteis involu-cratis. (*Brasilia bor.*[4])

25. **Mischodon** Thw.[5] — Flores diœci ; receptaculo convexo. Sepala 6, 2-seriatim imbricata. Stamina 6, sepalis opposita ; filamentis liberis, extus sub germine rudimentario capitato 3-gono insertis ; antheris extrorsum v. sublateraliter 2-rimosis. Germen liberum, 3-loculare; loculis 1-ovulatis ; styli 3-partiti lobis apice dilatatis sub-2-lobis. Capsula 3-cocca ; seminibus lævibus exarillatis. — Arbor ramosa; ramis junio-ribus sub-4-gonis puberulis; foliis oppositis v. 3, 4-natis simplicibus penninerviis petiolatis ; floribus masculis in racemos graciles racemosos terminales et ad folia suprema axillares ; fœmineis in racemos terminales crassiores parcius ramosos dispositis. (*Zeylania*[6].)

1. Gen. *Elateriospermo* haud absimile.
2. Spec. 2, 3. H. Bn, in *Adansonia*, IV, 286.
3. In *Adansonia*, IV, 287. — M. Arg., *Prodr.*, 1123. — *Clusiophyllum* .. Arg., in *Flora* (1864), 518.
4. *C. Spruceana* H. Bn, *loc. cit.* — *Micran-*

*dra Cunuri* H. Bn, *loc. cit.* — *Pogonophora Cunuri* H. Bn, *loc. cit.* — *Clusiophyllum Spruceanum* M. Arg., *loc. cit.*
5. In *Hook. Journ.* (1854), 299, t. 10 B; *Enum. pl. Zeyl.*, 275. — H. Bn, *Euphorb.*, 335. — M. Arg., *Prodr.*, 1125.
6. Spec. 1. *M. zeylanicum* Thw., *loc. cit.*

**26. Codiæum** Rumph. [1] — Flores monœci, 5- v. rarius 4-6-meri ; sepalis et petalis nunc in flore fœmineo parvis (*Blachia* [2]), minimis v. 0, imbricatis. Glandulæ totidem alternipetalæ v. in discum annularem lobatum connatæ. Stamina ∞ , receptaculo conico inserta centralia ; filamentis liberis v. plus minus 1-adelphis ; antheris introrsis, lateralibus v. sæpius extrorsis ; loculis connectivo tota longitudine adnatis (*Phyllaurea* [3]), nunc apice v. plus minus alte usque ad medium, nunc rarius usque ad basin liberis (*Baloghia* [4], *Steigeria* [5]). Germen 3, 4-loculare ; styli ramis totidem simplicibus (*Tylosepalum* [6], *Synaspisma* [7], *Ostodes* [8], *Phyllaurea*) v. 2-fidis partitisve (*Baloghia*), rarius nunc pluripartitis (*Steigeria*) ; ovulo in loculis solitario ; obturatore sæpius crassiusculo. Fructus capsularis ; exocarpio plus minus carnoso v. coriaceo crasso, nunc lignoso-capsulari (*Ostodes*) ; embryonis albuminosi cotyledonibus foliaceis ; exostomio dite v. parce (*Ostodes*) arillato. — Arbores v. frutices ; foliis alternis v. oppositis integris penninerviis ; floribus in racemos 1, 2-sexuales terminales v. axillares nunc umbelliformes, dispositis. (*Asia et Oceania calid.* [9])

**27. Ricinocarpos** Desf. [10] — Flores monœci (*Codiæi*, sect. *Baloghiæ*) ; sepalis imbricatis ; petalis imbricatis v. tortis, nunc rarius 0 (*Apetalidion* [11]). Glandulæ alternipetalæ 5, liberæ v. intus sepalis adhærentes (*Anomodiscus* [12]). Stamina ∞ , 5-nata, columnæ centrali inserta ; antheris extrorsis rimosis, utrinque plus minus emarginatis. Calyx fœmineus 5,

1. *Herb. amboin.*, IV, 65, t. 25-27. — A. Juss., *Euphorb.*, 33, t. 9, fig. 30. — Endl., *Gen.*, n. 5818. — H. Bn, *Euphorb.*, 384, t. 16, fig. 26-35 ; in *Adansonia*, XI, 73-80. — M. Arg., *Prodr.*, 1116.—? *Fahrenheitia* Reichb. f. et Zoll., in *Linnæa*, XXVIII, 599.— M. Arg., *Prodr.*, 1256 (incl. : *Baloghia* Endl., *Blachia* H. Bn, *Desmostemon* Thw., *Junghunia* Miq., *Ostodes* Bl., *Phyllaurea* Lour., *Synaspisma* Endl., *Steigeria* M. Arg., *Tylosepalum* Kurz).

2. H. Bn, *Euphorb.*, 385, t. 19, fig. 18-20.

3. Lour., *Fl. cochinch.* (ed. 1790), 575. — *Eucodiæum* M. Arg., *Prodr.*, 1119 (sect. 4). — *Junghunia* Miq., *Fl. ind.-bat.*, I, p. II, 412.

4. Endl., *Prodr. Fl. norfolk.*, 84 ; *Gen.*, n. 5811 ; *Icon.*, t. 122, 123. — H. Bn, *Euphorb.*, 344.

5. M. Arg., in *Linnæa*, XXXIV, 215 ; *Prodr.*, 1121. — H. Bn, in *Adansonia*, XI, 74.

6. Kurz, in *Teysm. et Binn. Pl. nov. vel min. cogn. Hort. bog.*, 36.

7. Endl., *Gen.*, n. 5775. — H. Bn, *Euphorb.*, 387. — M. Arg., *Prodr.*, 1120, sect. 5.

8. Bl., *Bijdr.*, 619.— Endl., *Gen.*, n. 5803. — H. Bn, *Euphorb.*, 391 ; in *Adansonia*, XI, 78. — M. Arg., in *Linnæa*, XXXIV, 214 ; *Prodr.*, 1114. — *Desmostemon* Thw., *Enum. pl. Zeyl.*, 278.

9. Spec. ad 20. Forst., *Prodr.*, 67 (*Croton*). —Spreng., *Syst.*, III, 906 (*Trewia*). — Labill., *Sert. caled.*, 77, t. 75 (*Crozophora*). — W., *Spec.*, IV, 545 (*Croton*). — Wight, *Icon.*, t. 1874 (*Croton*). — Roxb., *Fl. ind.*, III, 680 (*Croton*). — Miq., *Fl. ind.-bat.*, I, p. II, 384 (*Ostodes*).— H. Bn, in *Adansonia*, I, 345 (*Baloghia*), 251, 348 ; II, 214 (*Baloghia*), 218 (*Synaspisma*) ; VI, 296 (*Baloghia*), 303.

10. In *Mém. Mus.*, III, 459, t. 22. — A. Juss., *Euphorb.*, 36.— Endl., *Gen.*, n. 5812 ; *Iconogr.*, t. 124 (*Ricinocarpus*). — H. Bn, *Euphorb.*, 343, t. 12, fig. 39-44. — M. Arg., *Prodr.*, 204. — *Ræperia* Spreng., *Syst.*, III, 13 (nec A. Juss.). — *Echinosphœra* Sieb., mss. (ex Sond., in *Linnæa*, XXVIII, 562).

11. M. Arg., in *Linnæa*, XXXIV, 59. (An gen. hujus spec. legitima?)

12. M. Arg., *loc. cit.*, 59.

6-merus. Disci hypogyni glandulæ 5, 6, aternipetalæ. Germen 3-locu-
lare; stylo mox in ramos 3, semel v. bis 2-fidis v. 2-partitis, diviso.
Fructus capsularis, sæpe tuberculato-rugosus; seminibus oblongis sub-
teretibus[1]; embryonis centrici elongati cotyledonibus radicula tereti
longioribus, paulo latioribus v. subæqualibus, semiteretibus v. subcom-
planatis. — Frutices v. suffrutices; foliis alternis exstipulatis, sæpius
angustis, margine integro revolutis; floribus ad apicem ramulorum in
cymas terminales v. oppositifolias dispositis, aut 1-sexuales, aut, floribus
fœmineis centralibus, 2-sexuales[2]. (*Australia, Tasmania*[3].)

28. **Bertya** PL. [4]— Flores (fere *Ricinocarpi*) monœci apetali eglandulosi; sepalis 5, imbricatis, nunc subpetaloideis. Stamina ∞ (*Beyeriæ*),
columnæ centrali inserta, imbricata; antheris extrorsis rimosis; loculis
plus minus v. omnino discretis. Gynæceum fructusque, semina et embryo
*Ricinocarpi* (v. *Beyeriæ*). Staminodia nunc hypogyna ∞. — Frutices
v. suffrutices virgato-ramosi; indumento sæpius stellari; foliis alternis
angustis coriaceis exstipulatis; floribus axillaribus involucro calyciformi[5]
cinctis et in eo solitariis v. rarius 2-nis paucisve. (*Australia*[6].)

29. **Beyeria** MIQ.[7] — Flores (fere *Ricinocarpi*) diœci v. rarius
monœci; sepalis 5, imbricatis. Petala 5, imbricata, nunc parva v. 0.
Glandulæ 5, alternipetalæ, in sexu utroque plus minus evolutæ (*Disco-
beyeria*[8]) v. in flore fœmineo 0 (*Eubeyeria*[9]). Stamina ∞; filamentis basi
connatis receptaculo convexo insertis; antheris extrorsis; loculis connectivo integro v. plus minus 2-fido longitrorsum adnatis (*Eubeyeria, Disco-
beyeria*), nunc ob connectivum 2-partitum omnino discretis erecto-
divergentibus (*Beyeriopsis*[10]). Germen 2, 3-loculare; ovulis solitariis;
micropyle obturatore crassiusculo obtecta; stylo erecto, mox in caput
stigmatiferum calyptriforme germen tegens conicum v. sub-3-gonum

---

1. Sæpe ut in *Ricino* fusco-maculatis.
2. Gen. nisi embryone angustiore et adspectu
a *Baloghiis* vix distinctum.
3. Spec. ad 12. ENDL., in *Hueg. Enum.*, 18.
— F. MUELL., *Fragm.*, I, 56, 181. — H. BN,
in *Adansonia*, VI, 294.
4. In *Hook. Lond. Journ.*, IV (1845), 472,
t. 16, fig. A. — ENDL., *Gen.*, Suppl., V, 90. —
H. BN, *Euphorb.*, 347, t. 18, fig. 8, 9. — M.
ARG., *Prodr.*, 208.
5. Foliolis nunc iis calycis numero æqualibus
et alternis, sepala figurantibus, dum sepala vera
pro petalis facile haberentur.
6. Spec. ad 8. HOOK. F., *Fl. tasman.*, I, 339.
— M. ARG., in *Linnæa*, XXXIV, 63.—F. MUELL.

et SOND., in *Linnæa*, XXVIII, 562 (*Ricinocarpus*).
— F. MUELL., *Fragm.*, IV, 34; 143. — H. BN,
in *Adansonia*, VI, 297.
7. In *Ann. sc. nat.*, sér. 3, I, 350, t. 15.
— ENDL., *Gen.*, Suppl., V, 90. — H. BN, *Euphorb.*, 402, t. 18, fig. 13-17; in *Adansonia*,
VI, 309. — M. ARG., *Prodr.*, 201. — *Calyptros-
tigma* KL., in *Lehm. Pl. Preiss.*, I, 175 (nec
TRAUTV. et C. A. MEY.). — *Claviopodium* DESV,
herb. (ex H. BN, *loc. cit.*).
8. M. ARG., in *Linnæa*, XXXIV, 59, sect. 1.
9. M. ARG., in *Linnæa*, *loc. cit.*, sect. 2.
10. M. ARG., in *Linnæa*, XXXIV, 199; *Prodr.*,
199. — H. BN, in *Adansonia*, *loc. cit.*, 310 (de
generis inanitate).

dilatato. Fructus capsularis, 3-coccus; seminibus descendentibus ad micropylen arillatis; albumine copioso; embryonis recti cotyledonibus radicula longa cylindrica haud v. vix latioribus semiteretibus v. leviter complanatis. — Frutices v. suffrutices sæpe viscosi; foliis alternis angustis integris coriaceis exstipulatis, basi articulatis, floribus axillaribus solitariis v. cymosis paucis. (*Australia* [1].)

30. **Alphandia** H. Bn[2]. — Flores monœci (fere *Codiæi*); calyce gamophyllo, varie 5-dentato, valvato. Petala 5, imbricata. Glandulæ disci 5, alternipetalæ membranaceæ, liberæ v. in annulum brevem connatæ. Stamina ∞ (*Codiæi*); filamentis apice breviter geniculato-recurvis; antheris parvis extrorsis; loculis superne discretis connectivique cruribus brevibus adnatis. Calyx fœmineus gamophyllus valvatus, 5-dentatus v. inæquali-rumpendus. Petala 5, majora crassiuscula, imbricata, demum recurva. Glandulæ disci hypogynæ 5, nunc minimæ. Germen *Codiæi*; styli mox 3-fidi ramis 2-fidis. Capsula elastice 3-cocca; coccis dorso verticaliter 2-carinato-costatis; seminibus teretibus [3], apice conoideo-arillatis; embryonis copiose albuminosi cotyledonibus ellipticis foliaceis radicula tereti multo latioribus. — Arbores v. frutices, parce furfuracei v. luteo-resinoso-punctati; foliis alternis petiolatis exstipulatis integris penninerviis reticulatis; floribus in racemos terminales v. et ad folia suprema axillares dispositis; inferioribus racemorum fœmineis; cæteris masculis; bracteis inflorescentiæ 1-floris v. cymoso-plurifloris [4]. (*Nova-Caledonia* [5].)

31 ? **Cocconerion** H. Bn [6]. — Flores diœci; masculi... ? Calyx fœmineus 5-merus; sepalis oblongis coriaceis, valvatis. Petala et discus 0. Germen sessile, 2- v. sæpius 3-loculare; ovulis solitariis; micropyle extrorsum supera, obturatore tecta; stylo mox 2, 3-cruri; ramis bis terve ad apicem stigmatosum 2-fidis. Capsula calyce basi munita, 2-3-cocca; seminibus glabris; micropyle arillata; embryonis copiose oleoso-albuminosi cotyledonibus foliaceis ellipticis radicula tereti multoties latioribus. — Arbores v. frutices; ramis nodosis; foliis verticillatis (6-10-natis) breviter petiolatis v. subsessilibus elongato-lanceolatis

1. Spec. ad. 12. Labill., *Pl. Nouv.-Holl.*, II, 72, t. 222 (*Croton*). — DC., *Syst. veg.*, I, 444; *Prodr.*, I, 71 (*Hemistemma*). — Sond., in *Linnæa*, XXVIII, 504.— Hook. f., *Fl. tasm*, I, 388. — Benth., *Fl. austral.*, VI, 63. — F. Muell., in *Trans. phil. Soc. Vict.*, I, 16. —H. Bn, in *Adansonia*, VI, 304.

2. In *Adansonia*, XI, 85.
3. Nigrescenti-maculatis.
4. Gen. *Codiæi* sect. *Steigeriæ* sat affine, differt ante omnia adspectu et calycibus gamophyllis valvatis nec imbricatis.
5. Spec. 2. H. Bn, *loc. cit.*, 86.
6. In *Adansonia*, XI, 87.

integerrimis coriaceis penninerviis; floribus fœmineis axillaribus solitariis verticillatis pedunculatis [1]. (*Nova-Caledonia* [2].)

**32. Fontainea** HECK. [3]— Flores diœci v. rarius monœci (fere *Codiæi*
v. *Alphandiæ*); calyce gamophyllo sacciformi apice brevissime 4-5-den-
tato, valvato, nunc inæquali-rupto. Petala [4] 3, 6, imbricata. Stamina
∞, centralia (*Codiæi*), basi extus disco continuo 4-6-gono cincta; antheris extrorsis rimosis; loculis connectivo lineari adnatis v. apice plus
minus alte discretis. Floris fœminei calyx valvatus inæquali-ruptus.
Petala ut in flore masculo. Discus hypogynus continuus gynæcei basin
cingens; germine 3-6-loculari; loculis (dum numero sint æquales)
oppositipetalis; stylo mox in ramos totidem crassiusculos, intus stigmatosos, diviso; ovulis solitariis; micropyle obturatore brevi obtecta. Fructus drupaceus suboliviformis v. obtuse angulatus; putamine osseo;
loculis 2-6; sæpius fertili 1 (v. raro 2, 3); cæteris minimis effœtis.
Semina exarillata glabra; albumine copioso oleoso; embryonis centralis
cotyledonibus foliaceis ellipticis radicula tereti multoties latioribus. —
Frutex v. arbor parva glaberrima; foliis alternis v. suboppositis petiolatis extispulatis integris penninerviis reticulato-venosis; floribus axillaribus et terminalibus spurie racemosis, plus minus cymosis bracteatis.
(*Nova-Caledonia* [5].)

**33. Givotia** GRIFF. [6] — Flores (fere *Codiæi*) diœci; sepalis 5 petalisque totidem alternis, imbricatis. Stamina ∞ (nunc 15-20), receptaculo
convexo circumcirca glanduloso-incrassato inserta; filamentis erectis;
antheris adnatis, introrsum extrorsumque rimosis. Perianthium et discus
floris fœminei ut in masculo. Germen 2, 3-loculare; loculis 1-ovulatis;
stylo mox 2-3-fido; ramis 2-fidis. Fructus carnosus, indehiscens,
columella destitutus, abortu 1-spermus; semine exarillato copiose albuminoso; embryonis lati cotyledonibus foliaceis, basi digitinerviis. —
Arbor [7]; indumento dense stellari; foliis alternis petiolatis digitinerviis;

1. Gen. ob flores masculos ignotos quoad locum
incertum, verisimiliter *Codiæis* proximum, differt ante omnia floribus apetalis et eglandulosis
necnon foliis verticillatis.
2. Spec. 2. H. BN, *loc. cit.*, 88.
3. Et. sur le *Fontainea* (thès. Fac. méd. de
Montpell., 1870). — H. BN, in *Adansonia*,
XI, 80.
4. Crassa subcoriacea, utrinque sericea, alba,
valde odorata.

5. **Spec. 1.** *F. Pancheri* HECK., *loc. cit.* —
*Baloghia* ? *Pancheri* H. BN, in *Adansonia*, II,
214. — *Codiæum* ? *Pancheri* M. ARG., *Prodr.*,
1117.
6. *Pl. Hort. calcutt.*, 14. — ENDL., *Gen.*,
n. 5802 (Suppl., V, 89). — H. BN, *Euphorb.*,
389. — M. ARG., *Prodr.*, 1112. — *Govania*
WALL., *Cat.*, n. 7851.
7. Adspectu *Echini* v. *Sumbaviæ* a quibus
fructu haud capsulari ante omnia differt.

floribus in racemos terminales compositos cymiferos dispositis. ((*India or.*, *Zeylania* [1].)

34. **Baliospermum** Bl. [2] — Flores (fere *Codiæi*) monœci apetali; receptaculo breviter convexo. Sepala 5 (v. rarius 4, 6), imbricata. Glandulæ totidem liberæ v. inæquali-connatæ, androcæo exteriores. Stamina ∞, centralia; filamentis liberis v. ima basi connatis, apice in connectivum basifixum dilatatis; antheræ loculis lateralibus v. primum extrorsis, 2-rimosis, connectivi margini adnatis. Discus in flore fœmineo breviter urceolaris inæquali- v. subæquali-crenatus. Germen 3, 4-loculare; loculis 1-ovulatis; stylo mox in ramos 3, 4, superne patulos crassiusculos recurvo-2-lobos, diviso. Fructus capsularis, 3-4-coccus; seminibus lævibus; exostomio crasse arillato. — Frutices v. herbæ, basi lignescentes, subglabri v. glabri; foliis alternis petiolatis glanduloso-2-stipulatis repando-dentatis v. subintegris penninerviis; floribus in racemos axillares plus minus ramosos cymiferos dispositis; sexubus mixtis v. fœmineis inferioribus; pedicellis fructigeris recurvis [3]. (*Asia austr. et Oceania trop. et subtrop.* [4])

35. **Sumbavia** H. Bn [5]. — Flores (fere *Givotiæ* v. *Baliospermi*, monœci, 5-meri; calyce masculo valvato. Petala 5, sæpe parva, imbricata. Stamina ∞, receptaculo convexo ea circa extus in discum rudimentarium incrassato inserta; filamentis liberis erectis; antheris subbasifixis erectis; loculis adnatis introrsis] rimosis. Calyx fœmineus 6-partitus; foliolis valvatis v. leviter imbricatis; petalis 6, quam in flore masculo multo brevioribus. Germen 3-loculare; stylo erecto, mox 3-fido; ramis circinato-revolutis, intus ad apicem stigmatosis. «Capsula 3-cocca; seminibus arillatis.» — Arbores [6] inermes v. subspinosæ; indumento subfloccoso stellari; foliis alternis petiolatis penninerviis, basi 3-plinerviis, integris v. repando-dentatis; floribus in racemos terminales dispositis; fœmincis paucis (1-3) inferioribus, v. 0; bracteis 1-floris. (*India or., Arch. ind., Java* [7].)

1. Spec. 1. *G. rottleriformis* Griff., *loc. cit.* — Wight, *Icon.*, t. 1889.— Thw., *Enum. pl. Zeyl.*, 278.—*Govania nivea* Wall., *loc. cit.*
2. *Bijdr.*, 603. — Endl., *Gen.*, n. 5823. — H. Bn, *Euphorb.*, 394. — M. Arg., *Prodr.*, 1125.
3. Gen. a *Suregada* adspectu, inflorescentiis et arillo tantum differt.
4. Spec. 4, 5. W., *Spec.*, IV, 563 (*Jatropha*). — Geisel., *Crot. Monogr.*, 74 (*Croton*). — Spreng., *Syst.*, II, 546 (*Hedycarya*). —

Decne, in *Jacquem. Voy.*, t. 155. — Wight, *Icon.*, t. 1885. — Wall., *Cat.*, n. 7727 (*Ricinus*).— Roxb., *Fl. ind.*, III, 682 (*Croton*). — Wall., *Cat.* n. 7727 A (*Ricinus*), 7827 (*Croton*).
5. *Euphorb.*, 390. — M. Arg., *Prodr.*, 727. — *Doryxylon* Zoll., in *Linnæa*, XXIX, 469 (1859).
6. Adspectu cæterisque *Echini* a quo genus vix nisi petalorum præsentia differt.
7. Spec. 2. M. Arg., in *Flora* (1864), 482.

36. **Echinus** Lour.[1] — Flores monœci v. rarius diœci (fere *Sumbaviœ*) apetali ; calyce masculo 2-5-partito, valvato. Stamina ∞, receptaculo centrali elevato subdilatato eglanduloso inserta ; filamentis liberis v. basi connatis ; antheris introrsis v. rarius extrorsis ; loculis rimosis adnatis v. inferne liberis (*Podadenia*[2]), nunc sub connectivo dilatato insertis discretis. Calyx fœmineus 3-6-partitus, valvatus v. rarius plus minus imbricatus. Germen liberum, 3-loculare v. raro 2-5-loculare, disco hypogyno forma vario (*Melanolepis*[3], *Blumeodendron*[4]), v. sæpius 0, basi cinctum ; loculis 1-ovulatis ; styli ramis simplicibus nunc plus minus dilatatis, intus dense grosseque papillosis. Staminodia hypogyna ∞[5], v. multo sæpius 0. Fructus capsularis, 2-5-coccus, rarius ægre v. vix dehiscens (*Coccoceras*[6]) et subcarnosus (*Podadenia*), inermis v. nunc echinatus (*Rottleropsis*[7], *Melanolepis*) aculeatusve (*Axenfeldia*[8]), rarius dorso carinatus v. plus minus, nunc longe, cornutus (*Cordemoya*[9], *Coccoceras*) ; seminibus exarillatis v. rarius ad micropylen leviter carunculatis (*Coccoceras*). — Arbores et frutices ; foliis alternis v. rarius oppositis, 2-stipulatis, penninerviis v. digitinerviis, nunc peltatis, integris, dentatis v. lobatis, sæpius subtus glandulis fuscis v. luteis adspersis ; indumento simplici, stellari v. 2-morpho. Flores terminales, axillares v. laterales racemosi v. spicati ; spicis racemisve subsimplicibus v. sæpius ramosis glomeruligeris v. cymigeris ; calyce sæpius ecalyculato v. nunc (*Diplochlamys*[10]) in flore fœmineo bracteis 5, calycem externum figurantibus, involucrato[11]. (*Asia, Oceania et Africa calid.*[12])

1. *Fl. cochinch.* (ed. 1790), 633. — Endl., *Gen.*, n. 5887. — H. Bn, in *Adansonia*, XI, 130, not. — *Mallotus* Lour., *op. cit.*, 635. — M. Arg., in *Linnæa*, XXXIV, 184 ; *Prodr.*, 956. — *Rottlera* Roxb., *Pl. coromand.*, I, 36, t. 168. — A. Juss., *Euphorb.*, 32, t. 9. — H. Bn, *Euphorb.*, 421. — *Adisca* Bl., *Bijdr.*, 609. — *Plagianthera* Reichb. f. et Zoll., *Ov. Soort v. Rottlera*, 19. — *Echinocroton* F. Muell., *Fragm.*, I, 31 (incl. : *Axenfeldia* H. Bn, *Boutonia* Boj., *Coccoceras* Miq., *Cordemoya* H. Bn, *Diplochlamys* M. Arg., *Hancea* Seem., *Melanolepis* Reich. f. et Zoll., *Podadenia* Thw.).

2. Thw., *Enum. pl. Zeyl.*, 273. — M. Arg., *Prodr.*, 791.

3. Reichb. f. et Zoll., in *Linnæa*, XXVIII, 324. — H. Bn, *Euphorb.*, 398. — M. Arg., *Prodr.*, 957.

4. M. Arg., *Prodr.*, 956 (sect. 1). — *Elateriospermum* (part.) Bl., *Bijdr.*, 621.

5. Nunc antherifera (H. Bn, *Euphorb.*, t. 19, fig. 31 ; in *Adansonia*, VI, 370).

6. Miq., *Fl. ind.-bat.*, Suppl., 455. — M.

Arg., *Prodr.*, 949. — H. Bn, in *Adansonia*, XI, 89.

7. M. Arg., *Prodr.*, 957 (sect. 2).

8. H. Bn, *Euphorb.*, 419. — *Hancea* Seem., *Voy. Herald, Bot.*, 409, t. 96.

9. H. Bn, in *Adansonia*, I, 255. — M. Arg., *Prodr.*, 960 (sect. 4). — *Boutonia* Boj., *Hort. maur.*, 282 (nec DC.). — Bout., *Trav. Soc. hist. nat. Maur.* (1846), 51.

10. M. Arg., in *Flora* (1864), 539 ; *Prodr.*, 1023.

11. Sect. igit. 9 : 1. *Euechinus* (*Rottlera* Roxb.). — 2. *Rottleropsis* (M. Arg.). — 3. *Blumeodendron* (M. Arg.). — 4. *Axenfeldia* (H. Bn). — 5. *Cordemoya* (H. Bn). — 6. *Melanolepis* (Reichb. f. et Zoll.). — 7. *Podadenia* (Thw.). — 8. *Coccoceras* (Miq.). — 9. *Diplochlamys* (M. Arg.).

12. Spec. ad 75. L., *Spec.*, 1005 (*Croton*). — Thunb., *Fl. jap.*, 270, t. 28, 29 (*Croton*). — Lour., *Fl. cochinch.* (ed. 1790), 585 (*Ricinus*). — Vahl, *Symb.*, II, 97 (*Croton*). — Geis., *Crot. Monogr.*, 73 (*Croton*), 81 (*Aleurites*). — W., *Spec.*, IV, 567 (*Ricinus*). — Spreng., *Syst.*,

37? **Cheilosa** BL.[1] — Flores (fere *Echini*) diœci; calyce subvalvato
v. leviter imbricato. Stamina ∞, circa gynæcei rudimentum inserta
libera; antheris introrsis; loculis adnatis rimosis. Discus 10–glandulosus; glandulis 2-plici serie alternantibus. Germen 3-loculare; loculis
1-ovulatis; styli ramis 3, apice stigmatoso breviter 2-fidis. Fructus capsularis; exocarpio crasso; seminibus exarillatis. Cætera *Echini*[2]. —
Arbor; foliis alternifoliis penninerviis; floribus in racemos axillares
cymiferos dispositis. (*Java*[3].)

38. **Epiprinus** GRIFF.[4] — Flores monœci. Calyx masculus nudus,
4-partitus, valvatus. Stamina ∞, sæpius pauca; filamentis circa basin
gynæcei rudimentarii insertis liberis, in alabastro bis plicatis; antheris
introrsis, 2-rimosis. Calyx fœmineus 6-partitus; foliolis reduplicativis
post florescentiam valde foliaceo-accrescentibus, extus bracteis totidem
alternis brevioribus (involucri) cinctis. Germen 3-loculare; loculis
1-ovulatis; stylo recto, mox ultra articulationem transversam 3-lobo;
lobis crassis 2-fidis; divisuris inciso-papillosis. Fructus capsularis
3-dymnus, perianthio accreto involucroque persistentibus basi cinctus. Semina...? — Arbor; foliis alternis petiolatis integris penninerviis magnis;
floribus ad folia summa axillaribus racemosis; pedicellis fœmineis
demum longis, calyculatis[5]; calyculi laciniis cum iis calycis alternantibus et minoribus, valide 2-glandulosis[6]. (*Malaisia*[7].)

39. **Garcia** ROHR[8]. — Flores monœci; receptaculo convexo. Calyx
gamophyllus valvatim inæquali- v. subæquali-rumpens (2-4-partitus).
Petala mascula ad 10, fœminea ad 8, 2-seriatim verticillata, firma, extus
et ad margines subimbricatos valde sericeo-villosa. Discus in flore
sexus utriusque breviter urceolaris profunde pectinato-dentatus. Stamina ∞, libera; receptaculo inter ea in squamulas ciliatas inæquali-

III, 878 (*Rottlera*). — SCHUM. et THÖNN., *Beskr.*, 410 (*Acalypha*). — ROXB., *Fl. ind.*, III, 828 (*Rottlera*). — SIEB. et ZUCC., *Fl. jap.*, t. 79 (*Rottlera*).— BENTH., *Niger*, 506 (*Claoxylon*); *Fl. austral.*, VI, 138 (*Mallotus*). — ZOLL. et MOR., *Verzn.*, 17 (*Mappa*). — THW., *Enum. pl. Zeyl.*, 272 (*Rottlera*), 273 (*Podadenia*). — H. BN, in *Adansonia*, I, 69, 259; II, 223 (*Rottlera*); IV, 343.
1. *Bijdr.*, 613. — ENDL., *Gen.*, n. 5821.— H. BN, *Euphorb.*, 420. — M. ARG., *Prodr.*, 1123.
2. Cui gen. nim. affine.
3. Spec. 1. *C. montana* BL., *loc. cit.* —

HASSK., *Hort. bog.*, 239.— MIQ., *Fl. ind.-bat.*, I, p. II, 410.
4. *Posth. Pap.*, 487. — M. ARG., in *Linnæa*, XXXIV, 144; *Prodr.*, 1024.
5. « *Hibiscorum* more. »
6. « Ad *Cephalocrotonem* mult. charact. acced. » (M. ARG.), melius forte ad sect. *Echini* reducend. (?).
7. Spec. 1. *E. malayanus* GRIFF., *loc. cit.*
8. In *Act. Soc. hist. nat. hafn.*, II, 217, t. 9. — VAHL, *Symb. bot.*, III, 99. — A. JUSS., *Euphorb.*, 41, t. 13, fig. 40, — ENDL., *Gen.*, n. 5707. — H. BN, *Euphorb.*, 392, t. 14, fig. 28-38. — M. ARG., *Prodr.*, 721.

dilatato ; antheris 2-locularibus, rimosis; exterioribus v. omnibus extrorsis. Germen 3-loculare ; loculis 1-ovulatis; stylo erecto valido, apice stigmatoso crasse 3-lobo ; lobis obcordato-ovatis reflexis, apice 2-fidis stigmatosis. Capsula 3-cocca ; coccis 2-valvibus ; seminibus albuminosis lævibus exarillatis. — Arbor; indumento simplici ; foliis alternis exstipulatis petiolatis integris penninerviis ; floribus [1] ad folia suprema axillaribus v. terminalibus, subsolitariis v. in racemos (spurios ?) dispositis paucis [2]. (*America calid. utraque* [3].)

### 40. Crotonogyne J. Muell. [4] — Flores diœci. Calyx masculus gamophyllus, mox inæquali–ruptus, valvatus. Petala 5-7, concava, intus ad basin glandula hirta instructa ; præfloratione contorta. Glandulæ 5-7, glabræ crassæ inæquali-fusiformes, cum petalis alternantes. Stamina petalorum numero 3–plo pluria, verticillatim 3-seriata, 5-7 scilicet breviora petalis opposita exteriora ; totidem cum iisdem alternantia majora ; et totidem omnino interiora petalis quoque opposita ; filamentis basi tantum connatis mox liberis ; antheris 2-locularibus introrsis, 2-rimosis. Calyx fœmineus crassus, 5-partitus ; laciniis inæqualibus margine glandulis verrucosis 2-6, apice scutellatis depressis, instructo ; æstivatione imbricata. Petala (marium) 5, 6, paulo crassiora, caduca ; præfloratione contorta. Discus hypogynus annularis membranaceus subinteger. Germen 3-loculare. Stylus erectus, mox 3-partitus ; lobis 4-partitis ; laciniis subulatis reflexis. Ovula in loculis singulis solitaria obturata ; micropyle extrorsum supera. Capsula 3-cocca ; seminibus obiter arillatis. — Frutex parce lepidoto-squamosus ; foliis alternis petiolatis penninerviis reticulato-venosis, basi supra patellari-glandulosis; stipulis 2 ; floribus masculis in glomerulos interrupto-spicatos axillares ; fœmineis longe pedicellatis in racemos paucifloros (4-6) axillares dispositis [5]. (*Africa trop. occ.* [6])

### 41. Manniophyton J. Muell. [7] — Flores diœci; receptaculo convexiusculo. Calyx masculus valvatus, inæquali-2-3-rumpendus. Corolla alte gamopetala urceolata, breviter 5-loba. Glandulæ 5, alternipetalæ crassæ. Stamina ∞ (12-20) ; filamentis liberis inæqualibus ; antheris

---

1. Purpurascentibus, albido-villosis.
2. Gen. fl. masc. *Bixaceas* nonnull. refert.
3. Spec. 1. *G. nutans* Rohr, *loc. cit.*
4. In *Flora* (1864), 535 ; *Prodr.*, 720.
5. « Charact. fere omnes ut in *Crotone*, nec

habit. a specieb. *Crotonis* coh. *Eutropiæ* longe reced., sed calyx masc. irreg. rumpendus et stam. in alabastr. recta. » (M. Arg.)
6. Spec. 1. *C. Manniana* M. Arg., *loc. cit.*
7. In *Flora* (1864), 530 ; *Prodr.*, 719.

introrsis, 2-rimosis. Germen rudimentarium sæpius 0, nunc minutum. Sepala fœminea 5, basi breviter connata. Petala 5, multo longiora libera, valde imbricata. Discus hypogynus minimus. Germen 3-loculare, dense hirsutum; ovulo in loculis solitario, crassiuscule obturato; stylis 3, crassis, ad apicem stigmatosum 2-partitis. Fructus 3-coccus; coccis a latere compressis, a columella centrali solutis dehiscentibusque; seminibus exarillatis. — Frutices scandentes; indumento stellari[1]; foliis alternis petiolatis, 2-stipulatis, integris v. 3-lobis, basi 5-plinerviis; floribus in racemos axillares cymiferos dispositis[2]. (*Africa trop. occ.*[3])

42? **Paracroton** MIQ.[4] — « Flores monœci (?); sepalis 5, imbricatis. Petala totidem, imbricata. Stamina 15-20; filamentis centralibus, 1-adelphis; antheris extrorsis, 2-rimosis. Disci glandulæ alternipetalæ. Germen 3-loculare, 3-gono-pyramidatum; styli ramis 3, 2-fidis acutiusculis; loculis 1-ovulatis. » Capsula crassa lignosa; coccis 2-valvibus. Semina transverse ellipsoidea latiora quam longiora glabra; albumine copioso; embryonis lati cotyledonibus amplis reniformibus, basi digitinerviis. — Arbor mediocris; ramis patentibus; foliis alternis petiolatis lanceolatis repando-serratis, basi 2-glandulosis; floribus in racemos giganteos[5] pendulos terminales dispositis; pedunculo compresso; pedicellis alternatim fasciculatis[6]. (*Java*[7].)

43. **Leucocroton** GRISEB.[8] — Flores diœci apetali. Calyx masculus 3, 4-partitus, valvatus. Glandulæ disci totidem, sæpius breves, oppositisepalæ. Stamina 6-10, sub gynæcei rudimento sæpius minuto inserta; filamentis nisi ima basi liberis; antheris introrsis, 2-rimosis. Calyx fœmineus 5, 6-partitus, valvatus; disci glandulis totidem oppositis. Germen 3-loculare; loculis 1-ovulatis; stylo mox 3-partiti ramis flabellato-3-5-fidis; laciniis mox flabellatis, ∞-fidis papillosis. Fructus 3-coccus; seminibus exarillatis lævibus. — Frutices pallidi v. flavidi; indumento brevi depresse stellato; foliis alternis petiolatis penninerviis v. 5-plinerviis subcoriaceis; stipulis 0, v. minutissimis; floribus masculis in racemos v. spicas subsimplices v. racemosos dispositis; fœmineis

---

1. Fulvo v. rufescente.
2. Gen. *Crotonogyni* prox. et simul floribus et corolla mascula *Jatrophæ Heudelotii* (i. e. *Ricinodendro* M. ARG.) valde affine; differt ante omnia foliis haud compositis.
3. Spec. 2. M. ARG., in *Seem. Journ. of Bot.* (1864), 332.

4. *Fl. ind.-bat.*, I, p. II, 382. — M. ARG., *Prodr.*, 1112.
5. « 3, 4-pedales. »
6. Gen. pessime notum; an *Codiæo* affine?
7. Spec. 1. *P. pendulus* MIQ., *loc. cit.* — *Croton pendulus* HASSK., *Pl. jav. rar.*, 266.
8. *Pl. amer. trop.*, 21; *Pl. Wright.*, 160

spicatis; spicæ ramis apice 1-floris bracteisque lateralibus ananthis instructis; bracteis masculis 1-5-floris; pedicellis articulatis[1]. *(Cuba*[2].)

**44? Pseudocroton M. ARG.**[3] — « Flores diœci; calyce masculo 4-partito, valvato. Petala 4, imbricata. Disci extrastaminalis glandulæ 4, liberæ, alternipetalæ. Stamina 16-20; filamentis liberis brevibus circa gynæcei rudimentum validum integrum insertis; antheris stantibus semper erectis, 2-rimosis; loculis tota longitudine connectivo adnatis. Flos fœmineus...? — Frutex (v. arbor?); foliis alternis petiolatis minute 2-stipulatis penninerviis venosis, subtus, uti planta fere tota, lepidibus ferrugineis angulosis obtectis; floribus masculis subterminalibus abbreviato-racemulosis[4]. *(Guatemala*[5].) »

**45. Suregada ROXB.**[6] — Flores monœci v. sæpius diœci apetali; receptaculo convexiusculo. Sepala 4, 5, imbricata, inæqualia; exteriora nunc (*Ceratophorus*) dorso cucullata. Stamina ∞, libera; filamentis erectis; receptaculo inter eorum bases et extus nunc leviter glanduloso-incrassato; antheris adnatis, extrorsum 2-rimosis. Germen basi disco breviter urceolari sæpeque staminodiis ∞, inæqualibus acutatis, cinctum, 2-3-loculare; stylo brevi, mox in lobos stigmatosos crassos breves inæquali-2-4-fidos diviso; ovulis in loculis solitariis. Fructus capsularis, subdrupaceus v. carnosus, ægre v. cito dehiscens; seminibus albuminosis exarillatis, sæpius lævibus. — Arbusculæ v. frutices, sæpius glabri; foliis alternis v. oppositis simplicibus coriaceis penninerviis venosis; stipulis 2; cicatrice nunc lineari; petiolo brevi; floribus axillaribus v. sæpius oppositifoliis terminalibusve fasciculato-cymosis. (*Asia et Oceania trop., Africa austr. et or., cont. et ins.*[7])

**46. Elateriospermum BL.**[8] — Flores monœci apetali; sepalis ple-

---

1. Gen. *Ricinellæ* simul et *Tournesoliæ* sect. americanis valde affine.
2. Spec. 3. GRISEB., *loc. cit.*; in *Nachr. d. Kœnigl. Gesellsch. d. Wiss. d. Univ. Gœtt.* (1865), 175. — M. ARG., *Prodr.*, 756.
3. In *Flora* (1872), 24.
4. « Gen. juxta *Leucocrotonem* inserend., a quo præter petala evoluta et flor. 4-meros char. gravior. seq. differt : recept. haud elevat., rudim. ovarii evolutum in fundo calycis intra stam. lib. nec in columna stam. insert. Habit. et præs. lepid. ferr. *Crotonem* simulat, sed antheræ in alabastr. erectæ et circa rudim. sitæ. »
5. Spec. 1. *P. tinctorius* M. ARG., *loc. cit.*
6. Ex W., in *Act. Soc. cur. nat. berol.*, IV, 206 (1803). — A. JUSS., *Euphorb.*, 60. —

ENDL., *Gen.*, n. 5883. — H. BN, *Euphorb.*, 395; in *Adansonia*, XI, 92. — *Gelonium* ROXB., in *W. Spec. pl.*, IV, 831 (1805); *Fl. ind.*, III (1832), 829 (nec GÆRTN.). — A. JUSS., *loc. cit.*, 34, t. 10. — ENDL., *Gen.*, n. 5817. — M. ARG., *Prodr.*, 1126. — *Erythrocarpus* BL., *Bijdr.*, 604. — *Ceratophorus* SOND., in *Linnæa*, XXIII, 120. — H. BN, in *Adansonia*, III, 154.
7. Spec., ad 12. WIGHT, *Icon.*, t. 1867 (*Gelonium*). — MIQ., *Fl. ind.-bat.*, Suppl., I, 452 (*Gelonium*). — H. BN, in *Adansonia*, I, 252, 349; III, 154.
8. *Bijdr.*, 620 (part.). — ENDL., *Gen.*, n. 5800. — H. BN, *Euphorb.*, 397, t. 19, fig. 26, 27 (nec 28). — M. ARG., *Prodr.*, 1130.

rumque 5, imbricatis. Stamina ∞ [1], receptaculo convexo inserta; filamentis erectis; antheris introrsis apiculatis, 2-rimosis. Discus glandulosus, androcæo exterior, extus hirsutus. Germen rudimentarium centrale, apice 2-3-fidum, nunc obsoletum. Calyx fœmineus 5- v. rarius 3-6-merus. Discus breviter urceolaris, sæpe intus staminodiis ∞, inæqualibus, stipatus. Germen 2-4-loculare; ovulo solitario obturato; stylo mox 2-4-lobo; lobis stigmatosis crassis (coloratis), 2-fidis. Fructus 2-4-coccus subdrupaceus; seminibus pulposo-arillatis. — Arbor alta; foliis alternis, nunc ad apicem spurie verticillatis longe petiolatis, 2-stipulatis, basi supra 2-glandulosis, integris penninerviis; floribus in racemos axillares v. supraaxillares ramoso-cymiferos corymbiformes dispositis; fœmineis paucis centralibus majoribus. (*Java, Malacca* [2].)

47? **Acidocroton** Griseb. [3] — Flores monœci, 5-6-meri; sepalis imbricatis. Petala torta, in flore fœmineo rudimentaria. Stamina ∞ [4], receptaculo leviter elevato (apice subinde vestigio germinis rudimentarii terminato) eglanduloso inserta libera; antheris introrsis, 2-rimosis; connectivo caudato; loculis adnatis. Germen 3-5-loculare; stylo mox in ramos 3-5, carnoso-petaloideos, intus canaliculatos, 2-fidos, diviso; ovulo in loculis solitario. Capsula 3-5-cocca; seminibus oblongo-ovoideis ad micropylen arillatis. — Frutex diffusus [5]; foliis alternis parvis coetaneis; stipulis 2, lateralibus elongatis spinescentibus; floribus in ramis 1-sexualibus ad ramulos pulviniformes terminalibus, solitariis v. paucis cymosis pedicellatis. (*Cuba* [6].)

48. **Ricinella** M. Arg. [7] — Flores diœci apetali, 5-meri; calyce valvato. Discus calyci adnatus plus minus perigynus; lobis sepalis oppositis. Stamina ∞ (8-15), centralia, libera v. basi 1-adelpha; antheris 2-locularibus, medio longitrorsum affixis, extus 2-rimosis; connectivo angusto haud producto. Germen rudimentarium minutum v. 0, in flore fœmineo 3-loculare; loculis 1-ovulatis; stylo brevi centrali, mox in ramos 3, intus papilloso-laciniatos, diviso. Capsula 3-cocca; seminibus lævibus subglobosis exarillatis; cotyledonibus foliaceis latioribus quam

1. Nunc subdefinita 10-15, quorum alternisepala 5, breviora et longiora totidem opposita.
2. Spec. 1. *E. Tapos* Bl., *loc. cit.* — Miq., *Fl. ind.-bat.*, I, p. II, 412; Suppl., 460.
3. *Fl. brit. W.-Ind.*, 42.— M. Arg., *Prodr.*, 1042.
4. Exteriora alternipetala.

5. Adspectu *Securinegarum* spinescentium.
6. Spec. 1. *A. adelioides* Grisen., *loc. cit.* — *A. Acidoton* L. (ex. M. Arg., *Prodr.*, 924).
7. In *Linnæa*, XXXIV, 153; *Prodr.*, 729.— *Adelia* L., *Gen.*, n. 1137 (part.). — Endl., *Gen.*, n. 5825 (part.).— H. Bn, *Euphorb.*, 417 (part.).

longioribus. — Frutices inermes v. apice ramulorum spinescentes; foliis alternis penninerviis, integris v. dentatis pellucido-punctulatis; axillis nervorum secundariorum subtus depresso-glandulosis et pilosis; floribus in pulvinulis axillaribus fasciculatis[1]. (*America trop. utraque*[2].)

49. **Bernardia** HOUST.[3] — Flores monœci v. diœci (fere *Ricinellæ*), 3-6-meri; calyce masculo valvato; fœmineo imbricato. Stamina ∞, centralia libera; antheris 2-locularibus; loculis subglobósis brevibus connectivo plus minus adnatis, introrsum v. lateraliter rimosis. Germen (in flore masculo rudimentarium minimum v. 0) 3-loculare; loculis cum sepalis interioribus alternantibus, 1-ovulatis; stylis basi discretis et circa verticem subhiantem germinis insertis, ad apicem stigmatosum 2-fidis. Fructus capsularis; seminibus exarillatis. — Frutices v. suffrutices; indumento simplici v. stellari; foliis alternis, nunc minimis squamiformibus, 2-stipulatis; floribus spicatis v. subsolitariis axillaribus; spicis simplicibus v. sæpius masculis alterne cymigeris v. glomeruligeris, nunc brevibus subcapitatis; bracteis sæpe arcte imbricatis; fœmineis 1-floris; masculis ∞-floris; pedicellis articulatis[4]. (*America trop. utraque*[5].)

50. **Adenophædra** M. ARG.[6] — Flores diœci (fere *Bernardiæ*) sæpius 3-meri; receptaculo masculo eglanduloso. Stamina 3, cum sepalis valvatis alternantia (v. rarius 6); filamentis sub gynæcei rudimento parvo, 3-lobo, insertis; antheris brevibus, 2-rimosis; connectivo apice grosse glanduligero. Cætera *Bernardiæ*. — Arbores v. frutices; indumento

---

1. Gen. hinc *Acidocrotoni* et *Bernardiæ*, inde *Tournesoliæ*, *Echino* et *Acalyphæ* proximum.

2. Spec. 7, 8. L., *Amœn.*, V, 410 (*Adelia*). — P. BR., *Jam.*, 361 (*Bernardia* 2). — LAMK, *Dict.*, I, 40 (*Adelia*). — RICH., *Fl. cub.*, 210 (*Adelia*). — SCHLTL, in *Linnœa*, VI, 362 (*Adelia*). — SCHEELE, in *Linnœa*, XXV, 581 (*Tyria*).

3. *Jam.*, 361 (part., nec VILL.). — ADANS., *Fam. des pl.*, II, 356. — M. ARG., in *Linnœa*, XXXIV, 171 (part.); *Prodr.*, 915 (part.). — H. BN, in *Adansonia*, XI, 102. — *Adelia* L., n. 1137 (part.). — J., *Gen.*, 388 (part.). — H. BN, *Euphorb.*, 417 (part.). — *Bivonia* SPRENG., *N. Entd.*, II, 116 (nec DC.). — *Traganthus* KL., in *Erichs. Arch.* (1841), 188, t. 9 A. — H. BN, *Euphorb.*, 503. — *Tyria* KL., ex ENDL., *Gen.*, Suppl., IV, 88, n. 5787[3]. — *Phædra* KL., ex ENDL., *loc. cit.*, n. 5787[4]. — *Polybœa* KL., ex ENDL., *loc. cit.*, n. 5785[5].

— H. BN, *Euphorb.*, 504. — *Passea* H. BN, *Euphorb.*, 507, t. 18, fig. 28-35. — *Alevia* H. BN, *op. cit.*, 508.

4. Gen. præced. proxim., differt ante omnia stylorum insertione. — Sect. 6, scil.: 1. *Tyria* (KL.). — 2. *Polybœa* (KL.) — 3. *Phyllopassea* (M. ARG.) — 4. *Traganthus* (KL.) — 5. *Passea* (H. BN). — 6. *Alevia* (H. BN).

5. Spec. ad 20. L., *Spec.*, ed. 3, 1473 (*Croton*). — GEIS., *Crot. Monogr.*, 15, 50 (*Croton*). — JACQ., *Sel. stirp. amer.*, 254 (*Acalypha*). — W., *Spec.*, IV, 553 (*Croton*). — KL., in *Hook. Journ.* (1843), 46 (*Traganthus*). — HOOK. et ARN., *Beech. Voy.*, *Bot.*, 309 (*Herncsia*?). — SCHLTL, in *Linnœa* (1832), 386 (*Acalypha*). — A. RICH., *Cuba*, 209 (*Adelia*). — GRISEB., *Pl. Wright.*, 159; *Fl. brit. W.-Ind.*, 45. — H. BN, in *Adansonia*, IV, 372, t. 10, 11 (*Adelia*).

6. In *Mart. Fl. bras.*, *Euphorb.* (mox edend., ex comm. or.).

simplici; foliis alternis; inflorescentiis fere (longioribus gracilioribus) *Bernardiæ* [1]. (*America trop. austr.* [2])

**51. Acidoton** Sw. [3] — Flores monœci apetali; sepalis masculis 3-5, valvatis. Stamina ∞, receptaculo elongato conico inter filamenta et extus ad basin incrassato et in discum spurium glanduloso-alveolatum dilatato; filamentis cæterum liberis; antheris extrorsis, breviter apiculatis; loculis basi discretis, rimosis. Calyx fœmineus 4-5-partitus; laciniis valvatis v. subimbricatis, mox haud contiguis. Germen 3-loculare; ovulis solitariis; stylo erecto crassiusculo, apice in ramos 3, simplices erecto-patulos, intus stigmatosos, diviso. Fructus capsularis; seminibus exarillatis. — Frutex subglaber v. pilis pellucidis urentibus plus minus conspersus; foliis alternis petiolatis, stipulatis, simplicibus, integris v. paucidentatis penninerviis venosis; floribus spicato-racemosis; racemis 1-sexualibus; masculis axillaribus paucifloris; fœmineis longioribus, axillaribus et terminalibus, basi denudatis [4]. (*Jamaica* [5].)

**52. Cleidion** BL. [6] — Flores monœci v. diœci apetali; calyce masculo valvato. Stamina ∞, receptaculo conico v. hemisphærico inserta, alternatim verticillata et inde in series verticales distinctas disposita; filamentis liberis; antheris seriato-imbricatis compressis summo filamento subulato peltatim v. paulo supra basin insertis; connectivo (colorato) peltiformi, margine locellos 4, mox subcruciatim confluenti-rimosos, gerente, superne mutico v. apiculato. Sepala fœminea 3-5, imbricata v. 4, decussato-imbricata. Germen liberum, nunc disco hypogyno cinctum (*Discocleidion* [7]); loculis 3 (*Redia* [8]) v. rarius, 2 (*Lasiostyles* [9]), sepalis exterioribus oppositis, 1-ovulatis; styli ramis 2, 3, lineari-elongatis, plus minus profunde 2-fidis, intus dense papilloso-stigma-

---

1. Genus nobis male notum, olim pro sect. *Bernardiæ* habit. (M. ARG., in *Linnœa*, XXXIV, 172). Flos masculus fere omnia *Tragiæ*.

2. Spec. ad 2. KL., in *Hook. Lond. Journ.*, II (1843), 46 (*Tragia*). — M. ARG., *Prodr.*, 918 (*Bernardia*).

3. *Prodr.*, 83; *Fl. ind. occ.*, II, 952, t. 18.— A. JUSS., *Euphorb.*, 32.— ENDL., *Gen.*, n. 5822. — H. BN, *Euphorb.*, 401, t. 18, fig. 10, 11. — M. ARG., *Prodr.*, 914.

4. Gen. *Bernardiæ* proximum, differt ante omnia stylis basi haud discretis.

5. Spec. 1. *A. urens* Sw., *loc. cit.*— GRISEB., *Fl. brit. W.-Ind.*, 45; *Cat. pl. cub.*, 18. — *A. innocuus* H. BN, *op. cit.*, 402. — *Urtica.*. SLOAN., *Jam.*, I, 125, t. 83, fig. 1.

6. *Bijdr.*, 612. — ENDL., *Gen.*, n. 5795. — H. BN, *Euphorb.*, 404, t. 9, fig. 3-5. — M. ARG., in *Linnœa*, XXXIV, 183; *Prodr.*, 983 (incl. : *Lasiostyles* PRESL, *Psilostachys* TURCZ., *Redia* CASAR.).

7. M. ARG., in *Flora* (1864), 481; *Prodr.*, 984, sect. 1.

8. CASAR., *Stirp. bras. Dec.*, VI, 51. — ENDL., *Gen.*, Suppl., V, 89. — H. BN, *Euphorb.*, 407, t. 21, fig. 1, 2. — *Psilostachys* TURCZ., in *Bull. Soc. Mosc.* (1843), 581; in *Flora* (1844), 121.

9. PRESL, *Bot. Bem.*, 159. — ENDL., *Gen.*, n. 5795 ¹.— H. BN, *Euphorb.*, 653.—*Eucleidion* M. ARG., in *Linnœa*, XXXIV, 184; *Prodr.*, 987, sect. 3.

tosis. Capsula 2, 3-cocca; seminibus subglobosis exarillatis. (*Asia*, *Oceania, Africa et America trop.* [1])

53. **Endospermum** BENTH. [2] — Flores diœci, apetali. Calyx masculus gamophyllus, inæquali-3-5-denticulatus, prima ætate leviter imbricatus. Stamina 6-10, 2-seriatim verticillata columnæque centrali erectæ inserta; filamentis apice liberis recurvis; antheris extrorsis peltatis, 3-4-valvibus. Discus vaginiformis columnam androcæi basi vestiens. Germen ·rudimentarium summæ columnæ impositum. Calyx inæquali-4-5-dentatus. Germen 2-loculare, extus disco hypogyno cinctum; stylo mox in lobos stigmatiferos 2, disciformes subsessiles et invicem connatos, diviso. Ovula in loculis solitaria; micropyle extrorsum supera obturatore margine denticulato obtecta. Fructus 2-merus, indehiscens; mesocarpio tenui, ab endocarpio pergamentaceo demum secedente; columella 0; seminis exarillati testa dura, extus aculeato-rugosa. — Arbores; foliis [3] alternis petiolatis, 2-stipulatis, penninerviis v. basi sub-3-plinerviis reticulato-venosis, nunc basi limbi subtus grosse 2-glandulosis; indumento stellari; floribus in racemos v. spicas axillares elongatos cymuliferos dispositis. (*China, Malaisia, Borneo* [4].)

54. **Erismanthus** WALL. [5] — Flores monœci, apetali. Calyx masculus receptaculo compresso-elongato obliquus; foliolis 5, valde inæqualibus imbricatis; posterioribus majoribus. Stamina 8-15; filamentis centralibus liberis; antheris introrsis obtuse marginatis; loculis adnatis, introrsis rimosis. « Sepala fœminea 5, late foliacea, imbricata. Germen 3-loculare; ovulo [6] in loculis 1, obturato; styli 3-fidi ramis 2-partitis, apice stigmatoso hirto-papillosis. Fructus...? » — Frutex, ut videtur, scandens; foliis oppositis subsessilibus penninerviis, floribus masculis in axillis foliorum v. ad summos ramulos in amentum ovoideum subsessile dispositis; bracteis amenti   , crebris, imbricatis, 1-floris; floribus breviter pedicellatis lateraliter 2-bracteolatis; « fœmineis in pedunculo axillari elongato paucibracteato terminalibus et solitariis [7] ». (*Ins. Penang.* [8])

1. Spec. ad 12 (quarum ad 6 austr.-caled.) MIQ., *Fl. ind.-bat.*, I, p. II, 209. — THW., *Enum. pl. Zeyl.*, 272. — DALZ., in *Hook. Journ.* (1851), 229 (*Rottlera*). — H. BN, in *Adansonia*, II, 218; IV, 270; XI, 129.

2. *Fl. hongkong.*, 304. — M. ARG., *Prodr.*, 1131.

3. Ea *Aleuritium* nonnullarum integrifoliarum forma et nervatione referentibus.

4. Spec. ad 4, 5. M. ARG., in *Flora* (1864), 469.

5. *Cat.*, n. 8011. — H. BN, *Euphorb.*, 669 (*Eremanthus*). — M. ARG., *Prodr.*, 1138.

6. « Omnino euphorbiaceo. » (M. ARG.)

7. Habitus vix *Euphorbiacearum*; foliorum enim basis inæqualis latus subauriculatum amplius haud ramum spectat.

8. Spec. 1. *E. obliquus* WALL., *loc. cit.*

55? **Ditta** Griseb. [1] — Flores diœci ; masculi...? Floris fœminei calyx et discus 0. Germen 2-loculare ; ovulo in loculis 1 (euphorbiaceo) ; styli crassi ramis brevibus, 2-partitis ; lobis erectis breviter conicis. Fructus drupaceo-capsularis absque columella ; seminibus scrobiculatis exarillatis. — Frutex glaber resinosus [2] ; foliis alternis spathulato-lanceolatis dentato-crenatis penninerviis articulato-venosis, breviter petiolatis, 2-stipulatis ; floribus axillaribus in pedunculo communi congesto-glomerulatis ; pedicellis sub flore imbricato-bracteolatis ; bracteis oppositis paucis, integris v. inferioribus palmati-2, 3-partitis [3]. (*Cuba* [4].)

56. **Adriana** Gaudich. [5] — Flores diœci apetali eglandulosi ; calyce masculo 3-5-partito, valvato. Stamina ∞ , receptaculo breviter conico inserta ; filamentis brevibus erectis ; antheris adnatis, extrorsum 2-rimosis, connectivo ultra loculos producto, integro v. serrato, acuminatis. Sepala in flore fœmineo 3-8, imbricata. Germen 3-loculare ; ovulis solitariis ; styli mox 3-partiti ramis longe 2-fidis linearibus dense stigmatosis. Capsulæ 3-coccæ, verrucoso-asperæ ; seminibus arillatis foveolatis albuminosis. — Frutices ; indumento stellari [6], nunc parco ; foliis oppositis (*Trachycaryon* [7]) v. sæpius alternis (*Euadriana* [8]), integris v. lobatis dentatisve ; stipulis sæpe glanduliformibus ; floribus masculis interrupte glomerato-spicatis ; fœmineis racemosis. (*Australia* [9].)

57? **Neoboutonia** M. Arg. [10] — Flores diœci apetali ; calyce masculo 2-partito, valvato. Stamina ∞ , centralia ; filamentis liberis receptaculo convexo piloso insertis ; antheris basifixis ; loculis adnatis introrsis, rimosis. Calyx fœmineus quincunciali-imbricatus. Germen 3-loculare ; styli ramis 3, 2-partitis. Fructus...? — Arbor v. frutex (?) ; indumento stellari radiante ; foliis alternis longe petiolatis, integris v. repando-sublobis, 7-9-nerviis reticulato-venosis ; floribus terminalibus et axillaribus ; masculis [11] in spicas ramosas compositas dispositis ; fœmineis spicato-racemosis. (*Africa trop. occ.* [12])

1. *Pl. Wright.*, 160. — M. Arg., *Prodr.*, 1138.

2. Habitu *Myricarum* nonnullarum.

3. Gen. incert. sedis, hic in *Prodrom.* relat.

4. Spec. 1. *D. myricoides* Griseb., *loc. cit.*

5. In *Ann. sc. nat.*, sér. 4, V, 223 ; in *Freycin. Voy. Uran.*, *Bot.*, 486, t. 116.—Endl., *Gen.*, n. 5820. — H. Bn, *Euphorb.*, 405, t. 2, fig. 19-22 ; t. 18, fig. 12. — M. Arg., *Prodr.*, 890.

6. In calyce sæpius simplici.

7. Kl., in *Lehm. Pl. Preiss.*, 1, 175. — *Crotolerum* Desvx, herb. (ex H. Bn).

8. H. Bn, *Euphorb.*, 406 (sect. speciem 1, valde variabilem, includens, ex F. Muell., in *Trans. Soc. bot. Edinb.*, VII, 482).

9. Spec. 3 v. 4, 5. Labill., *Pl. Nouv.-Holl.*, II, 73, t. 223 (*Croton*). — Hook., in *Mitch. Trop. Austral.*, 124, 371. — F. Muell., in *Hook. Journ.*, VIII (1856), 209 ; in *Trans. phil. Soc. Vict.*, I, 16. — Benth., *Fl. austral.*, VI, 133. — H. Bn, in *Adansonia*, VI, 311.

10. In *Seem. Journ. of Bot.*, I, 336 ; *Prodr.*, 892.

11. Minutis.

12. Spec. 1. *N. africana* M. Arg., *loc. cit.*

**58. Trewia** L. [1] — Flores diœci apetali; receptaculo breviter
conico. Sepala mascula 3, 4, libera v. basi connata, valvata. Stamina
∞ ; filamentis liberis v. basi connatis; antheris erectis, 2-locularibus;
exterioribus sæpius extrorsum; cæteris introrsum v. lateraliter rimosis.
Calyx fœmineus 3-4-merus, valvatus v. apice leviter imbricatus, basi
gamophyllus, mox inæquali-rumpendus, nunc sub anthesi reflexus.
Germen sessile; loculis 3, 4, 1-ovulatis; micropyle extrorsum supera,
obturatore tecta; stylo erecto, mox in ramos 3, 4, elongatos, intus stigmatosos valde papillosos, diviso. Fructus indehiscens suberosus; endocarpio duro subosseo; seminibus exarillatis glabris copiose albuminosis.
— Arbor; foliis oppositis v. subalternis petiolatis, 2- stipulatis, penninerviis, basi digitinerviis; stipulis lineari-subulatis, caducissimis; floribus racemosis v. spicatis [2]. (*Asia mer. cont. et ins.* [3].)

**59 ? Lasiocroton** GRISEB. [4] — Flores diœci apetali; calyce 5- partito,
valvato. Stamina ∞ , centralia, receptaculo convexiusculo inserta; filamentis liberis; antheris erectis, 2-locularibus, longitudinaliter rimosis.
Germen 3-loculare, basi disco hypogyno crasso cinctum; loculis
1-ovulatis; styli ramis 3, brevibus crassis, intus sulcatis, margine
inflexo lobulatis. Capsulæ depresso-globosæ, 3-dynæ; seminibus lævibus exarillatis. — Arbor; foliis alternis petiolatis penninerviis, basi
digitinerviis, reticulato-venosis tomentosis; pube simplici ferruginea;
floribus masculis in spicas breves dense glomeratas; fœmineis in racemos
elongatos inferne denudatos dispositis. (*Jamaica* [5].)

**60. Pycnocoma** BENTH. [6] — Flores monœci (fere *Echini*); calyce
masculo 3-5-partito, valvato. Stamina ∞ ; filamentis liberis, recepta-

1. *Gen.*, 152. — LINDL., *Nat. Syst.*, ed. 2,
174; *Veg. Kingd.*, 174. — KL., in *Erichs.
Arch.*, VII, 259.—ENDL., *Gen.*, Suppl., III, 98.
— H. BN, *Euphorb.*, 408, t. 18, fig. 18-23. —
M. ARG., *Prodr.*, 953. — *Rottlera* W., in *Gœtt.
Diar. Hist. nat.*, I, 8, t. 3 (nec ROXB.). — *Te-
tragastris* GÆRTN., *Fruct.*, II, 130, t. 109,
fig. 5.

2. Gen. ab *Echino* vix, ob gynæceum et fru-
ctum haud capsularem, sat distinctum.

3. Spec. verisim. 1, scil. *T. nudiflora* L.,
*Spec.*, ed. 3, App., 1661. — *T. macrophylla*
ROTH, *Nov. pl.*, 373. — *T. macrostachya* KL.,
*Reis. Pr. Waldem.*, 117, t. 23. — *Tetragastris
ossea* GÆRTN., *loc. cit.* — *Rottlera indica* W.,
*loc. cit.* — A. JUSS., *Euphorb.*, t. 9, fig. 29 C.
— *R. Hoperiana* BL., herb.— *Canschi* RHEED.,
*Hort. malab.*, I, 76, t. 42.

4. *Fl. brit. IV.-Ind.*, 1, 46 (part.). — M.
ARG., *Prodr.*, 955 (part.).

5. Spec. 1. *L. macrophyllus* GRISEB., *loc.
cit.* — *Croton macrophyllus* SW., *Prodr.*, 100;
*Fl. ind. occ.*, 1196.— W., *Spec.*, IV, 549. —
GEIS., *Crot. Mon.*, 54, Spec. altera, scil. *L. pen-
nifolius* GRISEB. (in *Nachr. d. Kœn. Ges. Gœtt.*
(1865), 175. — *Croton prunifolius* VAHL, ex
GEIS., *Mon.*, 47), ex herb. LAMBERT a nobis
visa, haud hujus gen. videtur, sed potius forte
vera *Crotonis* spec.; indumento foliorum et germinis lepidoto; styli ramis 2-fidis. *L. macrophyllus* hinc *Mabee* et *Echino*, inde *Ricinelle,
Bernardiæ* (et *Pseudocrotoni* ?) affinis videtur.
Flores et fructus, ut in *Tournesoliis*, aquam in
purpureo-violaceum tingentes.

6. *Niger*, 508. — H. BN, *Euphorb.*, 410.
— M. ARG., *Prodr.*, 950.

culo convexo inter corum bases glanduloso-incrassato et alveolato-cingente insertis, in alabastro rectis v. plus minus plicatis flexuosisve; antheris 2-locularibus rimosis; inferioribus introrsis; cæteris introrsis v. sæpius extrorsis. Calyx fœmineus sæpius 5-partitus, quincuncialiter imbricatus. Germen 3-loculare; ovulis solitariis; stylo erecto, mox 3-fido; ramis integris recurvis v. revolutis, ad apicem incrassatum v. subpeltatum intusque dense stigmatosis. Capsula 3-cocca; seminibus albuminosis exarillatis lævibus subglobosis. — Arbores v. fruticos; foliis alternis (magnis) elongatis penninerviis exstipulatis, basi articulatis; floribus in racemos axillares v. subterminales, 1- v. 2-sexuales, dispositis; bracteis 1- v. cymoso-plurifloris; flore fœmineo sæpe 1, terminali [1]. (*Africa trop. occ.*, *Malacassia* [2].)

61 ? **Mabea** AUBL.[3] — Flores monœci apetali eglandulosi; receptaculo convexiusculo. Sepala 4-6, libera v. basi breviter connata, valvata v. subimbricata [4], mox haud contigua. Stamina ∞; filamentis erectis brevibus, ad apicem leviter dilatatum subrecurvis; antheris extrorsis; loculis adnatis rimosis. Sepala fœminea 5, 6, 2-seriatim imbricata. Germen sessile, 3-loculare; loculis 1-ovulatis; stylo longe conico, apice 3-fido; ramis intus stigmatosis recurvis v. revolutis. Capsulæ 3-coccæ; seminibus ad micropylem superam arillatis. — Arbores v. frutices, sæpe scandentes; foliis alternis 2-stipulatis breviter petiolatis simplicibus penninerviis denticulatis; limbo nunc basi 2-glanduloso; floribus sæpius racemosis; inferioribus fœmineis paucis v. 0; bracteis fœmineis 1-floris; masculis 1- ∞-floris, basi glandulis 2 lateralibus elongatis magnis crassis (coloratis) munitis; pedicellis masculis cymosis, liberis v. plus minus alte stipiti communi insertis [5]. (*America calid.* [6])

62. **Concevelba** AUBL. [7] — Flores diœci apetali; calyce masculo 3, 4-partito, valvato. Stamina ∞, receptaculo centrali convexiusculo,

1. Gen. tantum receptaculo discifero, habitu et inflorescentia ab *Echino* distinguendum.

2. Spec. ad 8. H. BN, in *Adansonia*, I, 69, 256; XI, 176. — M. ARG., in *Flora* (1864), 483.

3. *Guian.*, 867, t. 334. — J., *Gen.*, 388. — POIR., *Dict.*, III, 663. — LAMK, *Ill.*, t. 773. — A. JUSS., *Euphorb.*, 40, t. 13. — ENDL., *Gen.*, n. 5798. — H. BN, *Euphorb.*, 412, t. 13, fig. 19-28. — M. ARG., *Prodr.*, 1148.

4. « Laciniæ calicis utriusque sexus imbricativæ. » (M. ARG.).

5. Gen. in *Prodromo* inter *Hippomaneas* s. *Excœcarieas* enumeratum.

6. Spec. ad 15. MART., *Reis.*; in *Linnæa* (1830), 39. — BENTH., *Sulph.*, 165; in *Hook. Journ.* (1854), 364. — M. ARG., in *Flora* (1872), 44. — H. BN, in *Adansonia*, IV, 370.

7. *Guian.*, II, 923, t. 353. — A. JUSS., *Euphorb.*, t. 13, fig. 42 B. — BENTH., in *Hook. Journ.* (1854), 331. — H. BN, *Euphorb.*, 414, t. 21, fig. 12, 13. — M. ARG., in *Linnæa*, XXXIV, 166; *Prodr.*, 895 (part.). — *Conceveibum* RICH. (ex A. JUSS., *op. cit.*, 43).

nunc basi 5-glanduloso (*Convecibea* [1]) inserta; filamentis inæqualibus; exterioribus brevioribus erectis; interioribus elongatis, in alabastro contorto-plicatis vel corrugatis; nonnullis centralibus anantheris; antheris sæpius introrsis v. ex parte extrorsis; omnibus nunc extrorsis (*Veconcibea* [2]), brevibus rimosis, nunc connectivo ultra loculos producto superatis. Calyx fœmineus 5-10-partitus, imbricatus; foliolis exterioribus v. omnibus basi glandulis 2 crassis (ut bracteæ) extus instructis. Germen 3-loculare; ovulis solitariis; stylo crasso brevi erecto, mox in lobos 3, dilatato-reflexos, apice stigmatoso 2-dentatos v. 2-fidos, diviso. Fructus capsularis, 3-gonus; exocarpio crasso; coccis lignescentibus subcrustaceis, 1-spermis; seminibus ad micropylem arillatis. — Arbores; foliis alternis petiolatis stipulatis subintegris, penninerviis v. basi 3-5-plinerviis, coriaceis reticulato-venosis, subtus stellato-pubescentibus et fuscato-glanduloso-punctatis; floribus terminalibus; masculis in spicas ramosas glomeruligeras; fœmineis in spicas crassiores. nunc glomeruligeras, dispositis; bracteis lateraliter crasseque 2-glanduligeris. (*America trop.* [3], *Africa trop. occ.* [4])

**63? Gavarretia** H. Bn [5]. — Flores diœci (fere *Conceveibæ*); masculi ignoti. Calyx fœmineus gamophyllus urceolatus germen longius arcte cingens, ore truncatus, integer v. obscure 4-dentatus, valvatus. Germen 2-loculare; ovulis solitariis; micropyle obturata; stylo erecto fere e basi 2-partito; lobis 2-fidis recurvo-patentibus subulatis papillosis germini subæqualibus. Fructus...? — Arbor (?); foliis alternis petiolatis stipulatis obovatis, subtus minute utrinque glanduligeris; floribus fœmineis in spicas terminales dispositis; bracteis 1- v. paucifloris. basi minute 2-glandulosis [6]. (*Brasilia bor.* [7])

**64. Macaranga** Dup.-Th. [8] — Flores diœci apetali; calyce masculo valvato. Stamina ∞, nunc pauca v. subsolitaria; filamentis centralibus receptaculo convexiusculo eglanduloso insertis; antheris dorso subpel-

---

1. M. Arg., in *Flora* (1864), 530.

2. M. Arg., in *Linnæa*, XXXIV, 167.

3. Spec. 4. Spreng., *Syst.*, III, 901 (*Conceveibum*). — Benth., *loc. cit.*, 332. — H. Bn, in *Adansonia*, V, 221.

4. Spec. 1. *C. africana* M. Arg., in *Flora* (1864), 530; *Prodr.*, 897, n. 7.

5. In *Adansonia*, I, 185, t. 7, fig. 3, 4.

6. Gen. a M. Arg. ad sect. *Conceveibæ* reductum. An sat distinctum ?

7. Spec. 1. *G. terminalis* H. Bn, *loc. cit.* — *Conceveiba terminalis* M. Arg., in *Linnæa*, XXXIV, 167; *Prodr.*, 897, n. 5.

8. *Gen. nov. madag.*, 26, n. 88. — A. Juss., *Euphorb.*, 43. — Endl., *Gen.*, n. 5789. — H. Bn, *Euphorb.*, 431, t. 21, fig. 5-9. — M. Arg., *Prodr.*, 987 (incl. : *Adenoceras* Reichb. F. et Zoll., *Adisca* Zoll., *Mappa* A. Juss., *Mecostylis* Kurz, *Pachystemon* Bl., *Panhopia* Nor., *Pseudo-Rottlera* Zoll. et Reichb. F.).

tatim insertis ; loculis 3 (*Pachystemon* [1]) v. constanter 4 (*Eumacaranga* [2], *Mappa* [3]), nunc, antheris heteromorphis, ex parte 3 v. 4 (*Dimorphanthera* [4]); valvis in dehiscentia extrorsis totidem (3 v. 4). Calyx fœmineus imbricatus. Germen liberum ; loculis 1 (*Eumacaranga*), 2 (*Mappa*), v. ex parte 2, 3 (*Dimorphanthera*), nunc 4-6 (*Pachystemon*); ovulo in singulis 1, descendente, plus minus anatropo ; micropyle extrorsum supera ; obturatore sæpius parvo ; styli centralis v. excentrici plus minus lateralis (*Eumacaranga*) ramis loculorum numero æqualibus, ad apicem intus et lateraliter stigmatosis. Fructus capsularis, 1-6-coccus ; coccis dehiscentibus v. indehiscentibus, extus inermibus v. plus minus aculeatis, sæpe (ut plantarum partes pleræque) glandulis᾿ granulosis punctiformibus ceraceis luteis v. ferrugineis adspersis. Semen sæpius iucomplete anatropum, placentæ lateraliter hilo lineari elongato adnatum, exarillatum ; embryonis albuminosi cotyledonibus foliaceis radicula multo latioribus longioribusque. — Arbores v. frutices ; foliis sæpius alternis petiolatis ; stipulis lateralibus, nunc magnis foliaceis v. membranaceis ; limbo integro v. lobato, penninervio v. basi palmatinervio reticulato-venoso ; floribus (masculis minutis) glomerulatis v. cymosis in racemos subsimplices v. plus minus ramosos axillares dispositis, bracteis parvis v. nunc magnis foliaceis involucratis. (*Orbis vet. reg. omn. trop.* [5])

65. **Dysopsis** H. Bn [6]. — Flores monœci apetali ; calyce masculo valvato, 3-fido. Stamina 3, v. sæpius 6, 2-seriatim receptaculo brevi inserta ; filamentis centralibus, basi connatis ; antheris introrsis v. in staminibus minoribus [7] sublateralibus ; loculis inferne divergentibus et inferne ad medium inter se liberis. Flos fœmineus (fere *Mercurialis*) ; calyce valvato v. leviter imbricato, 3-partito. Gynæceum ut in *Mercuriali* ;

1. Bl., *Bijdr.*, 626.—Endl., *Gen.*, n, 5778. —H. Bn, *Euphorb.*, 551, t. 20, fig. 38-41. — M. Arg., in *Mém. Gen.*, XVII, p. II, 454.

2. M. Arg., *Prodr.*, 1008, sect. 4. — *Macaranga* Dup.-Th., *loc. cit.* — *Panhopia* Nor. mss. (ex Dup.-Th., *loc. cit.*).— *Bruea* Gaudich., in *Freycin. Voy. Bot.*, 511.— H. Bn in *Adansonia*, VII, 96. — *Mecostylis* Kurz, in *Teysm. et Binn. Pl. nov. Hort. bog.*, 30.

3. A. Juss., *Euphorb.*, 44, t. 14, fig. 44. —Endl., *Gen.*, n. 5788. — H. Bn, *Euphorb.*, 438, t. 20, fig. 1-7.

4. M. Arg., *Prodr.*, 990, sect. 2.

5. Spec. ad 80. L., *Spec.*, ed. 2, 1430 (*Ricinus*). — W., *Spec.*, IV, 526 (*Acalypha*). — Roxb., *Fl. ind.*, III, 690 (*Ricinus*), — Br..., *Bijdr.*, 248 (*Zanthoxylon*). — Blanco, *Fl. de Filip.*, ed. 2, 517 (*Croton*). — Wight, *Icon.*,

t. 1883, 1049. — Reichb. et Zoll., in *Linnæa*, XXVIII, 311 (*Rottlera*). — Reinw., *Cat. bog.*, 108 (*Ricinus*). — Zoll., in *Linnæa*, XXIX, 464 (*Adisca*), 465 (*Mappa*). —Hassk., *Hort. bog.*, 238 (*Rottlera*). — Miq., *Fl. ind.-bat.*, I, p. II, 403 ; Suppl., *Sumat.*, 456 (*Mappa*). — Thw., *Enum. pl. Zeyl.*, 273 (*Rottlera*). — M. Arg., in *Linnæa*, XXXIV, 197 ; in *Flora* (1864), 466 ; in *Seem. Journ. of Bot.*, I, 337 (*Mappa*). — Benth., *Fl. austral.*, VI, 144. — H. Bn, in *Hortic. franç.*, XV, 234 ; in *Adansonia*, I, 69, 260, 349 (*Mappa*) ; II, 223 (*Mappa*); III, 155 (*Mappa*) ; VI, 316 (*Mappa*).

6. *Euphorb.*, 435 ; in *Adansonia*, XI, 128. — M. Arg., *Prodr.*, 949. — *Molina* C. Gay, *Fl. chil.*, V, 345, t. 61 (nec Pav., nec Less., nec Cav.). — *Mirabellia* Bert., mss.

7. Exterioribus.

germinis loculis 3, cum sepalis alternantibus, 1-ovulatis; styli ramis lineari-lanceolatis, intus stigmatosis. Capsula 3-cocca; seminibus sub-globosis parce arillatis. — Herba debilis prostrata tenuicaulis radicans; foliis alternis membranaceis crenato-dentatis v. lobatis, 2- stipulatis; floribus [1] cum ramulo rudimentario axillaribus; masculis solitariis v. paucis; fœmineis solitariis, demum multo longius pedunculatis [2]. (*Chili, And. equator., Alp. magellan., ins. J. Fernandez* [3].)

66. **Mercurialis** T. [4] — Flores monœci v. diœci apetali, sæpius 3-meri; calyce masculo valvato. Stamina definita (*Trismegista* [5], *Seidelia* [6]), cum sepalis alternantia (2, 3), v. subdefinita, sæpius ∞ (*Linozostis* [7], *Claoxylon* [8], *Erythrococca* [9]); filamentis centralibus liberis, receptaculo convexiusculo insertis; antherarum loculis 2, rimosis, liberis, ab initio (*Claoxylon*) v. plus minus tarde erectis, nunc raro connectivo adnatis (*Seidelia, Adenocline*). Glandulæ 0 v. ∞ (an staminodia glanduliformia?), receptaculo inserta, sæpius staminibus fertilibus exteriora. Calyx fœmineus valvatus v. leviter imbricatus. Germen 2-3-loculare; ovulis 1-ovulatis; styli ramis totidem, intus papilloso-stigmatosis. Glandulæ disci hypogyni cum loculis germinis alternantes et numero æquales, aut lineares (*Linozostis*), aut plus minus late squamiformes, nunc minimæ (*Claoxylon*). Fructus 2-3-coccus; seminibus ad micropylem v. rarius ubique tenuiter arillatis.— Herbæ v. suffrutices, nunc fruticuli (*Erythrococca*), frutices v. arbores (*Claoxylon*); foliis oppo-

1. Parvis debilibus, virescentibus.

2. Gen. *Mercuriali* perquam affine.

3. Spec. 1. *D. glechomoides* M. ARG. — *D. Gayana* H. BN, *loc. cit.* — *Hydrocotyle glechomoides* RICH., *Mon. Hydrocot.*, n. 14, t. 58, fig. 17. — DC., *Prodr.*, IV, 170. — *Bowlesia crenata* DESVX. — *Molina chilensis* C. GAY. — *Mirabellia glechomoides* BERT., herb.

4. *Inst.*, 534, t. 308. — ADANS., *Fam. des pl.*, II, 354. — J., *Gen.*, 385. — GÆRTN., *Fruct.*, II, 114, t. 107. — POIR. et DESROUSS., *Dict.*, IV, 116; Suppl., III, 665. — LAMK, *Ill.*, t. 820.—SPACH, *Suit. à Buffon*, II, 520. — ENDL., *Gen.*, n. 5786. — A. JUSS., *Euphorb.*, 46, t. 14, fig. 47. — NEES, *Gen.*, fasc. 3. — PAYER, *Organog.*, 525, t. 110. — H. BN, *Euphorb.*, 488, t. 9, fig. 12-29; in *Adansonia*, III, 175. — M. ARG., *Prodr.*, 794 (incl. : *Adenocline* TURCZ., *Claoxylon* A. JUSS., *Erythrococca* BENTH., *Linozostis* ENDL., *Micrococca* BENTH., *Paradenocline* M. ARG., *Seidelia* H. BN, *Trismegista* ENDL.).

5. ENDL., *loc. cit.*, b. — *Adenocline* TURCZ., in *Bull. Mosc.* (1843), 59; (1852), II, 479. —

II. BN, *Euphorb.*, 456, t. 9, fig. 6. — M. ARG., *Prodr.*, 1139. — *Diplostylis* SOND., in *Linnæa*, XXIII, 113. — *Trianthema* SPRENG., mss. (ex TURCZ., *loc. cit.*). Staminum loculi in sect. sæpe haud liberi sed connectivo utrinque longitudinaliter adnati.

6. H. BN, *Euphorb.*, 465, t. 9, fig. 7. — M. ARG., *Prodr.*, 947 (*Tragia* sect. 14).

7. ENDL., *loc. cit.*, a. — H. BN, in *Adansonia*, III, 175. — *Mercurialis* M. ARG., *Prodr.*, 794.

8. A. JUSS., *Euphorb.*, 43, t. 14, fig. 43. — ENDL., *Gen.*, n. 5790. — H. BN, *Euphorb.*, 491, t. 20, fig. 20-24. — M. ARG., in *Linnæa*, XXXIV, 163; *Prodr.*, 775 (incl. : *Athrandra* HOOK. F., in *Journ. Linn. Soc.*, VI, 21; — *Euclaoxylon* M. ARG., *Adenoclaoxylon* M. ARG., in *Flora* (1864), 436, *Discoclaoxylon* M. ARG., *loc. cit.*, 437, *Gymnoclaoxylon* M. ARG., in *Linnæa*, XXXIV, 169). — *Erythrochilus* REINW., in *Bl. Bijdr.*, 615.

9. BENTH., *Niger*, 506. — H. BN, *Euphorb.*, 437, t. 21, fig. 10. — M. ARG., *Prodr.*, 799. — *Erythranthe* H. BN, *Euphorb.*, 490.

sitis (*Linozostis*) v. alternis [1] ; stipulis membranaceis v. glandulosis, nunc induratis spinescentibusque (*Erythroccoca*); floribus [2] axillaribus v. terminalibus, in spicas simplices v. plus minus ramoso-cymiferas v. sæpius glomeruligeras, dispositis [3]. (*Orb. vet. reg. calid. et temp.* [4])

67. **Tetrorchidium** POEPP. et ENDL. [5] — Flores diœci apetali, 3-meri; sepalis masculis valvatis v. leviter imbricatis. Stamina 6 [6], per paria sepalis opposita; filamentis liberis brevibus, sub gynæcei rudimento (nunc deficiente) insertis; singulis apice locellos 4 discretos peltatim insertos demumque adscendentes, extrorsum rimosos, gerentibus. Calyx fœmineus imbricatus. Germen 3-loculare; loculis 1-ovulatis, cum sepalis alternantibus; styli ramis brevibus crassis subsessilibus, 2-lobis summoque germini reflexo-adpressis. Glandulæ disci 3, hypogynæ lineares subpetaloideæ, cum sepalis loculisque alternantes. Fructus capsularis; columella parum v. vix evoluta; coccis 3, v. 2, 1-spermis; seminis brevis foveolati submembranaceo-arillati embryone albuminoso. —Arbores et frutices; foliis alternis, integris v. crenatis; petiolo sub apice utrinque patelliformi-glanduligero; floribus in spicas v. racemos, fœmineos simplices, masculos ramoso-glomeruligeros, dispositis; bracteis patellari-2-glandulosis. (*America trop. cont. et Antill.* [7])

68. **Hasskarlia** H. BN [8]. — Flores (fere *Tetrorchidii*) diœci; calyce masculo valvato. Germinis loculi sepalis oppositi (inde cum glandulis disci alternantes). Cætera ut in *Tetrorchidio*. — Frutex; foliis alternis stipulatis subintegris penninerviis; floribus masculis in spicas oppositifolias, basi nudatas glomeruligeras; fœmineis in cymas oppositifolias 1-paucifloras, dispositis [9]. (*Africa trop. occ.* [10])

1. Uti plantæ fere totæ siccitate cœrulescentibus. Partes nunc succo punicco imbutæ.

2. Sæpius minimis, virescentibus, lutescentibus v. rarius purpurascentibus.

3. Sect. in gen. 7 (H. BN), scil.: 1. *Linozostis* (ENDL.); 2. *Trismegista* (ENDL.); 3. *Seidelia* (H. BN); 4. *Paradenocline* (M. ARG., *Prodr.*, 1144); 5. *Claoxylon* (A. JUSS.); 6. *Athroandra* (HOOK. F.); 7. *Erythrococca* (BENTH.).

4. Spec. ad 55. L., *Spec.*, 1036, ed. 3, 1391 (*Tragia*). — THUNB., *Fl. cap.* (ed. SCH.), 546 (*Acalypha*). — POIR., *Dict.*, VI, 204 (*Acalypha*); Suppl., I, 132 (*Adelia*). — REICHB., *Ic. Fl. germ.*, fig. 4801-4804. — GREN. et GODR., *Fl. de Fr.*, III, 98. — COSS., *Pl. crit.*, 63. — SIEB. et ZUCC., *Fl. jap. Fam.*, 37. — MEISSN., in HOOK. *Journ.* (1843), 557. — E. MEY., in *Linnæa*, IV, 237. — SOND., in *Linnæa*, XXIII, 111. — KUNZE, in *Linnæa*, XX, 55; XXIV, 162. — BOJ., *Hort. maur.*, 284 (*Claoxylon*). — MIQ.,

*Fl. ind. bat.*, I, p. [II, 386 (*Claoxylon*). — HOOK. F., in *Journ. Linn. Soc.*, VI, 20 (*Claoxylon*). — M, ARG., in *Linnæa*, XXXIV, 163; in *Flora* (1864), 318, 436; in *Seem. Journ.*, I, 333 (*Claoxylon*). — H. BN, in *Adansonia*, I, 70 (*Micrococca*), 76, 125, 279, 350; II, 227 (*Claoxylon*); III, 158, 167; VI, 322.

5. *Nov. gen. et spec.*, III, 23, t. 227. — ENDL., *Gen.*, n. 5818 [1]. — H. BN, *Euphorb.*, 439, t. 21, fig. 14-18; in *Adansonia*, XI, 101. — M. ARG., *Prodr.*, 1132 (*Tetrorchidion*).

6. Vel 3; antheris 4-locellatis (M. ARG.).

7. Spec. ad 3. H. BN, in *Adansonia*, V, 225. — M. ARG., in *Flora* (1864), 538.

8. In *Adansonia*, I, 52; XI, 101. — M. ARG., *Prodr.*, 774.

9. Gen. *Tetrorchidio* proximum, differt ante omnia loculis ovarii oppositisepalis et inflorescentiis oppositifoliis.

10. Spec. 1. *H. didymostemon* H. BN, *loc. cit.*

**69. Acalypha** L. [1] — Flores monœci v. diœci apetali; calyce masculo sæpius 4-partito, valvato. Stamina ∞, nunc subdefinita (8-12), receptaculo convexo inserta; filamentis liberis plus minus compressis, ad apicem attenuatis; antheris sub apice insertis; loculis sæpius liberis descendentibus elongato-vermiformibus v. subclavatis. Calyx fœmineus 3-5-partitus, subvalvatus v. leviter imbricatus. Germen 3-loculare; loculis (anterioribus 2) 1-ovulatis; styli ramis 3, simplicibus, raro subintegris, sæpius intus 2-seriatim longe pauci- v. ∞ - lacinuligeris. Capsulæ sæpe breviter echinatæ v. rugosæ; semine glabro, punctulato v. tuberculato, ad micropylem plus minus (nunc minime) arillato. — Herbæ, suffrutices v. frutices; foliis alternis sæpius petiolatis; petiolo basi 2-stipulato, apice sæpe glanduligero; limbo penninervio v. basi 3-7-nervio, sæpius varie dentato, nonnunquam pellucido-punctulato; floribus[2] masculis sæpius axillaribus spicatis; spicis amentiformibus glomeruligeris, sæpe basi articulata deciduis; fœmineis spicatis in axillis bractearum solitariis v. sæpe cymosis (2, 3), sessilibus v. rarius pedicellatis; bracteis fœmineis forma valde variis, sæpius dentatis, varie evolutis et plerumque post fecundationem accrescentibus fructumque (involucri modo) plus minus obtegentibus[3]. (*Orb. tot. reg. calid.*[4])

**70. Alchornea** SOLAND.[5] — Flores monœci v. sæpius diœci; calyce masculo 2-4-partito, valvato. Stamina 4-8, v. sæpius ∞, centralia;

1. *Gen.*, n. 1082.—J., *Gen.*, 390.—GÆRTN., *Fruct.*, II, 115, t. 107. — LAMK, *Ill.*, t. 789. — POIR., *Dict.*, VI, 202 (part.); Suppl., IV, 680. — SCHKUHR, *Handb.*, t. 311. — A. JUSS., *Euphorb.*, 45, t. 14, fig. 46. — ENDL., *Gen.*, n. 5787. — H. BN, *Euphorb.*, 440, t. 20, fig. 13-19. — M. ARG., *Prodr.*, 799. — *Caturus* L., *Gen.*, n. 1491. — A. JUSS., *loc. cit.*, t. 45. — *Cupameni* ADANS., *Fam. des pl.*, II, 356 (part.). — *Usteria* DENNST, *Malab.*, V, 5 (ex ENDL.). — *Galurus* SPRENG., *Syst.*, I, 362. — *Linostachys* KL., in *Linnæa*, XIX, 235. — *Odonteilema* TURCZ., in *Bull. Mosc.* (1848), 587. — *Calyptrospatha* KL., in *Pet. Mossamb.*, *Bot.*, 97, t. 18. — *Gymnalypha* GRISEB., *Nov. Fl. panam.*, 1, n. 10.

2. Sæpius minutis; masculis minimis plerumque virescentibus; stylis virescentibus, albidis v. purpureis conspicuis, nunc maximis.

3. Sect. 2 (M. ARG.) : 1. *Linostachys* (KL.); 2. *Euacalypha* (M. ARG., *Prodr.*, 803).

4. Spec. ad 210. RUMPH, *Herb. amboin.*, IV, t. 37 (*Cauda felis*). — JACQ., *Hort. schœnbr.*, t. 243, 246; *Ic. rar.*, t. 620. — CAV., *Icon.*, t. 568-570. — H. B. K., *Nov. gen. et spec.*, II, 92. — M. ARG., in *Linnæa*, XXXIV, 6; in

*Flora* (1872), 25. — BENTH., *Fl. austral.*, VI, 131. — H. BN, in *Adansonia*, I, 72, 266, 350; II, 224; III, 156; V, 226; VI, 317.

5. EX SW., *Fl. ind. occ.*, II, 1153.—POIR., Suppl., I, 286. — A. JUSS., *Euphorb.*, 49, t. 13. — ENDL., *Gen.*, n. 5796. — H. BN, *Euphorb.*, 445, t. 20, fig. 8-12. — M. ARG., in *Linnæa*, XXXIV, 167; *Prodr.*, 899. — *Caturus* LOUR., *Fl. cochinch.* (ed. 1790), 612.—*Cladodes* LOUR., *loc. cit.*, 574. — *Hermesia* W., Spec., IV, 809. — *Conceveibum* L. C. RICH., ex A. JUSS., *Euphorb.*, 42, t. 13, fig. 42. — *Cœlebogyne* SM., in *Ann. Nat. Hist.*, IV, 68. — ENDL., *Gen.*, Suppl., II, 88.—H. BN, *Euphorb.*, 416, t. 8. — *Schousbæa* SCHUM. et THONN., *Beskr.*, 449. — *Conceveiba* KL., in *Erichs. Arch.* (1841), 191 (nec AUBL.). — *Aparisthmium* ENDL., *Gen.*, n. 5792.— H. BN, *Euphorb.*, 467. — *Stipellaria* BENTH., in *Hook. Journ.* (1854), 2. — *Lepidoturus* H. BN, *Euphorb.*, 448 (nec BOJ.).—*Laurembergia* H. BN, *op. cit.*, 451. — *Orfilea* H. BN, *op. cit.*, 452.— *Welzia* H. BN, *op. cit.*, 409.— *Palissya* H. BN, *op. cit.*, 502 (nec ENDL.). — *Bleckeria* MIQ., *Fl. ind. bat.*, Suppl., 407. — *Pseudotrewia* MIQ., *loc. cit.*, 462.

filamentis liberis v. basi 1-adelphis; antheris introrsis v. extrorsis.
Calyx fœmineus 4-6-partitus, imbricatus. Germen disco cupulari (v. 0)
cinctum, 2-3-loculare; loculis 1-ovulatis; stylo plus minus alte v. fere
a basi 2-3-ramoso; ramis simplicibus v. 2-fidis, nunc 2-partitis, rarius
latiusculis v. subpetaloideis, intus stigmatosis. Capsula, nunc extus
carnosula, 2-3-locularis; seminibus lævibus v. tuberculatis exarillatis
v. parce arillatis. — Arbores v. frutices; foliis alternis stipulatis penninerviis v. sæpius 3-5-plinerviis, integris v. rarius dentalis crenatisve [1];
floribus in spicas v. racemos cymigeros v. glomeruligeros dispositis;
bracteis sæpe basi 2-glandulosis [2]. (*Orbis tot. reg. trop.* [3])

71. **Mareya** H. Bn [4]. — Flores (fere *Alchorneæ*) monœci; calyce
masculo 3-4-partito, valvato. Stamina ∞, v. 8-20; filamentis receptaculo parvo glanduloso insertis; antherarum loculis liberis e connectivo
glanduloso pendulis clavatis, demum adscendentibus, extrorsum rimosis.
Sepala floris fœminei 4, 5; exteriora 2, 3, subvalvata; interiora autem
2, nunc cæteris minora, imbricata. Discus hypogynus evolutus; lobis
nunc inæqualibus membranaceis cum germinis loculis alternantibus.
Germen (in flore masculo nunc raro rudimentarium) sessile, 3-loculare;
ovulis solitariis; styli ramis 3, oblongis longe papilloso-stigmatosis.
Capsula 3-cocca; seminibus lævibus; micropyle haud v. parce arillata.
— Arbor; foliis alternis petiolatis glanduloso-maculatis, 2-stipulatis;
floribus crebris [5] glomerato-spicatis axillaribus; fœmineo sæpius in
glomerulis centrali; cæteris masculis. (*Africa trop. occ.* [6])

72? **Cephalomappa** H. Bn [7]. — Flores monœci apetali; calyce masculo obconico, apice verruculoso, inæquali 2-4-fido, valvato. Stamina
2-4 (sæpius 3), stipiti communi centrali inserta; filamentis cæterum

---

1. Limbo subtus basi glanduloso-2-6-macu-
loso, hinc et inde sæpe sparse maculato.
2. Sect. (ex M. ARG.) 10, scil.: 1. *Palissya*
(H. Bn); 2. *Wetria* (H. Bn); 3. *Conceveibum*
(A. Juss.); 4. *Stipellaria* (Benth.); 6. *Orfilea*
(H. Bn); 7. *Lourembergia* (H. Bn); 8. *Sidal-
chornea*(M. ARG.); 9. *Cladodes* (Lour.); 10. *Cœlebogyne* (Sm.); 11. *Eualchornea* (M. ARG.). —
Quibus addantur: 5. *Lepidoturus* (H. Bn) ob
semen parce carunculatum generice in *Prodr.*
(898) separatum, et (forte?): 12. *Alchorneop-
sis* (M. ARG., *Prodr.*, 764), stirps incompl.
nota et ob loculos antherarum liberos, valvis inæqualibus, generice distincta).
3. Spec. ad 40. H. B., *Pl. æquin.*, I, 162,
t. 46. — Mart., in *Flora* (1841), II, Beibl.,
31. — Roxb., *Fl. ind.*, III, 693 (*Sapium*). —

Pœpp. et Endl., *Nov. gen. et spec.*, III, 18,
t. 221. — Casar., *Nov. stirp.*, 24, n. 20. —
Benth., *Niger*, 507. — Kl., in *Hook. Journ.*
(1843), 46. — Grised., *Fl. brit. W.-Ind.*, 46.
M. ARG., in *Seem. Journ.*, I, 333 (*Lepidoturus*). — H. Bn, in *Adansonia*, I, 73, 274, 285
(*Palissya*); V, 307 (*Aparisthmium*); VI, 321
(*Cladodes*); XI, 175, n, 76.
4. In *Adansonia*, I, 73. — M. ARG., *Prodr.*,
792.
5. Parvis, albidis, odoratis.
6. Spec. 1, valde variabilis, quæ *M. leonensis.*
— *M. spicata* H. Bn, *loc. cit.*, 74. — *M. micrantha* M. ARG., *loc. cit.* — *Acalypha leonensis*
Benth., *Niger*, 504. — *A. micrantha* Benth.,
*loc. cit.*, 505.
7. In *Adansonia*, XI, 130.

liberis, in alabastro 2-plicato-inflexis, demum rectis longeque exsertis; antheris in alabastro introrsis, 2-rimosis. Germen rudimentarium centrale summo stipiti inter filamenta insertum, aut tenue longiusculum, aut sæpius breviter obconicum papillosum. Flores fœminei calyx ∞ -merus; sepalis inæqualibus, subliberis v. plus minus basi connatis, valvatis. Germen sessile, 3-loculare; stylo crassiusculo erecto; ramis 3, crassis erectis, apice inæquali-incisis v. nunc 2-lobis, intus dense papilloso-stigmatosis; ovulo in loculis solitario. Fructus...? — Frutex v. arbor (?) simpliciter et stellato-tomentosus; foliis alternis petiolatis penninerviis; stipulis parvis v. deciduis; floribus in summis ramulis et in axillis foliorum supremorum laxe racemosis; masculis capitatis; capitulis globosis in ramis racemi lateralibus v. terminalibus pedunculatis; floribus fœmineis solitariis v. paucis crassius pedunculatis in iisdem ramis lateralibus et masculis inferioribus v. rarius superioribus [1]. (*Borneo* [2].)

**73. Ramelia** H. Bn [3]. — Flores monœci apetali; calyce masculo valvato, 2-3-partito. Stamina 2, 3, cum sepalis alternantia; filamentis centralibus liberis incurvis; antheris introrsis; loculis adnatis rimosis. Calyx fœmineus 4-6-partitus; foliolis inæqualibus crassiusculis acutis, imbricatis. Germen calyce longius; loculis 3 (antico 1), v. rarius 4, 1-ovulatis; stylo basi integro obconico, supra infundibuliformi [4], 3-4-lobo; lobis basi connatis crasse subpetaloideis elongato-3-angularibus, intus marginibusque stigmatosis. Capsula 3-4-cocca; coccis dehiscentibus; seminibus parce ad micropylem arillatis; embryone albumine breviore et angustiore. — Frutex; foliis alternis spurie verticillatis penninerviis; floribus in spicas axillares, laterales et terminales dispositis; spicis 1-sexualibus; masculis filiformibus remote glomeruligeris; fœmineis crassioribus; bracteis sepalis conformibus et basi 2-glanduligeris, 1-floris; bracteolis 2, lateralibus [5]. (*N.-Caledonia* [6].)

**74? Caryodendron** Karst. [7] — « Flores diœci; calyce masculo 3-4-partito, valvato. Stamina calycis laciniis numero æqualia cumque iis alternantia; filamentis liberis, circa gynæcei rudimentum evolutum 4-lobum insertis, crassis, sensim acuminatis; antheris demum exsertis

1. Gen. hinc *Alchorneis* et *Rameliæ* affine, inde proxim. *Cephalocrotoni* (ad sect. cuj. forte olim melius notum reducend. est).
2. Spec. 1. *C. Beccariana* H. Bn, *loc. cit.*
3. In *Adansonia*, XI, 132.
4. Corollam crassam unfundibul. figurante.

5. Gen. hinc *Alchorneam*, inde *Cleidionem* nonnihil referens, ante omnia differt staminum numero definito et stylorum fabrica.
6. Spec. 1. *R. codonostylis* H. Bn, *loc. cit.*
7. *Fl. columb.*, 91, t. 45. — M. Arg., *Prodr.*, 765.

introrsis; loculis pendulis, inferne saccato-dilatatis, apice breviter acuminatis. Discus perigynus annularis. Calyx fœmineus 5–6–partitus,
imbricatus. Germen 3-loculare; loculis 1-ovulatis; stylo...? » Fructus [1]
sublignosus, indehiscens (?); seminis crassi albumine oleoso (sapido);
embryonis magni cotyledonibus foliaceis. — Arbor; ligno duro; succo
aqueo; foliis alternis magnis integris penninerviis; stipulis lanceolatis
integris; floribus terminalibus spicatis; spicis masculis ramosis subpy-
ramidatis; fœmineis simplicibus, bracteatis; pedicellis fœmineis demum
brevibus crassis. (*N.-Granada* [2].)

75. **Platygyne** MERC. [3] — Flores monœci apetali; calyce masculo
4-5-partito, valvato. Stamina numero subdefinita, sæpius 5–8; filamentis liberis erectis, receptaculo subgloboso supra truncato-excavato
et rufescenti-strigoso insertis, ad apicem leviter recurvis; antheris adnatis extrorsis; loculis basi et apice discretis rimosis. Calyx fœmineus
inæquali-5-7-phyllus; foliolis imbricatis v. subvalvatis. Germen 3-locu-
lare; loculis 1-ovulatis; stylo germine majore e basi obconica erecto-
3-lobo; lobis crassis, intus subangulato-compressis, apice emarginato-
2-lobis, intus valde lacero-papillosis. Capsula 3-cocca; seminibus exarillatis albuminosis. — Frutex volubilis, pilis urentibus plus minus
rufescentibus obsitus; caule sympodiali; foliis alternis penninerviis
dentatis petiolatis, rigide stipulatis; floribus ramulos breves oppositifolios v. laterales, sæpius oligophyllos, terminantibus; masculis racemosis; fœmineis subspicatis. (*Cuba* [4].)

76. **Amperea** A. Juss. [5] — Flores sæpius diœci v. rarius monœci
apetali, 3-5-meri. Sepala mascula libera v. basi leviter connata, valvata.
Discus membranaceus; glandulis lanceolatis membranaceis 4, 5 (*Euam-
perea*[6]), v. rarius 0 (*Monotaxidium* [7]). Stamina centralia sepalis numero
2-plo pluria, 2 seriata; filamentis liberis v. ima basi connatis erectis;
antherarum loculis sacciformibus e connectivo glanduloso-incrassato
v. cristato in alabastro pendulis; oppositisepalis longioribus, extrorsum
rimosis; alternisepalis brevioribus introrsis. Calyx fœmineus 5-merus;

1. Nucis *Juglandis* mole, ovoideo-globosus
glaber, breviter apiculatus.
2. Spec. 1. *C. orinocense* KARST., *loc. cit.*
3. In *Ser. Bull. bot.*, I, 167. — H. BN, *Euphorb.*, 453, t. 4, fig. 18-22. — M. ARG,
*Prodr.*, 913. — *Acanthocaulon* KL., in *Endl.
Gen*, Suppl., V, 83, n. 5784 [1].
4. Spec. 1. *P. pruriens*. — *P. urens* MERC.,
*loc. cit.* — *P. hexandra* M. ARG. (nom. haud

servandum, ob flor. raro 6-andrum). — *Tragia
hexandra* JACQ., *Amer.*, 245, t. 173, fig. 63.
— *T. pruriens* W. (ex. KL., in *Endl. Gen.*,
*loc. cit.*).
5. *Euphorb.*, 35, t. 10, fig. 22. — ENDL.,
*Gen.*, n. 5813. — H. BN, *Euphorb.*, 454,
t. 14, fig. 1-9. — M. ARG., *Prodr.*, 214.
6. M. ARG., *loc. cit.*, 214, sect. 2.
7. M. ARG., *loc. cit.*, 213, sect. 1.

foliolis liberis v. subliberis, imbricatis. Germen sessile, 3-loculare; ovulis solitariis; micropyle extrorsum supera, obturatore crassiusculo obtecta; stylo mox 3-partito; ramis brevibus, 3-lobis v. nunc 3-fidis, apice intus stigmatosis. Capsula 3-coeca, 6-valvis; seminibus albumi- nosis; micropyle arillata; embryonis cylindrici cotyledonibus angustis semiteretibus et radiculæ subæquilatis. — Suffrutices, sæpius spartoidei; ramis angulatis v. compressis; foliis alternis, 2-stipulatis, sæpe angustis subsessilibus; floribus [1] axillaribus; fœmineis cymosis v. glomerulatis, nunc solitariis; masculis contracto-cymosis. (*Australia* [2].)

77? **Calycopeplus** PL. [3] — Flores monœci; masculo nudo, 1-andro. Filamentum erectum, ad medium articulatum. Anthera 2-locularis, 2-rimosa, summo filamento attenuato inserta; rimis extrorsum spec- tantibus. Floris fœminei calyx 4- v. sæpius 6-lobus; lobis 3 interioribus cum exterioribus alternantibus, imbricatis. Germen sessile; loculis 3, sepalis interioribus oppositis, 1-ovulatis; styli ramis 3, apice stigma- toso integris v. 2-lobis. Capsula 3-cocca; seminibus glabris, ad micro- pylem arillatis; embryone...? — Frutices v. suffrutices, sæpe sub- aphylli; succo lacteo; ramulis angulatis; foliis oppositis v. verticillatis; stipulis lateralibus parvis; limbo sæpius angusto, margine sæpius 2, nunc 3, 4-glanduligero; floribus terminalibus et axillaribus in cymas dispo- sitis; fœmineo 1, centrali. Masculi periphærici, in axilla bractearum 3, 4, basi in involucrum connatarum cum glandulis totidem stipularibus cupularibus alternis simplicibus v. 2-plicibus, inserti, in axillis singulis cymosi; cymis parvis plerumque 2-paris [4]. (*Australia occ.* [5])

78. **Cnesmone** BL. [6] — Flores monœci apetali [7]; calyce masculo 3-fido, valvato, basi breviter subturbinato. Stamina 3, alterna, circa germen rudimentarium breve v. subnullum inserta; filamentis liberis; antheris introrsis, 2-rimosis; connectivo ultra loculos longe producto

---

1. Minutis, virescentibus, rarius cœrulescen- tibus v. rubellis.
2. Spec. 5, 6. AD. BR., in *Duperr. Voy. Coq.*, *Bot.*, t. 49. — A. RICH., *Voy. Astrol.*, *Bot.*, 53, t. 20. — SPRENG., *Syst.*, IV, 109 (*Leptomeria*). — KL., in *Lehm. Pl. Preiss.*, I, 176. — BENTH., *Fl. austral.*, VI, 8. — H. BN, in *Adansonia*, VI, 318.
3. In *Bull. Soc. bot. de Fr.*, VIII, 30.
4. Gen. hinc *Ampereæ*, inde *Monotaxidi* inter genera 2-ovulata affine, ab *Euphorbia* (ad quam ab auctt. pler. reduct.) multo longius nostro sensu distans.

5. Spec. 2, 3, quarum 1 melius nota, scil. *C. paucifolium* H. BN, in *Adansonia*, VI, 319. — *C. ephedroides* PL., *loc. cit.*, 31. — BENTH., *Fl. austral.*, VI, 53. — *Euphorbia paucifolia* KL., in *Lehm. Pl. Preiss.*, I, 174. — BOISS., *Prodr.*, 175; *Euph. Ic.*, t. 120. — H. BN, in *Adansonia*, I, 294.
6. *Fl. jav. Præfat.*, VI. — ENDL., *Gen.*, n. 5783. — H. BN, *Euphorb.*, 458, t. 4, fig. 14-17. — M. ARG., *Prodr.*, 926. — *Caesmosa* BL., *Bijdr.*, 630.
7. Masculi eos *Tragiarum* valde referentes et staminibus tantum distinguendi.

articulato et genuflexo-incurvo. Calyx fœmineus 3-merus, imbricatus. Germen 3-loculare; loculis oppositisepalis, 1-ovulatis; stylo mox in ramos 3, crassissimos simplices, 3-gonos, dorso carinatos intus 2-seriatim crasse denticulatos, suberectos et in massam germine multo crassiorem obovoideam conniventes, diviso. Capsula 3-cocca; seminibus subglobosis lacero-arillatis. — Frutex scandens subtomentosus; foliis alternis petiolatis, 2-stipulatis simplicibus denticulatis; floribus racemosis; fœmineis 1, v. paucis inferioribus subsessilibus; cæteris masculis longius pedicellatis. (*India or., Java* [1].)

79. **Tragia** PLUM. [2] — Flores monœci v. raro diœci apetali; calyce masculo sæpius 3-partito, rarius 4-5-partito, valvato. Stamina circa gynæcei rudimentum minutum 3-gonum inserta v. centralia (*Agirta* [3]), plerumque 3, cum sepalis alternantia v. rarius 1, 2, nunc rarissime 6, 2-serialia (*Adenotragia* [4]), 4-8 (*Leucandra* [5]), v. 8-15-20 (*Bia* [6]); filamentis liberis v. ex parte 2-natim connatis (*Leucandra*), nunc basi 1-adelphis (*Leptobotrys* [7], *Lassia* [8]), ima basi haud incrassato-glandulosis v. nunc incrassatis (*Ratiga* [9]); glandulis receptaculi 0, v. staminum numero æqualibus cumque iis alternantibus, liberis v. cum basi filamentorum incrassata plus minus connatis, nunc 5-10, subcylindricis v. 2-lobis (*Bia*), rarius omnibus in cupulam brevem crassamque coalitis. Antheræ dorsifixæ, plerumque breves; loculis subsphæricis v. ovoideis, introrsum, lateraliter v. extrorsum rimosis, nunc in summa columna dilatato-3-angulari sessilibus et horizontali-rimosis (*Lassia*). Calyx fœmineus 3-8-partitus, imbricatus v. raro subvalvatus. Germen 3-, v. raro 5-loculare [10]; loculis 1-ovulatis; styli ramis 3, v. raro 5, simplicibus, intus stigmatosis. Fructus capsularis, calyce ampliato urenti-setoso plerumque munitus; loculis sæpius 3; seminibus subglobosis exarillatis. — Herbæ,

1. Spec. 1. *C. javanica* BL., *Bijdr.* — *Tragia macrophylla* WALL., *Cat.*, n. 7793 B. — *T. rugosa* WALL., *Cat.*, n. 7794 B.—-*T. hastata* REINW., in *Hassk. Pl. rar.*, 245.

2. *Gen.*, 14; *Icon.*, t. 252. — L., *Gen.*, n. 1048. — J., *Gen.*, 390 (part.). — LAMK, *Ill.*, t. 754. — POIR., *Dict.*, VII, 722; Suppl., V, 328. — ENDL., *Gen.*, n. 5782 (part.). — A. Juss., *Euphorb.*, 47 (part.), t. 15, fig. 49 A. — H. BN, *Euphorb.*, 459. — M. ARG., *Prodr.*, 927. — *Schorigeram* ADANS., *Fam. des pl.*, II, 355 (incl. : *Agirta* H. BN, *Bia* KL., *Lassia* H. BN, *Leptobotrys* H. BN, *Leucandra* KL.).

3. H. BN, *Euphorb.*, 463. — M. ARG., *Prodr.*, 946, sect. 9.

4. M. ARG., in *Linnæa*, XXXIV, 179, sect. 3.

5. KL., in *Erichs. Arch.* (1841), 188. — ENDL., *Gen.*, Suppl., II, 88.— H. BN, *Euphorb.*, 477, t. 4, fig. 6-9. — M. ARG., in *Linnæa*, XXXIV, 180; *Prodr.*, 929, sect. 4.

6. KL., *loc. cit.*, 189. — ENDL., *loc. cit.*, 89. — H. BN, *Euphorb.*, 501. — M. ARG., *Prodr.*, 928, sect. 2.

7. H. BN, *Euphorb.*, 478, t. 2, fig. 17, 18. — M. ARG., *Prodr.*, 946, sect. 10.

8. H. BN, *Euphorb.*, 464, t. 4, fig. 23-28. — M. ARG., *Prodr.*, 931, sect. 5 (Androcæum ut in *Phyllanthis* nonnullis).

9. M. ARG., in *Linnæa*, XXXIV, 181; *Prodr.*, 931, sect. 6.

10. Loculi in calycibus ultra 3-partitis sepalis exterioribus oppositi observantur.

suffrutices v. frutices, nunc scandentes v. volubiles, sæpe pilis urentibus hispidi; foliis alternis, 2-stipulatis petiolatis penninerviis v. basi digiti-nerviis, integris, dentatis, incisis v. sublobatis; floribus in racemos termi-minales v. oppositifolios dispositis; racemo 2-fido; ramis 1-sexua-libus; altero masculo; altero fœmineo; v. sæpius 2-sexuali; floribus 1 v. paucis inferioribus fœmineis; cæteris masculis ∞ [1]. (*Orb. tot. reg. calid. v. rar. subtemp.*[2])

80. **Zuckertia** H. Bn. [3] — Flores monœci; alabastro masculo sub-pyriformi breviter apiculato; calyce 5-partito, valvato. Stamina ∞ (ad 50), centralia receptaculo conico eglanduloso inserta; filamentis liberis; antherarum extrorsarum loculis elongatis apiculatis, longitudinaliter rimosis. Sepala fœminea 6-8, 2-seriatim imbricata. Germen 3-loculare; loculis sepalis exterioribus oppositis, 1-ovulatis; stylo plus minus flexuoso, ad apicem dilatato, mox in ramos simplices revolutos, intus valde papillosos, diviso. Fructus...? — Suffrutex (?) volubilis; pilis sim-plicibus (urentibus?); foliis alternis longe petiolatis stipulatis late cor-dato-ovatis penninerviis, basi sub-5-plinerviis; floribus in racemos laterales v. oppositifolios, 2-furcatos, dispositis; ramo altero flores masculos, altero fœmineos racemosos gerente [4]. (*Mexico* [5].)

81. **Leptorachis** Kl. [6] — Flores (fere *Zuckertiæ*) monœci; calyce masculo valvato, 3-5-partito. Stamina ∞, centralia; filamentis liberis nunc superne dilatatis; antheris basifixis elongatis, rectis v. curvis, introrsum rimosis. Sepala fœminea 5-7, imbricata, nunc pinnatifida (*Ctenomeria* [7]). Germen, stylus fructusque et semina *Tragiæ*. Cætera *Zuckertiæ* [8]. — Herbæ perennes volubiles; foliis alternis petiolatis stipu-latis, 3-5-nerviis; floribus laxe racemosis; inferioribus in racemo

1. Sect. 9 : 1. *Eutragia* (M. ARG.); 2. *Ra-liga* (M. ARG.); 3. *Lassia* (H. BN); 4. *Tagira* (M. ARG.); 5. *Agirta* (H. BN); 6. *Leucandra* (KL.); 7. *Bia* (KL.); 8. *Adenotragia* (M. ARG.); 9. *Leptobotrys* (H. BN).

2. Spec. 45-50. RHEEDE, *Hort. malab.*, II, 72, t. 39 (*Schorigeram*). — Sw., *Obs.*, 353. — JACQ., *Ic. rar.*, t. 190. — H. B. K., *Nov. gen. et spec.*, II, 92. — VELLOS., *Fl. flum.*, X, t. 6. — MICHX, *Fl. bor.-am.*, II, 176. — POEPP. et ENDL., *Nov. gen. et spec.*, III, 20, t. 223. — BL., *Bijdr.*, 630. — BENTH., *Niger*, 501. — SOND., in *Linnæa*, XXIII, 107. — GRISEB., in *Nachr. d. Ges. Wiss. Gœtt.* (1865), 176; *Fl. brit. W.-Ind.*, 48. — M. ARG., in *Flora* (1864), 436, 538; in *Seem. Journ.*, I, 333. — H. BN,

in *Adansonia*, 75, 275, 276 (*Lassia*); III, 162; V, 305; VI, 320.

3. *Euphorb.*, 495, t. 4, fig. 10-13.

4. Gen. *Tragiæ* sect. *Bia* nonnihil affine, ab ea eod. jure ac *Leptorachis* distinguendum.

5. Spec. 1. *Z. cordata* H. BN, *loc. cit.* — *Tragia Bailloniana* M. ARG., in *Linnæa*, XXXIV, 178; *Prodr.*, 927. Adspectus *Pluke-netiarum* nonnullar. american.

6. In *Erichs. Arch.* (1841), 189. — ENDL., *Gen.*, Suppl., II, 89. — H. BN, *Euphorb.*, 495. — M. ARG., *Prodr.*, 925.

7. HARV., in *Hook. Journ.* (1842), 29. — ENDL., *Gen.*, Suppl., III, 98. — H. BN, *Euphorb.*, 494.

8. Quam inter et *Tragiam* genus medium.

axillari v. nunc oppositifolio (*Ctenomeria*) 1, v. rarius paucis (nunc 0)
fœmineis; cæteris masculis ∞. (*Brasilia mer.* 1, *Africa austr.* 2)

82. **Bocquillonia** H. Bn 3. — Flores diœci apetali; calyce masculo
valvato, 2-3-partito. Stamina 2, 3, centralia; filamentis centralibus
v. sub gynæcei rudimento brevi receptaculo parvo eglanduloso insertis,
basi connatis; antheris extrorsis, 2-rimosis. Calyx fœmineus 4-5-fidus
partitusve; præfloratione...? Germen 3-loculare; loculis 1-ovulatis,
styli ramis 3, sessilibus v. subsessilibus, carnoso-subpetaloideis, 3-angu-
lari-obovatis, plus minus crenatis, intus plicatis papillosis, nunc subcari-
natis. Capsula 3-cocca, sæpe villosula; seminibus ad micropylem parce
v. haud arillatis. — Arbores v. frutices; ramis sæpe crassis; foliis
alternis simplicibus, nunc penninerviis, integris, sinuatis v. dentatis;
petiolo sæpius brevi, 2-stipulato; floribus masculis parvis crebris in
ligno ramorum dense glomerulatis; fœmineis subracemosis v. sæpius
in ligno ramorum subcapitato–cymosis, breviter sæpe pedunculatis 4.
(*N.-Caledonia* 5.)

83? **Cladogynos** Zipp. 6 — «Flores monœci 7; calyce masculo colorato,
2-3-partito, valvato. Stamina 4, centralia; filamentis basi connatis;
antheris introrsum rimosis. Calyx fœmineus amplus foliaceus, 6-fidus.
Germen 3-loculare; loculis 1-ovulatis; stylo 3-fido ramoso glandu-
loso-plumoso. Capsula 3-cocca; seminibus in loculis solitariis carunculatis. — Frutex erectus simpliciter ramosus albido-tomentosus; foliis
petiolatis subpeltatis repando–dentatis sub-3-lobis, subtus reticulatis
tomentosis; floribus masculis capitato-congestis; fœmineis longe pedicellatis 8. » (*Timor, Celebes* 9.)

84. **Cephalocroton** Hochst. 10 — Flores monœci apetali; calyce
masculo valvato, 3-4-partito. Stamina 4, cum sepalis alternantia

1. Spec. 1. *L. hastata* Kl., *loc. cit.*
2. Spec. 1. *L. capensis* M. Arg., *Prodr.*,
926. — *Tragia capensis* Thunb., *Prodr. Fl.
cap.*, 14. — *Ctenomeria cordata* Harv., *loc.
cit.* — H. Bn, in *Adansonia*, III, 161. — *C.
Kraussiana* Hochst., in *Flora* (1845), 85. —
Sond., in *Linnæa*, XXIII, 110.
3. In *Adansonia*, II, 225. — M. Arg.,
*Prodr.*, 894.
4. Gen. ob habit. pecul. conspicuum.
5. Spec. hucusque notæ 6. M. Arg., in *Linnæa*, XXXIV, 166. — H. Bn, *op. cit.*, II, 226;
XI, 127.
6. Ex Span., in *Linnæa*, XV, 349. — Endl.,

*Gen.*, Suppl., II, 89. — H. Bn, *Euphorb.*, 468.
— M. Arg., *Prodr.*, 895.
7. « Androgyni », ut aiunt.
8. Gen. nob. penit. ignot. et affin. dubiæ. An
*Cephalocrotonis* spec., sect. *Chloradeniæ* ? An
idem ac *Calpigyne* Bl. (p. 152, not. 1, 4°)?
9. Spec. 1. *C. orientalis* Zipp., *loc. cit.* —
*Conceveibum tomentosum* Span., *loc. cit.* (nec
Spreng.).
10. In *Flora* (1841), 370. — Endl., *Gen.*,
n. 5796 1. — H. Bn, *Euphorb.*, 474, t. 18,
fig. 24-27; in *Adansonia*, V, 147. — M. Arg.,
in *Linnæa*, XXXIV, 155; in *Mém. Soc. phys.
Gen.*, XVII, 460, fig. D, 1-4; *Prodr.*, 760.

v. 6-8 ; interioribus 2-4, cum exterioribus alternantibus; filamentis
liberis circa gynæcei rudimentum, integrum v. raro 2-3-fidum (*Euce-
phalocroton* [1]) insertis, in alabastro genuflexo-plicato-productis, demum
erectis exsertisque; antheris in alabastro et post explicationem semper
introrsis, longitudinaliter rimosis. Calyx fœmineus 4-6-fidus v. partitus,
imbricatus. Germen 3-loculare; glandulis disci hypogyni totidem, cum
calycis laciniis alternantibus coloratis (*Chloradenia* [2]) v. 0 (*Eucephalo-
croton, Adenochlæna* [3]); loculis 1-ovulatis; styli ramis irregulariter bis
terve 2-3-chotome ramosis; ramulis papilloso-stigmatosis. Capsula
3-cocca; seminibus subglobosis exarillatis. — Arbusculæ v. frutices;
indumento sæpius stellari; foliis alternis v. suboppositis petiolatis stipulatis reticulatis; floribus masculis terminalibus glomerato-capitatis;
fœmineis subtus v. ad axillas remotas paucis solitariisve pedunculatis.
(*Asia trop., Arch. ind., Africa or. cont. et ins.* [4])

85? **Cœlodepas** HASSK. [5] — « Flores monœci apetali; calyce masculo 3, 4-fido, valvato; fœmineo 4-10-partito. Stamina 5-6 ; exteriora
cum sepalis alternantia; filamentis crassis circa gynæcei rudimentum
insertis; antherarum loculis pendulis, inferne liberis, introrsum rimosis.
Germen 3-loculare; loculis 1-ovulatis; posterioribus 2; styli ramis
3, latis, 2-lobis; lobis inciso-pluridentatis palmatim expansis. Capsula
3-cocca; seminibus exarillatis; embryone (colorato) albuminoso. » —
Arbor javanica; foliis alternis stipulatis simplicibus grosse serratis, basi
2-glandulosis; floribus in spicas graciles, nunc basi ramosas, dispositis;
inferioribus 1, 2, fœmineis; pedunculis stellato-tomentosis; bracteis
masculis ∞-floris [6]. (*Java* [7].)

86. **Symphyllia** H. BN [8]. — Flores monœci (fere *Cephalocrotonis*);
calyce masculo valvato, 3-6-partito. Stamina totidem (*Cephalocrotonis*),
cum sepalis alternantia, sub gynæcei rudimento inserta; antheris 2-lo-
cularibus; loculis introrsum rimosis, longitrorsum adnatis, in sinu basifixis, inferne inter se longe liberis, semper erectis, utrinque emargi-

1. M. ARG., *Prodr.*, 761, sect. 2.
2. H. BN, *Euphorb.*, 471, t. 19, fig. 24, 25.
— M. ARG., *Prodr.*, 760, sect. 1.— *Adenogynum* REICHB. F. et ZOLL., *Ov. Soort. v. Rottl.*,
20 ; in *Linnæa*, XXVIII, 325.
3. BVN, mss., ex H. BN, *Euphorb.*, 472. —
M. ARG., *Prodr.*, 762, sect. 3. — *Centrostylis*
H. BN, *Euphorb.*, 469, t. 2, fig. 28, 29.
4. Spec. ad 6. HASSK., *Hort. bog.*, ed. nov.,
28 (*Adenogynum*). — KL., in *Pet. Mossamb.,
Bot.*, 99. — THW., *Enum. pl. Zeyl.*, 270 (*Ade-

nochlæna*). — H. BN, in *Adansonia*, I, 276.
5. In *Flora* (1857), 531 ; in *Retzia*, 44; in
*Bull. Soc. bot. de Fr.*, VI, 713. — M.ARG.,
*Prodr.*, 759. — *Koilodepas* HASSK., in *Bot.
Zeit.* (1856), 802.
6. Gen. quead flores nob. ignot., potius fors.
ex descript. ad *Cephalocrotonem* reducendum,
vix differt loculis antherarum ex parte liberis.
7. Spec. 1. *C. bantamense* HASSK., *loc. cit.*
8. *Euphorb.*, 473, t. 11, fig. 6, 7. — M.
ARG., *Prodr.*, 763.

natis. Calyx fœmineus 5-6-partitus, imbricatus. Germen 2–3-loculare; styli ramis divaricato-patentibus, intus dense papilloso-fimbriatis. Capsula carnosula, abortu 1-sperma, matura…? — Frutices sub-2-chotome ramosi; foliis alternis v. et ad summos ramulos confertis spurie verticillatis stipulatis, sæpe subsessilibus, integris v. denticulatis penninerviis; floribus in spicas terminales ramosas sæpius glomeruligeras dispositis; fœmineis in singulis inferioribus v. in axilla foliorum supremorum paucis [1]. (*India or.* [2])

87. **Sphærostylis** H. Bɴ [3]. — Flores monœci; calyce masculo valvato, 3–partito; sepalis basi intus horizontaliter demum (in discum spurium annularem) plicato-prominulis. Stamina 3, cum sepalis alternantia; filamentis centralibus, 1-adelphis; antheris summæ columnæ insertis, introrsis, demum subhorizontali-reflexis, longitudinaliter rimosis. Calyx fœmineus 5-6-partitus, valvatus v. leviter imbricatus. Germen 3-loculare; loculis sepalis exterioribus oppositis, 1-ovulatis; stylo germine multoties majore globoso carnoso, apice 3-sulco; sulcis cum loculis alternantibus e centro radiantibus et stigmatiferis. Capsula 3-cocca; seminibus lævibus. — Frutex scandens; foliis alternis ovatis 3-plinerviis petiolatis; stipulis auriculatis; floribus in racemos spiciformes axillares v. terminales dispositis; bracteis masculis superioribus ∞, 1-floris; inferioribus paucis fœmineis. (*Madagascaria* [4].)

88. **Astrococcus** Bᴇɴᴛʜ. [5] — Flores monœci; calyce masculo valvato, 4–partito. Stamina 4–8, in receptaculo concavo centralia v. circa gynæcei rudimentum inserta; filamentis liberis v. ima basi 1-adelphis; antheris introrsis emarginatis; loculis tota longitudine adnatis, longitudinaliter rimosis. Discus circa androcæum urceolaris crassus, 4-gonus, 4-lobus, v. 0 (*Hæmatostemon* [6]). Calyx fœmineus 4-7-partitus, imbricatus. Germen 3-loculare; loculis 1-ovulatis; stylo crasso obovoideo, apice concavo et extus inæquali-6-sulco stigmatoso. Capsula horizontaliter saccato-1-3-cocca, apice angustata v. subpyramidata; coccis et dorso crasse cornuto-2-cristatis. Semen descendens, plus minus obliquum, albuminosum. — Arbores; foliis alternis, breviter petiolatis

1. Gen. *Cephalocrotoni* proximum, differt ante omnia antherarum fabrica, fructu et adspectu inflorescentiisque.
2. Spec. 2. Wᴀʟʟ., exs., n. 9095 (*Clutia*). — M. Aʀɢ., in *Linnœa*, XXXIV, 156.
3. *Euphorb.*, 466, t. 21, fig. 19-21. — M. Aʀɢ., *Prodr.*, 768.

4. Spec. 1. S. *Tulasneana* H. Bɴ, *loc. cit.*, 467; in *Adansonia*, I, 276.
5. In *Hook. Journ.* (1854), 327. — H. Bɴ, *Euphorb.*, 476, t. 22, fig. 22-24. — M. Aʀɢ., *Prodr.*, 766.
6. M. Aʀɢ., in *Linnœa*, XXXIV, 157; *Prodr.*, 767, sect. 2.

penninerviis denticulatis; floribus in racemos axillares et terminales, 2-sexuales, dispositis. (*Brasilia bor.* [1])

89. **Angostyles** BENTH. [2] — Flores monœci apetali; calyce masculo valvato, 3-4-partito. Stamina ∞ (ad 20), receptaculo elevato inserta; filamentis centralibus brevibus, basi 1-adelphis; antheris 2-dymis; connectivo late 3-angulari; loculis inter se liberis, latere connectivo adnatis, basi divergentibus. Calyx fœmineus 5-partitus, quincunciali-imbricatus. Germen 3-loculare; loculis 1-ovulatis; stylo (germine multo majore) obconico crasso; ramis 3, profunde 2-partitis; lobis inde 6, intus late papilloso-carinatis [3]. Fructus capsularis, 3-coccus; semine...? — Arbor; foliis alternis, ad summos ramulos congestis, 2-stipulatis, penninerviis denticulatis, basi subtus glandulis 4-8 utrinque notatis; floribus masculis in ligno ramorum anni præcedentis cymoso-racemosis; fœmineis in axillis foliorum ramorum hornotinorum solitariis. (*Brasilia bor.* [4])

90. **Fragariopsis** A. S. H. [5] — Flores monœci; calyce masculo valvato, 4-5-partito. Stamina ∞, alternatim seriata, nunc pauca remota; antheris extrorsis, in receptaculo glanduloso hemisphærico subsessilibus; loculis basi divergentibus deflexis, longitudinaliter rimosis. Calyx fœmineus 4-partitus. Germen sessile; loculis 4, cum sepalis alternantibus, 1-ovulatis; stylo (germine multo majore) crasse obovoideo, obpyramidato v. subcuboideo, apice brevissime 4-lobato; lobis cruciatim radiantibus, intus sulcatis stigmatosisque. Fructus globosus v. subcubicus, carnoso-suberosus, 1-4-locularis; semine...? — Frutices scandentes; foliis alternis stipulatis penninerviis; limbo basi superne 2-glanduligero et margine glanduloso-denticulato; floribus in racemos oppositifolios v. extraaxillares dispositis; inferioribus in racemo fœmineis; cæteris masculis. (*Brasilia* [6].)

91. **Plukenetia** PLUM. [7] — Flores monœci apetali (fere *Fragariopsidis*);

1. Spec. 2. M. ARG., *loc. cit.* — H. BN, in *Adansonia*, V, 307.
2. In *Hook. Journ.* (1854), 328. — H. BN, *Euphorb.*, 498, t. 9, fig. 8-11. — M. ARG., *Prodr.*, 767.
3. Stylus unde totus corollam crassam tubuloso-infundibuliformem superne 6-lobam figurat.
4. Spec. 1. A. *longifolia* BENTH., *loc. cit.* — H. BN, in *Adansonia*, V, 318.

5. A. S. H., *Morphol. vég.*, 426 (ex H. Bs, *Euphorb.*, 497, t. 12, fig. 45; t. 13, fig. 29-36). — M. ARG., *Prodr.*, 773. — *Accia* A. S. H., *op. cit.*, 499. — *Botryanthe* KL., in *Erichs. Arch.* (1841), 190, t. 9, fig. B. — ENDL., *Gen.*, n. 5784 [1].
6. Spec. 1, 2. H. BN, in *Adansonia*, V, 317.
7. *Nov. gen. amer.*, 47, t. 13; *Ic.*, t. 226. — L., *Gen.*, n. 1080. — J., *Gen.*, 392. — LAMK, *Ill.*, t. 788. — POIR., *Dict.*, VI, 449;

calyce masculo valvato, 4-5-partito. Stamina ∞ ; receptaculo plus minus
convexo inserta, aut centralia, aut circa gynæcei rudimentum inserta ;
filamentis basi confluentibus; antheris extrorsis, 4-lobis ; loculis 2, apice
adnatis, basi divergentibus, sæpe deflexis, longitudinaliter rimosis.
Calyx fœmineus 4-6-partitus, imbricatus. Discus urceolaris, calyci
adhærens, parcus v. 0. Germen 3-4-loculare ; loculis 1-ovulatis, nunc
dorso carinatis v. crasse subalatis; stylo forma vario, crasse cylindrico
v. obovoideo obpyramidatove, nunc subgloboso, apice stigmatoso subin-
tegro v. breviter lobato; sulcis 3, 4, radiantibus tumido-marginatis.
Fructus capsularis; mesocarpio plus minus crasso v. carnosulo, a coccis
endocarpii demum 2-valvibus lignosis soluto ; seminibus exarillatis albuminosis. — Frutices sæpius scandentes [1]; foliis alternis petiolatis stipulatis, penninerviis v. 3-5-nerviis; limbo basi glandulis 2 et stipellis
totidem munito; floribus in racemos 2-sexuales axillares dispositis ;
fœmineis inferioribus 1-∞ ; cæteris masculis [2]. (Orb. tot. reg. trop. [3])

92. **Dalechampia** PLUM. [4] — Flores monœci apetali; calyce masculo
valvato, 4-5-partito. Stamina subdefinita (5-10), v. sæpius ∞ ; filamentis in columnam centralem cylindricam v. subclavatam longe
1-adelphis, demum liberis; antheris 2-locularibus; loculis longitrorsum adnatis, extrorsum rimosis. Calyx fœmineus 5-15- partitus; foliolis
imbricatis v. valvatis, integris v. pinnatifidis. Germen [5] 3-4-loculare ;
loculis 1-ovulatis ; stylo cylindrico v. clavato, apice v. lateraliter sub
apice plus minus cavo, intus stigmatoso, integro v. 3-6-lobo; lobis
parvis æqualibus v. inæqualibus, loculis oppositis v. cum iis alternantibus.
Fructus capsularis 3-4-coccus, elastice dehiscens; seminibus globosis
v. ellipsoideis, nunc truncatis, exarillatis, lævibus v. inæquali-rugosis

Suppl., V, 20. — ENDL., Gen., n. 5784. —
A. JUSS., Euphorb., 47. — H. BN, Euphorb.,
483. — M. ARG., Prodr., 768. — Anabæna
A. JUSS., Euphorb., 46, t. 15, fig. 48. —
ENDL., Gen., n. 5785. — Sajorium ENDL.,
Gen., Suppl., III, 98.—H. BN, Euphorb., 480,
t. 21, fig. 3, 4.— Hedraiostylus HASSK , Hort.
bog., 34.— Pterococcus HASSK., in Flora (1842),
Beibl., II, 41 (nec PALL.).
1. Partibus nonnull., imprim. flor. et fruct.,
succo purpureo v. subviolaceo imbutis.
2. Sect. 5 : 1. Euplukenetia (M. ARG.,) ;
2. Cylindrophora (M. ARG.); 3. Anabæna
(A. JUSS.); 4. Angostylidium (M. ARG.) ;
5. Hedraiostylus (HASSK.).
3. Spec. ad 10. RUMPH., Herb. amboin., I,
193, t. 79 (Sajor). — L., Spec., 1192. —
W., Spec., IV, 514. — SM., in Nov. Act. ap-

sal., VI, 4. — SOND., in Linnæa, XXIII, 110.
— M. ARG., in Linnæa, XXXIV, 157 ; in Flora
(1864), 530. — GRISEB., Fl. brit. W.-Ind.,
46. — H. BN, in Adansonia, III, 160 (Sajorium); V, 309.
4. Nov. gen. amer., 17, t. 38. — L., Gen.,
n. 1081. — ADANS., Fam. des pl., II, 357. —
J., Gen., 392. — LAMK, Dict., II, 256; Suppl.,
II, 447; Ill., t. 788. — A. JUSS., Euphorb.,
55, t. 17, fig. 59. — H. BN, Euphorb., 58,
485, t. 3, fig. 16-33. — M. ARG., Prodr.,
1232. — Cremophyllum SCHWEIDL., in Flora
(1843), 514; in Bot. Zeit. (1849), 141. —
Rhopalostylis KL., mss. (ex H. BN, in Adansonia, V, 317).
5. Disco cupuliformi cinctum in spec. 1 sect.
Champadelia (H. BN, Euphorb., 485, t. 3,
fig. 31, 32).

tuberculatisve; embryonis albuminosi cotyledonibus ovatis. — Frutices, nunc decumbentes, sæpius scandentes v. volubiles; foliis alternis stipulatis, penninerviis v. digitinerviis, integris, dentatis v. lobatis, nunc compositis; foliis sæpe petiolulatis; inflorescentiis 2-sexualibus axillaribus peduuculatis; bracteis 2, sæpius magnis foliaceis, nunc coloratis [1], stipulatis, summo pedunculo insertis et inflorescentiam totam involucrantibus; floribus [2] fœmineis lateraliter inferioribus paucis (sæpius 3) cymosis; masculis superioribus in cymas contractas terminales dispositis; cyma fœminea involucello proprio pluribracteato cincta; masculis superne lateraliter appendicibus sterilibus carnoso-ceraceis multicristatis (bracteolis sterilibus ? [3]) stipatis; pedicellis brevibus articulatis[4]. (*Orb. tot. reg. calid.* [5])

93. **Pera** Mut. [6] — Flores diœci apetali; calice masculo 2-5-partito v. fido, valvato, nunc parvo v. rudimentario. Stamina 2-10, sæpe sepalorum numero æqualia; filamentis centralibus, breviter v. nunc longe (*Schismatopera* [7] ) in columnam connata; antheris introrsum, lateraliter v. extrorsum 2-rimosis. Floris fœminei calyx brevis v. evolutus; sepalis subliberis v. plus minus alte connatis. Germen centrale, 3-loculare; ovulis in loculis solitariis; micropyle extrorsum supera obturata; stylo brevi crasso, mox in lobos amplos integros v. 2-crenatos plus minus profunde diviso. Capsulæ 3-coccæ; coccis 2-valvibus; endocarpio sæpius soluto; seminis valde albuminosi micropyle in arillum carnosum incrassata. — Arbores[8], glabræ v. pilis fasciculatis lepidotisve conspersæ; foliis alternis v. raro oppositis, integris penninerviis subcoriaceis exstipulatis; floribus axillaribus in involucris pedicellatis subsolitariis v. cymosis paucis inclusis; involucro alabastriformi v. sacciformi,

1. Albidis, lutescentibus purpurascentibusve.
2. Parvis, sæpe albidis.
3. Antheris deformatis ? (M. ARG.).
4. Gen. sect. pecul. (*Dalechampica*) constituens (M. ARG.), olim ad *Euphorbieas* reduct. (A. JUSS.), *Plukenetiæ* nostro sensu proximum a quo ante omnia differt anthemiis abbreviato-contractis.
5. Spec. ad 50. H. B. K., *Nov. gen. et spec.*, II, 98. — ENDL., *Atakt.*, t. 20, 21. — BL., *Bijdr.*, 632. — WIGHT, *Icon.*, t. 1882. — POEPP. et ENDL., *Nov. gen. et spec.*, III, 19, t. 222. — GRISEB., in *Nachr. d. Wiss. Gœtt.* (1865), 181; *Fl. brit. W.-Ind.*, 51. — BENTH., *Niger*, 500. — M. ARG., in *Linnæa*, XXXIV, 219; in *Flora* (1872), 45. — H. BN,

in *Adansonia*, 1, 75, 277, 350; III, 161; V, 309; VI, 16.
6. In *Abh. der schwed. Akad.*, V (1784), 299, t. 18. — KL., in *Erichs. Arch.* (1841), VII, 179. — ENDL., *Gen.*, n. 5768 (Suppl., II, 87). — H. BN, *Euphorb.*, 433, t. 2, fig. 25-27. — M. ARG., *Prodr.*, 1025. — *Perula* SCHEB., *Gen.*, 703. — *Spixia* LEANDR., in *Münch. Denkschr.*, VII, 231, t. 13.—*Peridium* SCHOTT, in *Spreng. Cur. post.*, App., 410. — KL., *loc. cit.*, 180, t. 7; in *Hook. Journ.* (1843), 44. — *Clistranthus* POIT., mss. (ex H. BN, *loc. cit.*).
7. KL., *loc. cit.*, t. 7.
8. Habitu nonnullarum *Monimiacearum*, *Anonacearum* v. *Ardisiacearum*.

1-2-rimoso rumpente, 1-2-valvi, basi bracteolis 1 [1] v. paucis inæqualibus cincto; floribus masculis rudimentis fœmineorum paucis (forma
variis) in involucro cinctis [2]. (*America calid.*[3])

----

## IV. CROTONEÆ.

94. **croton** L.—Flores monœci v. rarius diœci, 4-6-, sæpius 5-meri ;
sepalis masculis valvatis v. plus minus imbricatis. Petala imbricata
v. sæpius demum subvalvata, nunc haud inter se contigua. Glandulæ
disci liberæ alternipctalæ. Stamina aut subdefinita definitave, nunc 10,
2-seriata, v. 5-8, aut sæpius 15-∞, ∞-seriata; filamentis liberis receptaculo convexo sæpe villoso insertis, in alabastro infracto-incurvis ;
antheris introrsis (in alabastro propter filamenti incurvationem extrorsum spectantibus), demum oscillando-erectis. Germen rudimentarium
plerumque 0. Calyx fœmineus 5-6-fidus v. partitus ; laciniis æqualibus
v. rarius inæqualibus, valvatis v. imbricatis. Petala evoluta v. rudimentaria, nunc 0. Disci hypogyni glandulæ liberæ v. connatæ, sæpe crassæ.
Germen 3- v. rarius 2- v. 4-loculare; ovulo in loculis 1, descendente ;
micropyle extrorsum supera, obturatore tecta ; stylo e basi v. plus minus
alte 3-lobo v. partito; ramis simplicibus, 2- v. 3- ∞-fidis, apice
incurvo v. involuto stigmatosis. Capsula sæpius 3-cocca, nunc ægre
v. tarde dehiscens ; coccis 2-valvibus; seminibus ad micropylem arillatis ; embryonis albuminosi cotyledonibus foliaceis radicula multo latioribus.—Arbores, frutices, suffrutices v. rarius herbæ ; indumento sæpius
stellari v. lepidoto; foliis alternis v. subverticillatis, integris v. varie
incisis lobatisve, penninerviis v. basi digitinerviis; stipulis lateralibus,
integris v. plus minus divisis, nunc glanduliformibus ; inflorescentiis
terminalibus; floribus in spicas v. racemos simplices v. plus minus
ramosos dispositis; fœmineis in inflorescentiis 2-sexualibus inferioribus
1 v. paucis, nunc ∞ ; cæteris masculis superioribus, in axillis bractearum solitariis, paucis v. ∞, cymosis v. glomeratis. (*Orb. tot. reg. calid.*)
— *Vid. p.* 129.

1. Involucri rimæ sæpe respondente.
2. Gen. ob infloresc. ingen. alabastr. figur.
conspic., fam. v. sect. *Prosopidoclinearum* olim
constit. (KL.). Sect. nunc 5 : 1. *Eupera* (H. BN) ;
2. *Neopera* (GRISEB.) ; 3. *Spixia* (LEANDR.); 4. *Peridium* (SCHOTT) , 5. *Schismatopera* (KL.).
3. Spec. 16, 17. SCHRANK, in *Observ. Acad.*

Münch., VII, 242 (*Spixia*). — ? H. B. K., *Nov-
gen. et spec.*, VII, 191 (*Myristica*). — MART.,
Herb. Fl. bras., 270 (*Spixia*). — BENTH., in
Hook. Journ. (1854), 322 (*Peridium*). — GRI-
SEB., in Nachr. d. Wiss. Gœtt. (1865), 480 ;
Fl. brit. W.-Ind., 51. — H. BN, in Adanso-
nia, V, 222.

**95. Julocroton** MART. [1] — Flores monœci (fere *Crotonis*) resupi-
nati; sepalis subvalvatis v. leviter imbricatis; antico 1, cæteris majore;
posticis 2 minoribus. Cætera *Crotonis*. — Frutices, suffrutices v. herbæ;
adspectu, foliis, indumento (copioso) inflorescentiisque *Crotonis*. (*America trop. utraque* [2].)

**96? Crotonopsis** MICHX [3]. — Flores monœci (fere *Crotonis*); calyce
imbricato. Petala mascula 5, nunc minima v. 0. Stamina sæpius 5 (*Crotonis*), oppositipetala, circa gynæcei rudimentum parvum inserta. Calyx
fœmineus regularis v. irregularis. Petala 0, v. minutissima. Germen
1-loculare, 1-ovulatum; stylo bis v. pluries 2–chotomo. Fructus siccus
membranaceus, indehiscens; semine 1, parce v. vix arillato. — Herbæ
tenuicaules, pilis glanduloso-peltatis obsitæ [4]; foliis alternis petiolatis
angustis; floribus in spicas 2- sexuales dispositis; bracteis 1-floris;
inferioribus fœmineis; cæteris masculis. Cætera *Crotonis*. (*America
bor. calid.* [5])

**97? Eremocarpus** BENTH. [6] — Flores monœci (fere *Crotonis*) apetali; staminibus 5–7 (*Crotonis*). Calyx fœmineus 0. Germen 1-loculare,
1-ovulatum; stylo simplici gracili, apice subulato stigmatoso. Fructus
capsularis, 2- valvis, 1-spermus. Cætera *Crotonis*. — Herba annua
graveolens, undique pube stellata molli setisque rigidis hyalinis obsita;
ramis 2, 3-chotome patulis; foliis oppositis v. spurie verticillatis petiolatis rhombeis, 3-plinerviis; floribus in spicas breves glomeruliformes
ad nodos dispositis; fœmineis inferioribus v. intermixtis paucis. (*Cali-
fornia* [7].)

1. *Herb. Fl. bras.*, 119. — KL., in *Erichs.
Arch.* (1841), I, 193. — ENDL., *Gen.*, n. 5828.
— H. BN, *Euphorb.*, 374. — M. ARG., *Prodr.*,
700. — *Heterochlamys* TURCZ., in *Bull. Mosc.*
(1843), 61; in *Flora* (1844), 121. — ENDL.,
*Gen.*, Suppl., V, 91. — *Centandra* KARST., *Fl.
columb.*, 177, t. 88.
2. Spec. ad 15. LAMK, *Dict.*, II, 214 (*Croton*). — SPRENG., *Syst.*, II, 874 (*Croton*). —
VELLOS., *Fl. flum.*, X, t. 65, 66 (*Croton*). —
SCHLECHTL, in *Linnæa*, VII, 380 (*Croton*); XIX,
245. — KL., *Pl. Meyen.*, in *Nov. Act. nat.
cur.*, XIX, Suppl., I, 417. — H. BN, in *Adansonia*, IV, 367.
3. *Fl. bor.-amer.*, II, 185, t. 46. — A. JUSS.,

*Euphorb.*, 31, t. 8, fig. 27. — ENDL., *Gen.*,
n. 5826, — H. BN, *Euphorb.*, 380, t. 12,
fig. 23-27. — M. ARG., *Prodr.*, 707. — *Frie-
sia* SPRENG., *Syst.*, 760. — *Leptemon* RAFIN.,
in *N.-York. Med. Repos.*, II, V, 350 (ex ENDL.)
4. Inde argenteo-lepidotæ.
5. Spec. 1, 2. W., *Spec.*, IV, 380. — PURSH,
*Fl. amer. sept.*, I, 206. — A. GRAY, *Man.*, 392.
— BECK, *Bot. N. and M. Stat.*, 310.
6. *Voy. Sulph., Bot.*, 53, t. 26. — ENDL.,
*Gen.*, n. 5862 [2]. — H. BN, *Euphorb.*, 381. —
M. ARG., *Prodr.*, 708.
7. Spec. 1. *E. setigerus* BENTH., *loc. cit.* —
LINDL., *Veg. Kingd.*, 276, fig. 191. — *Croton
setigerus* HOOK., *Fl. bor.-amer.*, II, 141.

## V. EXCÆCARIEÆ.

98. **Excæcaria** L. — Flores monœci v. rarius diœci, apetali, plerumque 2-3-meri. Calycis masculi sepala 2, 3 (quorum posticum 1), rarissime 4, libera v. plus minus alte connata, imbricata, nunc minuta v. minima, incisa v. glanduliformia, rariusve rudimentaria v. 0. Stamina sæpius 2, 3, cum sepalis totidem alternantia, rarius 1, v. 4-15; filamentis centralibus liberis v. sæpius plus minus alte in columnam centralem cylindricam, rarissimeve conicam, connatis; antheris extrorsis brevibus; loculis longitrorsum adnatis, rima longitudinali, nunc brevi poriformique, dehiscentibus. Calyx floris fœminei ut in mare. Germen sessile v. brevissime stipitatum; loculis sæpius 2, 3, cum sepalis alternantibus, ovulo in loculis solitario descendente; micropyle extrorsum supera, obturatore sæpius parvo obtecta; stylo plus minus alte, nunc fere ad basin ramoso; ramis teretibus v. rarius laminiformi-compressis, intus stigmatosis, patulis v. sæpius recurvis revolutisve. Fructus capsularis, sæpius 2-3-coccus; columella plus minus elongata, nunc obsoleta, basi sæpe in carpophorum 3-angulari-cornutum horizontaliter dilatata. Semina ad micropylem varie v. haud arilloso-incrassata; chalaza basilari v. nunc plus minus ventrali; albumine copioso oleoso; embryonis recti verticalis, rarius obliqui v. subhorizontalis, radicula cotyledonibus foliaceis multo angustiore. — Arbores, frutices v. rarius suffrutices v. herbæ; succo sæpe lacteo; foliis alternis, raro oppositis v. subverticillatis simplicibus; limbo sæpe glanduloso-dentato v. glandulis 2, basilaribus forma variis, prædito; stipulis membranaceis, integris, laceris, v. glanduliformibus, rarius 0; floribus spicatis v. racemosis, terminalibus v. rarius axillaribus lateralibusve; fœmineis sessilibus v. pedicellatis, in inflorescentiis androgynis inferioribus; cæteris masculis, aut 1-bracteatis, aut ad bracteas singulas glomeratis cymosisve; bracteis bracteolisque sæpius, ut ifolia, basi 2-glanduligeris. (*Orbis tot. reg. trop. et subtrop.*) — *Vid. p.* 133.

99. **Senefeldera** Mart. [1] — Flores monœci (fere *Excæcariæ*); calyce masculo obovoideo, breviter 3-lobo, imbricato. Stamina 6-8, v. abortu pauciora, in receptaculo crasse conico inserta, libera, 2-seriata; antheris extrorsis, 2-rimosis. Flos fœmineus (*Excæcariæ*) 3-merus. Capsula

---

1. In *Flora* (1841), II, *Beibl.*, 29. — Kl., in *Erichs Arch.*, VII, 184. — M. Arg., *Prodr.*, 1153. — *Sennefeldera* Endl., *Gen.*, Suppl., II, 88. — H. Bn, *Euphorb.*, 535, t. 9, fig. 30, 31.

3-cocca; seminibus ad micropylem arillatis; chalaza ad medium anguli interni sita. — Arbor glabra; foliis alternis petiolatis stipulatis penni-nerviis venosis, subtus glanduligeris; floribus in racemos valde ramosos terminales dispositis; bracteis crebris, 2-glandulosis, 1-3-floris; inferioribus ramorum singulorum parvis fœmineis; cæteris masculis [1]. (*Brasilia* [2].)

100. **Pachystroma** KL. [3] — Flores monœci (fere *Excœcariæ*), 3-meri; calyce masculo valvato v. subvalvato. Stamina 8, cum sepalis alternantia, 1-adelpha; filamentis erectis; antheris basifixis erectis, extrorsum rimosis. Sepala floris fœminei arcte involuto-imbricata. Gynæceum *Excœcariæ*; germine arcte calyce incluso. Capsula 3-cocca; coccis 1-spermis; receptaculo in columellam brevem basi 3-cornutam incrassato; seminibus exarillatis. — Arbor glabra; succo lacteo; foliis alternis coriaceis repando-spinosis (ilicineis), breviter petiolatis; stipulis basi latis, demum e cicatricibus ramorum annulatis notatis; floribus (viridi-lutescentibus) spicatis terminalibus; fœmineis 1 v. paucis inferioribus; cæteris masculis; bracteis (*Excœcariæ*) grosse glanduligeris [4]. (*Brasilia* [5].)

101. **Hippomane** L. [6] — Flores monœci (fere *Excœcariæ*), 2-3-meri; calyce imbricato. Stamina 2, centralia (*Excœcariæ*). Germen 5-10-loculare; styli ramis totidem. Fructus pomiformis drupaceus; mesocarpio carnoso; putamine osseo inæquali-rugoso; loculis 5-10, 1-spermis. Semina descendentia [7] exarillata (*Excœcariæ*). — Arbor; succo lacteo; foliis [8] alternis (*Excœcariæ*) longe, petiolatis stipulatis; limbo denticulato, basi 1-2-glanduloso; inflorescentiis terminalibus

1. Gen. ab *Excœcaria* vix distinguend., differt receptaculo conico et staminum numero situque chalazæ (char. per se ips. haud absolut.) et inflorescentiarum ramosarum indole.

2. Spec. 1? *S. multiflora* MART., *loc. cit.* — H. BN, in *Adansonia*, V, 336; XI, 125. — *S. angustifolia* KL., *loc. cit.* — *S. latifolia* KL. — ? *S. grandifolia* KL., *loc. cit.*

3. KL., ex H. BN, in *Adansonia*, I, 212; XI, 102. — M. ARG., in *Linnæa*, XXXIV, 177; *Prodr.*, 893. — *Acantholoma* GAUDICH., ex H. BN, in *Adansonia*, VI, 231, t. 1.

4. Gen. calyce masculo valvato tantum differt ab *Excœcaria* (cujus pot. sect. ?), a M. ARG. inter *Acalypheas* collocatum.

5. Spec. 1. *P. ilicifolium* KL., *loc. cit.* — *Acantholoma spinosum* GAUDICH., *loc. cit.* —

? *Excœcaria ilicifolia* SPRENG., *N. Entd.*, II, 117.

6. *Gen.*, n. 1088. — J., *Gen.*, 391. — LAMK, *Ill.*, t. 793. — DESROUSS., *Dict.*, III, 694. — NECK., *Elem.*, II, 344. — TURP., in *Dict. sc. nat.*, Atl., t. 278. — A. JUSS., *Euphorb.*, 51, t. 16, fig. 54. — SPACH, *Suit. à Buffon*, II, 524. — ENDL., *Gen.*, n. 5777. — H. BN, *Euphorb.*, 539, t. 6, fig. 12-20. — M. ARG., *Prodr.*, 1199. — *Mancanilla* PLUM., *Gen.*, 49, t. 30. — *Mancinella* TUSS., *Fl. Ant.*, III, 21, t. 5.

7. Funiculo gracili oblique in canaliculo ligni coccorum descendente; micropyle breviter conica exteriore, valde distincta hilumque ventralem nonnihil superante.

8. Ea *Piri communis* sæpius valde referentia.

(*Excœcariæ*); bracteis 2-glandulosis; inferioribus florem fœmineum 1; superioribus masculos ∞ [1], cymosos, foventibus[2]. (*America æquin. cont. et ins.* [3])

**102. Carumbium** REINW. [4] — Flores monœci apetali; calyce masculo a dorso ventreque cum receptaculo compresso; foliolis 2, æqualibus v. inæqualibus, imbricatis; altero nunc rudimentario v. inæquali-gibboso, basi glanduloso-dilatato. Stamina ∞ (4-40), 2- v. pluriserialia, subcentralia (*Homalanthus* [5]) v. circa centrum breviter vacuum inserta (*Stomatocalyx* [6]), extus receptaculo vix v. plus minus in discum incrassato cincta; filamentis compressis, liberis v. ima basi connatis; antheris extrorsis, 2-rimosis. Calyx fœmineus haud compressus, irregulariter 2-3-fidus, intus eglandulosus. Germen 2-3-loculare; loculis 1-ovulatis; styli ramis 2, 3, basi plus minus connatis, apice intus margineque stigmatoso plus minus dilatatis recurvisve. Fructus 2-3-merus subcoriaceus, indehiscens v. ægre dehiscens, rarius capsulari-dehiscens(*Wartmannia* [7]); seminibus reticulato-asperis, apice arillo [8] membranaceo-lacero v. parco brevique munitis. — Arbores v. frutices; foliis alternis petiolatis, nunc penninerviis coriaceis (*Pimeleodendron* [9], *Stomatocalyx*), sæpius rhombeo-ovatis membranaceis, basi sæpius tuberculato-2-glandulosis; stipulis parvis v. 0 (*Stomatocalyx*), sæpius late membranaceis, liberis v. inter se connatis; floribus in spicas v. racemos axillares v. sæpius terminales, simplices v. plus minus ramosos, dispositis; fœmineis inferioribus paucis; cæteris masculis plerumque in axilla bractearum cymosis. (*Asia et Oceania trop. et subtrop.* [10])

1. Viridi-lutescentes.

2. Gen. vix nisi loculorum numero et pericarpii indole ab *Excœcaria* distinguendum.

3. Spec. 1 v. 2. — L., *Spec.*, 1431.—JACQ., *Amer.*, 256, t. 159. — SW., *Obs.*, 369. — W., *Spec.*, IV, 571. — A. RICH., *Cuba*, III, 200. — GRISEB., *Fl. brit. W.-Ind.*, 49. — H. BN, in *Adansonia*, I, 352.

4. *Cat. Hort. buitenz.*, 105. — H. BN, in *Hortic. franç.*, XV, 234; in *Adansonia*, VI, 348, t. 8. — M. ARG., *Prodr.*, 1143. — *Duania* NORONH., *Verh. Bat. Gen.*, V, 65 (ex HASSK., *Cat. Hort. bog.*, 233). — *Omalanthus* A. JUSS., *Euphorb.*, 50, t. 16, fig. 53 (nec LESS.). — ENDL., *Gen.*, n. 5779. — H. BN, *Euphorb.*, 537, t. 8, fig. 22-31. — *Dibrachion* REG., in *Gartenfl.* (1866), 100, t. 504.

5. BARTL., *Ord. nat.*, 372.

6. GRIFF., ex M. ARG., in *Linnæa*, XXXIV, 202; *Prodr.*, 1142.

7. M. ARG., in *Linnæa*, XXXIV, 218; *Prodr.*, 1147. — H. BN, in *Adansonia*, VI, 349.

8. De cuj. origine semper ead., arillo plus minus evoluto ab exostomio prius orto, cfr. *Adansonia, loc. cit.*, 351, fig. 5-7.

9. HASSK., *Cat. Hort. bog.*, ed. nov., 68; in *Bull. Soc. bot. de Fr.*, VI, 716.

10. Spec. ad 12. GEIS., *Crot. Mon.*, 80 (*Croton*). — FORST., *Prodr.*, 67 (*Croton*). — GRAH., in *New Edinb. Journ.* (1827), 175 (*Omalanthus*); in *Bot. Mag.*, t. 2780. — BLANCO, *Fl. d. Filipp.*, 787. — GUILLEM., in *Ann. sc. nat.*, sér. 2, VII, 186 (*Omalanthus*).—ZOLL., in *Flora* (1847), 662 (*Homalanthus*). — MIQ., *Fl. ind.-bat.*, I, p. II, 413.— M. ARG., in *Flora* (1864), 434; in *Linnæa*, XXXII, 85. — F. MUELL., *Fragm.*, I, 32 (*Omalanthus*). — BENTH., *Fl. austral.*, VI, 149. — H. BN, in *Adansonia*, I, 352; II, 228; VI, 325.

103. **Omphalea** L. [1] — Flores monœci apetali ; calyce 4-5-partito, imbricato. Discus late orbicularis integer, apice columnam staminalem arcte cingens. Stamina 2, 3, centralia ; filamentis connatis in columnam brevem dilatatam in corpus hemisphæricum v. disciforme, margine inciso antheras 2-loculares parvas gerens ; loculis verticalibus, extrorsum rimosis. Germen in flore fœmineo sessile, 3-loculare ; loculis 1-ovulatis ; stylo columnari, ad apicem obiter 3-lobo ibique intus stigmatoso. Fructus subcarnosus, 3-coccus ; coccis demum dehiscentibus ; seminibus subglobosis exarillatis ; embryonis crasse albuminosi cotyledonibus basi auriculata cordatis. — Frutices sarmentosi ; foliis alternis v. suboppositis, 2-stipulatis petiolatis, sæpe latis, basi supra (*Euomphalea* [2]) v. subtus (*Hecatea* [3]) glanduligeris, integris v. sublobatis, palmati-penninerviis ; floribus cymulosis in racemos simplices v. ramosos dispositis ; fœmineis centralibus ; bracteis sæpe lineari-spathulatis, 2-glandulosis. (*America trop.*, *Malacassia* [4].)

104. **Hura** L. [5] — Flores monœci apetali ; calyce cupuliformi, imbricato ; masculo denticulato. Stamina centralia, 1-adelpha ; columna elongata superne antheras sessiles (loculis connectivo longitrorsum adnatis, extrorsum rimosis ; connectivo crassiusculo prominente) 2-v. pluriverticillatim dispositas, gerente. Calyx fœmineus gamophyllus, ore subinteger. Germen calyce arcte cinctum, 5-20-loculare ; loculis 1-ovulatis ; stylo magno erecto cylindrico, mox poculiformi-dilatato et apice multilaciniato ; laciniis crassis reflexis, loculorum numero subæqualibus, subconicis carnosulis, extus papilloso-stigmatosis. Fructus capsularis multicoccus orbiculari-depressus sulcato-multicostatus ; coccis lignosis compressis, elastice 2-valvibus, crepitanter dissilientibus. Semina orbiculari - compressa exarillata ; embryonis inversi radicula brevi supera ; cotyledonibus lateralibus suborbicularibus, basi auriculatis penninerviis. — Arbores speciosæ ; foliis alternis petiolatis, 2-stipulatis

1. *Gen.*, n. 1093. — J., *Gen.*, 392. — Poir., *Dict.*, Suppl., IV, 140 ; *Ill.*, t. 753. — A. Juss., *Euphorb.*, 54, t. 17, fig. 58. — Endl., *Gen.*, n. 5793. — H. Bn, *Euphorb.*, 527, t. 7, fig. 1-9. — M. Arg., *Prodr.*, 1134. — *Omphalandria* P. Br., *Jam.*, 335. — *Duchola* Adans., *Fam. des pl.*, II, 357. — *Romoia* Buch., *Diss.*, 18 ; *Dec.*, III, t. 8. — *Hebecocca* Beurl., *Prim. Fl. portob.*, 146.

2. H. Bn, *Euphorb.*, 529.

3. Dup.-Th., *Hist. vég. îles austr. afr.*, 27, t. 5 ; *Gen. nov. madag.*, 24. — Endl., *Gen.*, n. 5794. — H. Bn, *Euphorb.*, *loc. cit.*, sect. B.

—*Adenophyllum* Dup.-Th., *Nov. gen. madag.*, loc. cit.

4. Spec. 8, 9. Aubl., *Guian.*, 843, t. 328. — Sw., *Obs.*, 349, t. 10. — Tuss., *Fl. Ant.*, IV, 18, t. 9. — H. Bn, in *Adansonia*, V, 335. — M. Arg., in *Linnæa*, XXXII, 86. — Griseb., in *Nachr. Un. Gœtt.* (1865), 117.

5. *Hort. Cliff.*, 486, t. 34. — J., *Gen.*, 391. — Lamk, *Ill.*, t. 793. — Poir., *Dict.*, VI, 359. — A. Juss., *Euphorb.*, 50. — Spach, *Suit. à Buffon*, II, 525, t. 76. — Endl., *Gen.*, n. 5776. — H. Bn, *Euphorb.*, 544, t. 6, fig. 21-35. — M. Arg., *Prodr.*, 1228.

penninerviis, obiter glanduloso-paucidentatis; limbo basi 2-glanduloso; floribus masculis spicatis pedunculatis, bractea spurie involucratis; fœmineis solitariis pedunculatis, ad folia axillaribus v. ad basin spicarum cæterum mascularum lateralibus. (*America et Africa occ. trop.* [1])

**105. Ophthalmoblapton** Allem. [2] — Flores monœci; calyce masculo urceolari, vertice depresso perforato. Stamen 1, centrale in fundo calycis situm; filamento erecto; anthera apicali, 2-loculari, longitudinaliter 2-rimosa. Sepala fœminea 6, crassa erecta, 2-seriatim imbricata, inæqualia; interiora dorso subcarinata v. costata. Germen 3-loculare; loculis sepalis exterioribus oppositis; ovulo solitario; micropyle extrorsum supera, obturatore parvo obtecta; stylo erecto columnari, apice incrassato ibique concavo et intus stigmatoso; ore breviter 3-gono, 3-labio. Capsula 3-cocca; seminibus glabris exarillatis; embryonis albuminosi cotyledonibus late foliaceis, basi digitinerviis. — Arbor magna; succo lacteo acri; foliis alternis petiolatis oblongo-lanceolatis penninerviis venosis grosse dentatis coriaceis; stipulis (ut videtur) parvis caducis; gemmis ramulorum terminalibus crasse hemisphæricis resinosis; floribus [3] in spicas axillares subsimplices v. ramosas dispositis; inferioribus spicæ paucis v. 1 fœmineis majusculis; reliquis superioribus masculis solitariis v. glomerulatis et gemmis racheos emersis aperturaque transversa osculiformibus. (*Brasilia mer.* [4])

**106. Tetraplandra** H. Bn [5]. — Flores monœci; calyce masculo inæquali-3-5-partito, imbricato. Stamen 1, 4-loculare, v. antheræ 2, summæ columnæ centrali ad basin dilatatæ articulatæque insertæ, longitrorsum adnatæ; loculis longitudinaliter rimosis. Calyx fœmineus 5-partitus, imbricatus. Germen 3-loculare; loculis 1-ovulatis; stylo erecto, mox 3-fido; lobis simplicibus recurvo-patulis, intus valde plumoso-stigmatosis. Fructus...? — Arbor; foliis alternis petiolatis, 2-stipulatis; limbo basi 2-glanduloso penninervio; floribus monœcis; masculis amentiformi-spicatis, bracteis scariosis, 1-floris, primum connatis, spurie involucratis; fœmineis ad apicem ramulorum solitariis v. paucis sessilibus, bracteis paucis glandulosis imbricatis cinctis. (*Brasilia* [6].)

1. Spec. 2, 3. W., *Enum. pl. Hort. berol.*, 997. — Tuss., *Fl. Ant.*, IV, 21. — Descourt., *Fl. Ant.*, t. 124. — H. Bn, in *Adansonia*, I, 77; V, 344.

2. In *Guanabar.* (dec. 1849), n. 4, c. ic.; in *Ann. sc. nat.*, sér. 3, XIII, 119; in *Bot. Zeit.* (1854), 457. — H. Bn, *Euphorb.*, 547; in *Adansonia*, XI, 126. — M. Arg., *Prodr.*, 1155.

3. « Luteo-virescentibus. »

4. Spec. 1. *O. macrophyllum* Allem., *loc. cit.* — Walp., *Ann.*, III, 361.

5. *Euphorb.*, 549, t. 5, fig. 8-10; in *Ann. sc. nat.*, sér. 4, IX, 200. — M. Arg., *Prodr.*, 1230.

6. Spec. 1. *T. Leandri* H. Bn, *loc. cit.*; in *Adansonia*, V, 344.

**107. Algernonia** H. Bn [1]. — Flores monœci ; calyce masculo inæquali-3-5-lobo, imbricato, basi crassa glanduloso-incrassato. Stamen 1, centrale ; filamento haud articulato ; antheræ erectæ apiculatæ, 2-dymæ, loculis 2, longitrorsum adnatis, lateraliter rimosis. Calyx fœmineus cupularis, glanduloso-3-denticulatus, persistens. Germen 3-loculare, sub apice loculorum horizontaliter inæquali-lobato-dilatatum ; loculis 1-ovulatis ; stylo erecto columnari, mox 3-fido ; lobis simplicibus compressiusculis, intus stigmatosis. Fructus suberoso-capsularis, demum 3-coccus, depresso-turbinatus et horizontaliter quasi in annulum sublobatum dilatato-alatus, breviter apiculatus ; semine...? — Arbuscula ; foliis alternis stipulatis penninerviis crenatis, basi superne 2-glandulosis ; floribus terminalibus dense spicatis ; inferioribus spicæ paucis fœmineis. (*Brasilia mer.* [2])

**108. Dalembertia** H. Bn [3]. — Flores monœci apetali ; masculo 1-andro ; filamento primum incurvo, apice antheram introrsam [4], 2-rimosam, dorsoque ad medium bracteolam [5] unam gerente, demum sub ejus insertione articulato. Floris fœminei sepala 3, nunc basi connata, parva, imbricata, basi glandulis 2 stipulaceis marginequae altius glandulis inæqualibus minoribus munita. Gynæceum (*Excœcariœ*) 3-merum : loculis cum sepalis alternantibus ; stylo erecto ad medium 3-fido ; ramis recurvis v. revolutis, intus stigmatosis. Capsula 3-cocca ; seminibus exarillatis glabris. — Suffrutices ; foliis alternis petiolatis, 2-stipulatis, rhombeis, repando-dentatis v. lobatis, rarius subintegris ; floribus [6] in racemos terminales 1- v. 2-sexuales dispositis ; inferioribus in androgynis fœmineis paucis ; pedicello erecto v. refracto ; bracteis imbricatis, 1-floris, apiculatis, basi crasse 2-glandulosis. (*Mexico* [7].)

**109. Anthostema** A. Juss. [8] — Flores monœci ; calyce masculo membranaceo parvo, inæquali-3-6-dentato. Stamen 1, centrale ; filamento erecto subulato ; antheræ terminalis loculis longitudinaliter

1. *Euphorb.*, 546, t. 2, fig. 30-32. — M. Arg., in *Linnæa*, XXXII, 84 ; *Prodr.*, 1230.
2. Spec. 1. *A. brasiliensis* H. Bn, *loc. cit.* ; in *Ann. sc. nat.*, sér. 4, IX, 198.
3. *Euphorb.*, 545, t. 5, fig. 11-15. — M. Arg., in *Linnæa*, XXXIV, 218 ; *Prodr.*, 1225.
4. Facie antheræ in alabastro concavitati filamenti incurvi contigua, demum axin inflorescentiæ spectante.

5. Bracteola bracteæ florali superposita est (an « e duabus lateralibus connata » M. Arg.), ante anthesin concavitate sua antheram fovens.
6. Parvis, virescentibus.
7. Spec. ad 1. H. Bn, in *Adansonia*, XI, 124 ; in *Ann. sc. nat.*, sér. 4, IX, 195.
8. A. Juss., *Euphorb.*, 56, t. 18, fig. 60. — Endl., *Gen.*, n. 5767. — H. Bn, *Euphorb.*, 59, 543, t. 5, fig. 1-7 ; in *Ann. sc. nat.*, sér. 3, IX, 193. — Boiss., *Prodr.*, 188.

rimosis. Floris fœminei calyx gamophyllus, 3-5-fidus. Germen 3-locu-
lare; loculis 1-ovulatis ; stylo cylindrico v. longe conico; ramis 3,
sæpius brevibus recurvis, apice 2-lobis, intus sulcatis et papilloso-
stigmatosis. Capsula 3-cocca; coccis 2-valvibus, 1-spermis; semine
subtereti v. ancipiti-compresso, ad micropylem arillato ; embryonis
copiose albuminosi cotyledonibus foliaceis, nunc lateralibus. — Arbores ;
succo lacteo; foliis alternis penninerviis coriaceis; stipulis caducis; floribus in racemos breves terminales v. sæpius axillares ramoso-cymiferos
dispositis; cymis singulis subcapituliformibus, flore fœmineo centrali
demumque lateraliter dejecto involucellato terminatis. Bracteæ involu-
celli plerumque 4, basi glandulis lateralibus sessilibus discoideis mu-
nitæ, demum laterales. Flores masculi in axilla bractearum singularum
cymosi; cymis 1-paris; pedicellis sub calyce articulatis; bracteis sub
inflorescentia tota lateralibus [1]; singulis gemma axillari glanduliformi [2]
stipatis. (*Africa trop. occ., Madagascaria* [3].)

---

## VI. DICHAPETALEÆ.

140. **Dichapetalum** Dup.-Th. — Flores hermaphroditi v. polygami,
5-meri; receptaculo convexo, rarius leviter v. nunc valde concavo ;
perianthio inde et androcæo superis, rarius semi-inferis v. omnino
inferis. Sepala libera v. basi connata, subæqualia, imbricata. Petala
alterna libera æqualia, apice cucullato-2-fida v. 2-loba, medio intus
ligula inflexa v. costa prominula verticali munita, induplicato-valvata
v. subimbricata. Stamina 5, alternipetala; filamentis liberis ; antheris
introrsis ; connectivo crassiusculo ; loculis longitudinaliter rimosis.
Glandulæ disci hypogyni 5, oppositipetalæ, subintegræ v. 2-lobæ,
liberæ v. connatæ. Germen liberum, nunc ex parte v. omnino inferum
receptaculique concavitati adnatum, 2-3-loculare ; ovulis in loculo 2,
collateraliter descendentibus; micropyle extrorsum supera; obturatore
parvo, nunc crassiusculo, v. 0; stylo mox in ramos 2, 3, intus ad
apicem stigmatosos, diviso. Fructus siccus, coriaceus v. drupaceus ;
putamine 1-3-loculari, indehiscente ; exocarpio plus minus carnoso,
longitudinaliter inter loculos fisso. Semina 1-3; embryonis crassi carnosi exalbuminosi cotyledonibus plano-convexis; radicula brevi supera.
— Arbusculæ v. frutices, nunc scandentes; foliis alternis petiolatis

---

1. Involucrum commune (A. Juss.).  3. Spec. 3. H. Bn, in *Adansonia*, I, 78 ; II,
2. Pro glandulis involucri habita (A. Juss.).  32 ; V, 366, not.

integris peuninerviis coriaceis; stipulis parvis, caducis; floribus in racemos axillares plus minus elongato-ramosos dispositis; ramis composito-cymiferis; pedunculo plus minus alte cum petiolo connato. (*Orb.* *tot. reg. trop.*) — *Vid. p.* 139.

**111. Stephanopodium** Pœpp. et Endl.. — Flores (fere *Dichapetali*) regulares; corolla gamopetala; tubo infundibuliformi v. nunc obconico, rarius (*Isorthosiphon*) cylindrico; lobis æqualibus v. inæqualibus, nunc minimis, imbricatis. Stamina 5, alternipetala; antheris introrsis subsessilibus, corollæ fauci insertis. Glandulæ hypogynæ 5, liberæ v. connatæ. Germen 2–loculare; ovulis, fructu, seminibus cæterisque *Dichapetali*. — Arbores v. frutices; foliis alternis stipulatis; floribus in glomerulos compositos ad summum petiolum adnatos dispositis congestis crebris. (*America trop.*) — *Vid. p.* 141.

**112. Tapura** Aubl. — Flores hermaphroditi irregulares (fere *Stephanopodii*); corolla gamopetala; lobis 5, inæqualibus, imbricatis, quorum majora 2, 2–cucullata (*Dichapetali*), 3 autem minora, plerumque simplicia. — Stamina alternipetala fauci inserta, quorum fertilia plerumque 3; sterilia autem sæpius 2, ananthera minuta (*Eutapura*), v. rarissime fertilia 5, æqualia (*Dischizolœna*). Discus incompletus lateralis. Gynæceum, fructus seminaque *Dichapetali*. — Arbusculæ v. frutices; foliis inflorescentiisque summo petiolo adnatis subsessilibus *Stephanopodii*. (*America trop.*, *Africa trop. occ.*) — *Vid. p.* 141.

---

## VII. PHYLLANTHEÆ.

**113. Wielandia** H. Bn. — Flores monœci regulares; calyce masculo imbricato. Petala 5, calyce longiora, imbricata. Stamina 5, alternipetala; filamentis columnæ centrali adnatis, apice liberis; antheris introrsis, demum reflexis subhorizontalibus, 2–rimosis. Discus extrastaminalis cupularis, ante sepala nunc 5-angulatus. Gynæcei rudimentum summæ columnæ impositum; ramis 5, oppositipetalis stellatim radiantibus, apice 2–fidis. Floris fœminei perianthium discusque ut in mare. Germen sessile subglobosum; loculis 5, oppositipetalis; ovulis in singulis 2, collateraliter descendentibus; micropyle extrorsum supera, crasse obturata; styli ramis 5, apice stigmatoso reflexo-2-lobis. Fructus 5-coccus...? — Frutex glaber; foliis alternis petiolatis, 2-stipulatis, integris penninerviis; floribus in racemis brevibus axillaribus alterne cymosis; cymis in axilla bractearum v. foliorum parvorum 1-2-sexualibus; fœmineis cymosis v. in cyma 2-sexuali centralibus; masculis numerosioribus gracilius et brevius pedicellatis. (*Africa ins. or. trop.*, *India* ?) — *Vid. p.* 142.

114. **Savia** W. [1] — Flores (fere *Wielandiæ*) monœci v. diœci (*Eusavia* [2]); calyce imbricato. Petala 5, v. abortu pauciora, suborbiculata (*Charidia* [3]), v. angusta (*Petalodiscus* [4], *Eusavia*). Discus annularis (*Eusavia*) v. e glandulis 5, brevibus crassis (*Charidia*), nunc latis petaloideis (*Petalodiscus*), constans. Androcæum *Wielandiæ*. Perianthium fœmineum discusque ut in flore masculo. Germen 3-loculare. Capsula 3-locularis; coccis 2-valvibus. Semina exarillata; embryonis albuminosi cotyledonibus planis v. albumine latioribus plus minus corrugatis. — Arbusculæ v. frutices; foliis alternis stipulatis (*Wielandiæ*); floribus in racemos nunc abbreviatos cymiferos dispositis; fœmineis quam masculis longius et crassius pedicellatis; rachi racemorum nunc ancipiti-complanata. (*India occ.*, *Malacassia* [5].)

115? **Actephila** Bl. [6] — Flores (fere *Saviæ*) monœci v. diœci; receptaculo subplano v. concaviusculo; sepalis petalisque (inde nunc perigynis) imbricatis. Discus extrastaminalis, 5-lobus. Stamina 5, circa rudimentum gynæcei 3-lobum inserta; filamentis liberis v. plus minus alte connatis; antheris subglobosis; loculis brevibus, longitrorsum adnatis, sæpius introrsum rimosis. Perianthium discusque floris fœminei ut in masculo. Germen [7] 3-loculare; loculis 2-ovulatis; obturatore crasso; styli ramis 3, 2-fidis. Capsula 3-cocca; coccis 2-valvibus. Semina exarillata; albumine 0, v. parco inter plicas embryonis mucoso; radicula brevi; cotyledonibus inæqualibus crassis; altera dorso convexa alteram dorso concavam margine late refractam longitrorsum subinvolvente; v. nunc (*Lithoxylon*) invicem longitrorsum spiraliter multoties

1. *Spec.*, IV, 771 (nec RAFIN.). — A. JUSS., *Euphorb.*, 15, t. 2. — ENDL., *Gen.*, n. 5866. — H. BN, *Euphorb.*, 569 (part.). — M. ARG., *Prodr.*, 228 (part.).
2. H. BN, *Euphorb.*, 570, t. 26, fig. 20-23.
3. H. BN, *loc. cit.*, 572.
4. H. BN, *loc. cit.*, 571, t. 22, fig. 11-14.
5. Spec. ad 12. Sw., *Prodr.*, 100 ; *Fl. ind. occ.*, 1179 (*Croton*). — SPRENG., *Syst.*, III, 903. — A. RICH., *Cuba*, III, 216, t. 70 (*Phyllanthus*). — GRISEB., *Pl. Wright.*, 157 ; *Fl.*

*brit. W.-Ind.*, 32 ; in *Nachr. d. Ges. Univ. Gœtt.* (1865), 163. — H. BN, in *Adansonia*, II, 33 ; VIII, 345.
6. *Bijdr.*, 581. — ENDL., *Gen.*, n. 5867. — M. ARG., *Prodr.*, 224. — H. BN, in *Adansonia*, VI, 360 ; t. 10. — *Lithoxylon* ENDL., *Gen.*, n. 5863. — H. BN, *Euphorb.*, 590. — *Anomospermum* DALL., in *Hook. Journ.* (1851), 228.
7. Nunc staminibus sterilibus v. fertilibus 1-paucis, filamento brevi antheraque extrorsa, basi cinctum. (*Adansonia*, VI, t. 10, fig. 5.)

convolutis. — Arbores v. arbusculæ; foliis alternis penninerviis integris stipulatis; floribus e gemmis axillaribus prodeuntibus; masculis cymosis paucis v. 0 ; fœmineis longius et crassius pedicellatis cum masculis mixtis paucis v. solitariis cymosisve [1]. (*Asia austr. et Oceania trop.* [2])

**116? Discocarpus** Kl. [3] — Flores diœci (fere *Actephilæ*); receptaculo leviter concavo. Sepala 5, subperigyna [4], imbricata. Stamina circa gynæcei rudimentum receptaculo haud producto inserta; antheris introrsis oblongis, mox exsertis. Calyx fœmineus 5-phyllus. Petala evoluta, rudimentaria v. ex parte deficientia. Discus extrastaminalis, staminodia, gynæceum ovulaque et capsula *Actephilæ;* seminibus membranaceo-arillatis; embryonis exalbuminosi cotyledonibus foliaceis plicato-subconvolutivis. — Arbores; ramulis apice spinescentibus; foliis alternis integris; floribus axillaribus; masculis glomerulatis; fœmineis numero minoribus cymosis brevissime pedicellatis [5]. (*America austr. trop.* [6])

**117. Amanoa** Aubl. [7] — Flores monœci v. rarius diœci, 5-meri raro 3-6-meri; receptaculo plus minus, nunc parce (*Euamanoa*[8], *Stenonia*[9], *Pentabrachium*[10]) concavo cupularique. Perianthium receptaculi margini insertum plus minus alte perigynum ; sepalis valde imbricatis v. margine oblique secto subvalvatis (*Euamanoa, Pentabrachium*), sæpius omnino valvatis (*Bridelia*[11], *Lebidieropsis*[12], *Stenonia, Nanope-*

1. Gen. *Saviæ* proxim. (cujus forte sect. ?), differt perigynia sæpius lævi, albumine parco mucoso v. 0, cotyledonibus magis plicatis v. amplis et spiraliter convolutis.

2. Spec. ad 8. Wight, *Icon.*, t. 1910. — Miq., *Fl. ind.-bat.*, 1, p. II, 356. — Thw., *Enum. pl. Zeyl.*, 280. — Hassk., *Hort. bog.*, 243 (*Savia*). — Lindl., *Coll.*, t. 9 (*Securinega*). — H. Bn, *Euphorb.*, 571 (*Savia*). — M. Arg., in *Linnæa*, XXXII, 77 ; XXXIV, 65 (*Lithoxylon*). — Benth., *Fl. austral.*, VI, 88. — H. Bn, in *Adansonia*, VI, 330.

3. In *Erichs. Arch.*, VII, 201, t. 9, fig. C ; in *Hook. Journ.* (1843), 52. — Endl., *Gen.*, n. 5864 [1]. — H. Bn, *Euphorb.*, 585, t. 22, fig. 1. — M. Arg., *Prodr.*, 223.

4. Sæpius inæqualia.

5. Gen. forte melius ad sectionem *Actephilæ* v. *Amanoæ* referendum.

6. Spec. 2. M. Arg., in *Linnæa*, XXXII, 78. — H. Bn, in *Adansonia*, V, 345.

7. *Guian.*, I, 256, t. 101. — J., *Gen.*, 437. — Lamk, *Dict.*, I, 114 ; *Ill.*, t. 767. — Adr. Juss., *Euphorb.*, 15, t. 2, fig. 6. — Endl.,

*Gen.*, n. 5862. — H. Bn, *Euphorb.*, 579, t. 26, fig. 48-50 ; in *Adansonia*, XI, 145. — M. Arg., *Prodr.*, 219, 1269 (incl. : *Bridelia* W., *Candelabria* Hochst., *Cleistanthus* Hook, F., *Lebidiera* H. Bn, *Lebidieropsis* M. Arg., *Leiopyxis* Miq., *Micropetalum* Poit., *Nanopetalum* Hassk., *Pentabrachion* M. Arg., *Pentameria* Kl , *Stenonia* H. Bn, *Zarcoa* Llan.).

8. H. Bn, *Euphorb.*, 580, sect. 1. — *Amanoa* M. Arg., *Prodr.*, 219.

9. H. Bn, *Euphorb.*, 578, t. 22, fig. 2-9; in *Adansonia*, XI, 116.— M. Arg., *Prodr.*, 511.

10. M. Arg., in *Flora* (1864), 532; *Prodr.*, 223.

11. W., *Spec.*, IV, 979.—A. Juss., *Euphorb.*, 26, t. 7, fig. 22 (*Bridelia*). — Endl., *Gen.*, n. 5839. — H. Bn, *Euphorb.*, 582, t. 25, fig. 25-33. — M. Arg., *Prodr.*, 492. — *Zarcoa* Llan., in *Mem. Ac. cienc. Madrid*, IV, 501. — *Candelabria* Hochst., in *Flora* (1843), I, 79. — *Pentameria* Kl., ex H. Bn, in *Adansonia*, II, 39.

12. M. Arg., in *Linnæa*, XXXII, 79 ; *Prodr.*, 509.

*talum* [1], *Cleistanthus* [2]). Petala cum sepalis alternantia, plerumque parva brevia, sæpe subrhombea, varie 3-5-loba, basi attenuata, sæpe subspathulata, sæpius inter se haud contigua, rarius imbricata. Discus subsimplex v. duplex, receptaculum intus vestiens, extus inter petala plus minus prominulus v. lobatus, intus in flore fœmineo adscendens, germen alte plerumque plus minus laxe cingens, demum circa fructus basin persistens, 3-angulari-5-lobus v. dentatus. Stamina (in flore fœmineo rudimentaria, sterilia v. 0) petalorum numero æqualia, summæ columnæ centrali elongatæ tenui v. rarius crassæ brevissimæque (*Euamanoa, Stenonia*) verticillatim sub gynæceo rudimentario longiusculo inserta; filamentis cæterum liberis; antheris introrsis, 2-rimosis. Germen (in flore masculo rudimentarium) 2-3-loculare; loculis 2-ovulatis; styli ramis 2, 3, apice stigmatoso 2-lobis v. 2-fidis. Fructus 2, 3-coccus, aut capsularis (*Cleistanthus, Nanopetalum, Lebidieropsis*), nunc extus plus minus carnosus, ægre v. tarde dehiscens (*Euamanoa*), aut rarius carnosus v. subbaccatus, indehiscens (*Bridelia*). Semina ad hilum impressa v. haud impressa, exalbuminosa (*Euamanoa, Nanopetalum*) v. albuminosa (*Cleistanthus, Bridelia, Lebidieropsis*) exarillata; embryonis plus minus evoluti cotyledonibus in seminibus exalbuminosis plano-convexis crassis; in albuminosis crassis planis (*Lebidieropsis*), foliaceo-complanatis, rectis (*Bridelia*) v. plicatis (*Cleistanthus*). — Arbores v. frutices; foliis alternis, petiolatis v. sessilibus, integris v. dentatis, glabris v. pilosis, penninerviis venosis, 2-stipulatis; floribus in axillis foliorum v. bractearum interdum evolutarum foliiformium cymosis v. glomerulatis bracteatis; inflorescentia simplici v. ramosa, nunc spiciformi v. substrobiliformi; bracteis bracteolisque imbricatis [3]. (*Orb. tot. reg. trop.* [4])

**118. Andrachne L.** [5] — Flores monœci, nunc apetali (*Cluytian-*

1. HASSK., in *Verh. Kœn. Ac. Amst.*, IV, 140; in *Bull. Soc. bot. de Fr.*, VI, 716; in *Bot. Zeit.* (1858), 803; in *Flora* (1857), 534; *Retzia*, 65. — M. ARG., *Prodr.*, 510.
2. HOOK. F., in *Hook. Icon.*, t. 779. — *Caud abria* PL., in *Ann. sc. nat.*, sér. 4, II, 264 (nec HOCHST.).—*Lebidiera* H. BN, *Euphorb.*, Att., 50, t. 27, fig. 1-4. — *Leiopyxis* MIQ., *Fl. ind.-bat.*, Suppl., 445.
3. Sect. 7: 1. *Euamanoa* (H. BN); 2. *Pentabrachium* (M. ARG); 3. *Stenonia* (H. BN); 4. *Nanopetalum* (HASSK.); 5. *Candelabria* (HOCHST.); 6. *Lebidieropsis* (M. ARG.); 7. *Bridelia* (W.).

4. Spec. ad 50. L. *Spec.*, 1475 (*Clutia*). — ROXB., *Pl. coromand.*, II, 37, t. 169, 170; III, t. 171-173 (*Clutia*). — BL., *Bijdr.*, 597 (*Bridelia*). — PL., in *Hook. Icon.*, t. 797.—WIGHT, *Icon.*, t. 1911. — BERTOL. F., *Mozamb.*, 4, 16, t. 6. — M. ARG., in *Seem. Journ.*, I, 327; in *Flora* (1864), 515 (*Bridelia*). — THW., *Enum. pl. Zeyl.*, 274 (*Briedelia*), 280. — BENTH., *Fl. austral.*, VI, 119 (*Briedelia*), 121 (*Cleistanthus*). — H. BN, in *Adansonia*, I, 79; II, 36, 37 (*Briedelia*), 229 (*Briedelia*); III, 164 (*Bridelia*); VI, 345; VI, 335.
5. *Gen.*, n. 709. — J., *Gen.*, 387. — GÆRTN., *Fruct.*, II, 124, t. 108. — LAMK,

*dra*[1]); receptaculo convexo v. concaviusculo. Perianthium hypogynum
v. breviter perigynum, plerumque 5-merum; sepalis imbricatis; petalis
imbricatis v. angustis haud contiguis. Disci extrastaminalis glandulæ
oppositipetalæ, liberæ v. in urceolum membranaceum crenatum connatæ. Stamina 5, alternipetala, receptaculo haud v. vix elevato circa
gynæceum rudimentarium forma varium inserta; filamentis liberis
v. sæpius 1-adelphis; antheris introrsis v. lateralibus; loculis brevibus,
longitudinaliter rimosis. Germen 3-loculare; loculis 2-ovulatis; styli
ramis 3, apice stigmatoso 2-fidis v. 2-lobis. Capsula 3-cocca; seminibus
albuminosis exarillatis. — Frutices, suffrutices v. herbæ; caule erecto
v. decumbente; foliis alternis stipulatis penninerviis v. sub-3-nerviis;
floribus [2] axillaribus solitariis v. cymosis, rarius in racemos cymiferos
dispositis; pedicellis fœmineis crassioribus longioribus[3]. (*Orb. utriusque
reg. calid. et temp.*[4])

119. **Poranthera** RUDGE [5]. — Flores monœci; receptaculo subplano
v. convexiusculo. Sepala 5, imbricata petalaque totidem alterna breviora, imbricata. Disci glandulæ 5, oppositipetalæ, 2-lobæ. Stamina 5,
alternipetala; filamentis sub gynæceo rudimentario e laminis 3, membranaceis subpaleaceis obovatis constante, insertis, liberis, demum elongatis et valde incurvis; antheris basifixis; locellis 4, apice breviter
rimosis subporicidis. Germen 3-loculare; loculis 2-ovulatis; styli ramis
3, usque ad basin 2-partitis papilloso-stigmatosis. Capsula 3-cocca;
seminibus plerumque 6, subglobosis foveolatis; embryonis teretis cotyledonibus semicylindricis radiculæ subæqualibus v. brevioribus. —
Herbæ v. suffruticuli ericoidei, erecti v. diffuse ramosi; foliis alternis

*Dict.*, I, 152; *Suppl.*, I, 348; *Ill.*, t. 797. —
A. JUSS., *Euphorb.*, 24, t. 6, fig. 29. — NEES,
*Gen.*, II, t. 39. — ENDL., *Gen.*, n. 5841. —
H. BN, *Euphorb.*, 575, t. 27, fig. 18. —
M. ARG., *Prodr.*, 232. — *Telephioides* T.,
*Inst.*, *Cor.*, 50, t. 485.—*Arachne* NECK., *Elem.*,
n. 1146. — *Eraclissa* FORSK., *Descr. æg.-
arab.*, 208. — *Limeum* FORSK., *loc. cit.* (neç
L,). — *Maschalanthus* NUTT., *Fl. arkans.* (nec
AUCTT.). — *Leptopus* DCNE, in *Voy. Jacquem.*,
*Bot.*, IV, 155, t. 156. — *Lepidanthus* NUTT.,
mss. (ex TORR., *Mex. bound. surv.*, 193). —
*Phyllanthopsis* SCHEEL., in *Linnœa*, XXV, 584.
— *Phyllanthidea* DIEDR., *Pl. nonn. Mus. hafn.*
(1853), 29.
1. M. ARG., in *Seem. Journ.* (1864), 328;
*Prodr.*, 225.
2. Parvis, sæpius viridulis, luteis v. albidis.
3. Gen. hinc *Phyllantho* affine, inde *Amanoæ*

a cujus sect. hypogyn. glandularum oppositipet.
situ imprimis differt.
4. Spec. ad 12. LAMK, *Dict.*, II, 212, n. 35
(*Croton*). — SPRENG., *Syst.*, III, 884. —
SIBTH., *Fl. græc.*, X, t. 953. — REICHB., *Ic. Fl.
germ.*, V, fig. 4807. — DCNE, in *Ann. Mus.*,
III, 484. — SCHEELE, in *Linnœa*, XXV, 583
(*Cluytia*). — SOND., in *Linnœa*, XXIII, 135
(*Phyllanthus*). — BGE, *Enum. pl. chin.*, 59. —
KL., in *Waldem. Reis.*, 117, t. 24 (*Phyllan-
thus*). — MIQ., *Fl. ind.-bat.*, I, p. II, 365. —
BOISS., *Diagn. pl. or.*, VII, 86. — M. ARG., in
*Linnœa*, XXXII, 78. — H. BN, in *Adansonia*,
III, 153; VI, 334.
5. In *Trans. Linn. Soc.*, X, 302, t. 22,
fig. 2. — AD. BR., in *Ann. sc. nat.*, sér. 1,
XXIX, 383. — ENDL., *Gen.*, n. 5859.— H. BN,
*Euphorb.*, 573, t. 25, fig. 1-9. — M. ARG.,
*Prodr.*, 194.

stipulatis angustis linearibus; floribus [1] ad summos ramulos racemosis
v. subumbellatis, in axilla foliorum supremorum v. bractearum solitariis; inferioribus fœmineis; cæteris masculis. (*Australia* [2].)

120? **Lachnostylis** Turcz.[3] — Flores (fere *Andrachnes* v. *Amanoœ* [4])
diœci; receptaculo subplano v. brevissime cupulari. Sepala petalaque 5,
imbricata. Discus extrastaminalis. Stamina 5, cum petalis alternantia,
sub gynæcei rudimento 3-fido summæ columnæ centrali verticillatim
inserta; antheris introrsis, 2-rimosis. Germen 3-loculare; loculis 2-ovu-
latis; obturatore crasso; styli ramis 2-fidis. Capsula 3-cocca; seminibus...? — Frutex dense ramosus; foliis alternis penninerviis integris
subcoriaceis, minute stipulatis; floribus axillaribus; masculis cymosis;
fœmineis solitariis [5]. (*Africa austr.* [6])

121. **Payeria** H. Bn [7]. — Flores diœci; masculi...? Calyx fœmineus
gamophyllus campanulatus, breviter 5-dentatus, valvatus (?). Petala 5,
cum dentibus calycis alternantia eoque breviora inclusa squamiformia,
imbricata. Discus hypogynus evolutus subcampanulatus, integer v.
inæquilobatus, germini adpressus. Germen [8] liberum; loculis 5, 2-ovu-
latis[9], calycis dentibus oppositis; stylo erecto, apice stigmatoso sub-
integro. Capsula 5-cocca, 10-costata, perianthio et disco persistentibus cincta; coccis 1-2-spermis; seminibus peritropis reniformibus;
micropyle extrorsum supera; embryonis albuminosi arcuati radicula
conica supera. — Arbores; foliis alternis v. oppositis exstipulatis (?)
integris penninerviis; floribus fœmineis in racemos axillares plus minus
ramoso-cymigeros dispositis. (*Malacassia, ins. Mascaren.* [10])

122. **Caletia** H. Bn [11]. — Flores monœci; sepalis 6, alternatim verticillatis, imbricatis; interioribus majoribus subpetaloideis. Stamina 6,
2-seriata, sepalis opposita; filamentis liberis, circa gynæceum rudimen-

1. Parvis albis; sepalis subpetaloideis.
2. Spec. 5, 6. Ad. Br., in *Voy. Coq., Bot.,*
218, t. 50. — Kl., in *Lehm. Pl. Preiss.,* II,
230. — Hueg., in *Bot. Arch.,* t. 8. — Sond., in
*Linnæa,* XXVIII, 567. — Benth., *Fl. austral.,*
VI, 54. — H. Bn, in *Adansonia,* VI, 331.
3. In *Bull. Mosc.* (1846), 503; in *Flora*
(1848), 300; in *Linnæa,* XXIII, 131. — Sond.,
in *Linnæa,* XXIII, 131. — H. Bn, *Euphorb.,*
224. — M. Arg., *Prodr.,* 224.
4. *Stenoniœ* ante omnia proxim.; receptaculo
eod.; differt imprim. calycis æstivatione.
5. Gen. forte ad *Amanoam* reducendum (?).

6. Spec. 1. *L. hirta* M. Arg. — *L. capensis*
Turcz. — *L. minor* Sond. — *Clutia hirta* L.,
*Suppl.,* 432. — Vahl, *Symb.,* II, 101. —
*C. acuminata* Thunb., *Prodr.,* 53; *Fl. cap.,*
ed Sch., 272.
7. In *Adansonia,* I, 50, t. 3. — M. Arg., in
*Linnæa,* XXXIV, 65; *Prodr.,* 226.
8. Fere *Glochidiorum.*
9. Ovula subhemitropa, descendentia.
10. Spec. 2, quar. altera (borbonica) nitis
aureis germinis conspicua, oppositifolia.
11. *Euphorb.,* 553, t. 26, fig. 1-18. —
M. Arg., *Prodr.,* 194.

tarium glandulosum margine in lobos 3, sepalis exterioribus oppositos, emarginato-2-lobos, incisum, insertis; antheris ellipsoideis extrorsis, 2-rimosis. Germen disco hypogyno tenui annulari cinctum; loculis 3, 2-ovulatis; obturatore crasso; styli ramis 3, apice stigmatoso subulatis integris. Capsula 3-cocca; seminibus exarillatis albuminosis. —Frutices v. suffrutices divaricato-ramosi v. ramosissimi; foliis simplicibus integris angustis (subericoideis) penninerviis, nunc sessili-3-foliolatis; stipulis angustis v. haud conspicuis; floribus [1] in pulvinulis dense bracteatis axillaribus cymosis; fœmineis sæpe solitariis[2]. (*Australia, Tasmania*[3].)

**123. Micrantheum** Desf.[4] — Flores diœci (fere *Caletiæ*); staminibus 3, sepalis exterioribus oppositis. Gynæcei rudimentarii glandulosi lobi 3, sepalis interioribus majoribus oppositi. Cætera *Caletiæ*. — Frutex ericoideus virgato-ramosus; foliis alternis angustis rigidis stipulatis; inflorescentia *Caletiæ*. (*Australia*[5].)

**124? Choriceras** H. Bn[6]. — Flores diœci (fere *Caletiæ*) vel monœci(?); calycis imbricati foliolis 6, 2-seriatis; exterioribus in flore masculo brevioribus. Stamina 6 (v. 5, 7); filamentis liberis circa basin leviter incrassatam gynæcei rudimentarii conico-cylindrici integri insertis, apice recurvis; antheris extrorsis; loculis adnatis rimosis. Staminodia (v. glandulæ bacillares?) 3, sepalis interioribus floris fœminei anteposita hypogyna erecta, basi incrassata. Germen sessile; loculis 3, cum staminodiis alternantibus, supra ad medium liberis et singulis in stylum liberum revolutum intus stigmatosum attenuatis; ovulis in singulis 2-nis, ad medium anguli interni insertis; micropyle extrorsum supera; obturatore carnosulo fornicato. Fructus 3-coccus, apice cornubus 3, discretis periphericis, coronatus; columella brevi tenui; coccis demum 2-valvibus; seminibus in singulis 1, 2, exarillatis. — Frutex; ramulis oppositis, junioribus villosulis; foliis oppositis, breviter petiolatis, exstipulatis penninerviis; floribus in cymas axillares dispositis;

---

1. Albidis.

2. Sect. 2 (M. Arg.) : 1. *Eucaletia*, fol. 3-foliolat.; 2. *Microcaletia*, fol. simplicibus.

3. Spec. 4 (ex Benth. 1). Hook. F., in *Hook. Lond. Journ.*, VI, 283 (*Micrantheum*). — F. Muell., in *Trans. Phil. Soc. Vict.* (1857), II, 66 (*Pseudanthus*). — M. Arg., in *Flora* (1864), 486; in *Linnæa*, XXXII, 79; XXXIV, 55. — Benth., *Fl. austral.*, VI, 57, n. 2 (*Micrantheum*); 59, n. 2; 60, n. 4, 5 (*Pseudanthus*); 62, n. 1 (*Stachystemon*). — H. Bn, in *Adansonia*, VI, 326.

4. In *Mém. Mus.*, IV, 253, t. 14. — Lamk, *Ill.*, III, Suppl., 706, t. 994 (*Micranthea*). — A. Juss., *Euphorb.*, 24.—Endl., *Gen.*, n. 5845. — H. Bn, *Euphorb.*, 555, t. 26, fig. 19. — M. Arg.; *Prodr.*, 195.

5. Spec. 1. *M. ericoides* Desf., *loc. cit.* — Spreng., *Syst.*, IV, 835. — H. Bn, in *Adansonia*, VI, 328. — Benth., *Fl. austral.*, VI, 57, n. 1 (exclus. specieb. cæteris a cl. auct. enumerat. et a nob. ad gen. *Caletiam* relatis). — *M. boroniaceum* F. Muell., *Fragm.*, I, 32.

6. In *Adansonia*, XI, 119.

masculis crebris; fœmineis paucis longius pedicellatis, 2-chotome cymosis. (*Australia*[1].)

125. **Pseudanthus** SPRENG. [2] — Flores monœci apetali (fere *Caletiœ*);
sepalis 6, 2-seriatim imbricatis; interioribus subpetaloideis v. exterioribus conformibus. Stamina in receptaculo elevato centralia; filamentis
longe 1-adelphis columnæ centrali adnatis; antheris extrorsis; loculis
discretis, summo filamento 2-furcato insertis, longitudinaliter rimosis.
Discus in flore sexus utriusque evolutus (*Chrysostemon*[3]); glandulis nunc
inter stamina sparsis (*Caletiopsis*[4]) v. 0 (*Eupseudanthus*[5]). Germen 2-
3-loculare; loculis 2-ovulatis; styli ramis 2, 3, simplicibus validis, intus
canaliculatis. Capsula 2-3-cocca; seminibus in coccis 1, 2, ad micropylen
arillatis; embryonis albuminosi cotyledonibus semicylindricis angustis.
— Suffrutices virgati; foliis alternis v. rarius (*Caletiopsis, Chrysoste-*
*mon*) oppositis v. subverticillatis, angustis acutis integris rigidis (ericoi-
deis) stipulatis; floribus[6] cymosis v. solitariis, aut in pulvinis exiguis
axillaribus, aut nunc apice ramulorum confertis[7]. (*Australia*[8].)

126. **Stachystemon** PL. [9] — Flores monœci apetali (fere *Pseudanthi*);
sepalis 5, 6, imbricatis. Stamina ∞; filamentis columnæ centrali elongatæ insertis; antheris extrorsis; loculis discretis in tuberculo filamen-
tari sessilibus, sæpe demum obliquis[10], longitudinaliter rimosis. Gynæceum, fructus et semina *Pseudanthi*. — Fruticuli valde ramosi ericoidei;
foliis alternis lineari-angustis glabris, 1-nerviis stipulatis; floribus in
axillis superioribus insertis confertis fœmineis paucioribus cum masculis
mixtis. (*Australia*[11].)

127. **Securinega** J. [12] — Flores monœci v. sæpius diœci apetali[13];

1. Spec. 1. *C. australiana* II. BN, *loc. cit.*
(an *Dissiliaria tricornis* BENTH., *Fl. austral.*,
VI, 91 ?).

2. *Syst., Cur. post.*, 25. — GUILLEM., in
*Dict. Hist. nat.*, XIV, 318. — ENDL., in *Flora*
(1832), 392; *Atakt.*, t. 11; *Gen.*, n. 5845[1].
— DCNE, in *Ann. sc. nat.*, sér. 2, XII, 155.—
H. BN, *Euphorb.*, 556, t. 25, fig. 16-21. —
M. ARG., in *Linnæa*, XXXIV, 55; *Prodr.*, 196.

3. KL., in *Lehm. Pl. Preiss.*, II, 322. —
ENDL., *Gen.*, n. 5859[1]. — H. BN, *Euphorb.*,
655. — *Chorizotheca* M. ARG., in *Linnæa*,
XXXII, 76.

4. M. ARG., *Prodr.*, 197.

5. M. ARG., in *Linnæa*, XXXIV, 55.

6. Parvis, virescentibus v. sæpius purpurascentibus luteisve.

7. Sect. 3 (M. ARG.) : 1. *Eupseudanthus*;
2. *Chrysostemon*; 3. *Caletiopsis*.

8. Spec. ad 7. F. MUELL., *Fragm.*, II, 14,
153. — BENTH., *Fl. austral.*, VI, 58 (part.). —
H. BN, in *Adansonia*, VI, 328.

9. In *Hook. Journ.* (1845), 471, t. 15. —
H. BN, *Euphorb.*, 560. — M. ARG., in *Linnæa*,
XXXII, 76; *Prodr.*, 198.

10. Asperulis rigide membranaceis, atrofuscis.

11. Spec. 2. BENTH., *Fl. austral.*, VI, 62,
n. 2, 3. — H. BN, in *Adansonia*, VI, 329.

12. J., *Gen.*, 388 (nec LINDL.). — POIR.,
*Dict.*, VII, 631. — A. JUSS., *Euphorb.*, 14,
t. 2, fig. 4. — ENDL., *Gen.*, n. 5864. — H. BN,
*Euphorb.*, 588, t. 26, fig. 33-38. — M. ARG.,
*Prodr.*, 446, 1273 (incl. : *Bessera* SPRENG.,
*Colmeiroa* REUT., *Flueggea* W., *Geblera* FISCR.,
*Meineckia* H. BN, *Neorœpera* F. MUELL., *Villa-*
*nova* POURR.).

13. Petala (?) olim fœminea minutissima su-
bulata glanduliformia vidi in *Meineckia* quæ, ut

sepalis sæpius 5, imbricatis, nunc 6, 2-seriatis (*Colmeiroa* [1]). Glandulæ
disci 5, cum sepalis alternantes, liberæ v. in annulum cupulamve connatæ. Stamina 5, sepalis opposita; filamentis circa gynæceum rudimentarium insertis; antheris 2-locularibus; loculis longitrorsum adnatis,
introrsum longitudinaliter (*Securinegastrum* [2]) v. sublateraliter (*Gel-
fuga* [3]), sæpius extrorsum (*Flueggea* [4]) rimosis. Germen 2-3-loculare,
in flore masculo rudimentarium, 2-3-partitum, nunc inter staminum
bases radiatim productum (*Neoræpera* [5]), disco (nunc minimo [6]) cinctum;
loculis 2-ovulatis; styli ramis 2, 3, ad apicem stigmatosum 2-fidis v. 2-lo-
bis. Fructus capsularis, 2-3-coccus, raro subcarnosus demumque tarde
v. ægre dehiscens, nunc rarius baccatus indehiscensque; seminibus
lævibus sæpe 3-gonis; embryonis albuminosi cotyledonibus planis foliaceis. — Arbusculæ v. frutices; ramis 2-stichis, nunc apice spinescentibus; foliis alternis stipulatis; floribus [7] axillaribus in cymas v. glomerulos 1-2-sexuales dispositis [8]. (*Orb. tot. reg. calid. et temp.*[9])


**128: Antidesma** BURM [10]. — Flores diœci, 3-8- v. sæpius 5-meri;
calycis laciniis varia altitudine liberis, nunc fere ad apicem connatis; præfloratione imbricata. Petala sæpius 0, raro plus minus evoluta (*Antipe-
talum* [11]). Stamina sæpius calycis laciniis isomera, rarius numerosiora
v. pauciora (2-4); filamentis liberis sub gynæceo rudimentario insertis,

videtur, haud constantia negat M. ARG. (*Prodr.*,
448, n. 4), gen. ad *Securinegam* reducens.
  1. REUT., in *Mém. Soc. phys. Genève*, X,
240, tab. — ENDL., *Gen.*, n. 5865 [1] (*Coitmeroa*).
— H. BN, *Euphorb.*, 558, t. 23, fig. 26-28.
— *Villanova* POURR. (ex CUTAND., *Fl. Madr.*,
595).
  2. M. ARG., *Prodr.*, 447, sect. 1.
  3. H. BN, *Euphorb.*, 593, sect. 3.
  4. W., *Spec.*, IV, 757 (*Flueggea*). — A. JUSS.,
*Euphorb.*, 16; t. 2, fig. 6. — ENDL., *Gen.*,
n. 5860. — H. BN, *Euphorb.*, 596, t. 26,
fig. 39-47. — *Bessera* SPRENG., *Pugill.*, II, 90.
— *Geblera* FISCH. et MEY., *Ind. sem. Hort. pe-
trop.* (1835), 28. — ENDL., *Gen.*, n. 5865. —
*Meineckia* H. BN, *Euphorb.*, 586.
  5. M. ARG. et F. MUELL., *Prodr.*, 488.
  6. In *Neoræperæ* fl. fœm. sæpe inæquali-
3-glanduloso.
  7. Minimis, sæpius viridulis v. albidis.
  8. Gen. a *Phyllantho* gynæceo rudimentario
floris masculi solum differt.
  9. Spec. ad 15, quarum americanæ 2, 3. —
P. BN., *Jam.*, 355 (*Acidoton*). — POIR., *Dict.*,
IV, 463, n. 4 (*Rhamnus*); Suppl., I, 132,
n. 4 (*Adelia*); IV, 404, n. 2 (*Phyllanthus*).
— W., *Spec.*, III, 758 (*Phyllanthus*); IV,

761; *Enum. pl. berol.*, 329 (*Xylophylla*).
— SPRENG., *Syst.*, I, 940; III, 902 (*Drypetes*).
— AIT., *Hort. kew.*, I, 376 (*Xylophylla*). —
BLANC., *Fl. de Filip.*, 486 (*Cicca*). — LEDEB.,
*Fl. ross.*, III, 583 (*Geblera*). — BL., *Bijdr.*,
580 (*Fluggea*). — SCHUM. et THONN., *Besk.*,
415 (*Phyllanthus*). — A. RICH., *Tent. Fl.
abyss.*, II, 256. — THW., *Enum. pl. Zeyl.*, 281
(*Fluggea*). — BENTH., *Fl. austral.*, VI, 115,
116 (*Neoræpera*). — H. BN, in *Adansonia*, I,
80; II, 41; III, 164; V, 346.
  10. *Thes. zeyl.*, 22. — L., *Gen.*, n. 1110
(part.). — J., *Gen.*, 443. — GÆRTN., *Fruct.*, I,
188, t. 39. — LAMK, *Dict.*, I, 206; Suppl., I,
402; *Ill.*, t. 812. — ENDL., *Gen.*, n. 1892. —
LINDL., *Veg. Kingd.*, 259. — TUL., in *Ann. sc.
nat.*, sér. 3, XV, 182. — SCHNIZL., *Icon.*, fasc.
6. — H. BN, in *Bull. Soc. bot. de Fr.*, IV, 987;
*Euphorb.*, 611; in *Adansonia*, XI, 95. —
M. ARG., *Prodr.*, 247. — *Stilago* SCHREB., in
*L. Gen.*, ed. 8, n. 1381. — *Minutalia* FENZL,
in *Flora* (1844), I, 312. — *Bestram* ADANS.,
*Fam. des pl.*, II, 354 (incl. : *Cyathogyne*
M. ARG., *Hieronyma* MART., *Leptonema* A. JUSS.,
*Stilaginella* TUL., *Thecacoris* A. JUSS.).
  11. M. ARG., in *Flora* (1864), 540; *Prodr.*,
246.

demum calycem valde superantibus; antherarum loculis 2, in alabastro ex apice filamenti introrsum v. extrorsum pendulis, in floribus evolutis oscillando-superis liberis, longitudinaliter rimosis. Glandulæ disci plus minus, nunc parum (*Cyathogyne* [1]) evolutæ, cum calycis laciniis staminibusque alternantes, liberæ v. inter se plus minus connatæ, extus ad calycem plus minus prominulæ. Germen rudimentarium simplex v. apice 2-3-lobum, nunc tenue (*Leptonema* [2]) v. dilatato-concaviusculum, nunc magis evolutum cyathiforme (*Cyathogyne*). Floris fœminei perianthium ut in mare. Disci glandulæ rarius liberæ, sæpius in discum continuum connatæ. Germen centrale, 3-5-loculare (*Thecacoris* [3], *Leptonema* [4], *Cyathogyne*) v. 2-loculare (*Hieronyma* [5]), sæpius 1-loculare (*Stilago*); stylo erecto; lobis v. ramis 2, 3, plus minus elongatis varieque 2-fidis, intus stigmatosis. Ovula in loculis 2, collateraliter descendentia; micropyle extrorsum supera obturata. Fructus indehiscens, plus minus carnosus v. rarius capsulari-dehiscens (*Thecacoris, Leptonema*), 1-3-5-locularis; seminibus albuminosis exarillatis. — Arbores v. frutices, nunc raro subherbacei, basi tantum lignescentes (*Cyathogyne*); foliis alternis simplicibus penninerviis [6], breviter petiolatis, 2-stipulatis; floribus spicatis v. racemosis parvis; pedicellis articulatis, basi bracteatis [7]. (*Orb. tot. reg. trop. et subtrop.* [8])

### 129. Aporosa BL. [9] — Flores diœci apetali eglandulosi, 3-6-meri; calyce masculo imbricato, nunc varie anguloso pressioneque plus

1. M. ARG., in *Flora, loc. cit.*, 536. — *Prodr.*, 226. — H. BN, in *Adansonia*, XI, 97.

2. A. JUSS., *Euphorb.*, 19, t. 4, fig. 12. — ENDL., *Gen.*, n. 5852. — H. BN, *Euphorb.*, 609. — M. ARG., *Prodr.*, 445. (Antheræ omnino *Antidesmatis*. Stamina centralia dicuntur, sed certe sub gynæceoi rudimento in ramos 3 graciles partito inserta observantur.)

3. A. JUSS., *Euphorb:*, 12, t. 1, fig. 1. — ENDL., *Gen.*, n. 5871. — H. BN, *Euphorb.*, 605; in *Adansonia*, XI, 97. — M. ARG., in *Linnæa* (1864), 519; *Prodr.*, 245.

4. In *Leptonemate* loculi 3-5.

5. ALLEM., in *Trab. Soc. Vellos.* (1848), c. ic.; in *Bot. Zeit.* (1854), 456. — H. BN, *Euphorb.*, 658; in *Adansonia*, XI, 96. — M. ARG., *Prodr.*, 268. — *Stilaginella* TUL., in *Ann. sc. nat.*, sér. 3, XV, 240. — H. BN, in *Bull. Soc. bot. de Fr.*, IV, 990; *Euphorb.*, 603.

6. Costis secundariis plerumque inter se ad marginem junctis ibique arcuato-adscendentibus.

7. Sect. nostro sensu 5, scil.: 1. *Bunius* (*Antidesma* AUCTT.); 2. *Hieronyma* (ALLEM); 3. *An-*

*tipetalum* (M. ARG.); 4. *Thecacoris* (A. JUSS.); 5. *Leptonema* (A. JUSS.).

8. Spec. ad 70. POIR., *Dict.*, VI, 204, n. 5 (*Acalypha*). — GEIS., *Crot. Mon.*, 42 (*Croton*). — BL., *Bijdr.*, 1123. — JACK, in *Calc. Journ. of nat. Hist.*, IV, 229. — ROXB., *Pl. coromand.*, II, 35, t. 167, *Fl. ind.*, III, 709. — PRESL, *Epimel.*, 232. — SIEB. et ZUCC., *Fl. jap. fam.*, 88. — TUL., in *Mart. Fl. bras.*, fasc. XXVII, 331 (*Hieronyma*). — GRISEB., *Fl. brit. W.-Ind.*, 32; *Pl. Wright.*, 157 (*Hieronyma*). — TRW., *Enum. pl. Zeyl.*, 289. — MIQ., *Fl. ind. bat.*, Suppl., I, 465; in *Ann. Mus. lugd.-bat.*, I, 218. — M. ARG., in *Linnæa*, XXXIV, 66, 157 (*Hieronyma*); in *Flora* (1864), 529; in *Seem. Journ.* (1864), 328 (*Thecacoris*). — BENTH., *Fl. austral.*, VI, 84. — H. BN, in *Adansonia*, I, 82; II, 44, 46 (*Thecacoris*), 47 (*Leptonema*), nec 234; III, 164; V, 349 (*Hieronyma*); VI, 337.

9. *Bijdr.*, 514. — ENDL., *Gen.*, n. 7877. — H. BN, *Euphorb.*, 643. — M. ARG., *Prodr.*, 469. *Leiocarpus* BL., *Bijdr.*, 581. — H. BN, *op. cit.*, 655. — HASSK., in *Bull. Soc. bot. de Fr.*, VI,

minus angulari, rarius minimo, subnullo v. 0. Stamina sæpius 2, v. rarius 3-5, circa rudimentum gynæcei minutum (v. 0) inserta; filamentis liberis; antheris introrsis v. subintrorsis; loculis brevibus adnatis, sæpius subglobosis, longitudinaliter rimosis. Flos fœmineus 2-5-merus. Germen sessile, 2-3-loculare; stylo brevi, mox in lobos 2, 3, varie 2-fidos dilatatos revolutosve, intus valide lacinulato-papillosos, diviso; ovulis in loculis 2, collateraliter descendentibus; micropyle extrorsum supera crasseque obturata. Fructus sæpius crassus demumque ex parte capsulari-aperiens; coccis 2, 3, v. abortu 1, 1-2-spermis; seminibus copiose albuminosis; embryonis recti radicula cotyledonibus foliaceis multo tenuiore. — Arbores v. arbusculæ; foliis alternis stipulatis integris v. repando-dentatis penninerviis; petiolo nunc ad apicem 2-glanduloso; floribus in spicas dense imbricato-bracteatas dispositis; bracteis 1-3- v. rarius ∞-floris, 2-bracteolatis. (*Asia et Oceania trop*[1].)

130? **Cometia** Dup.-Th. [2] — Flores (fere *Aporosæ*) diœci, 3-5-meri; calyce imbricato, e pressione nunc in alabastro inæquali. Stamina 3-5; filamentis sub gynæcei rudimento erecto, apice dilatato, insertis; antheris introrsis rimosis, apice obtusis. Calyx fœmineus... ? Germen excentricum, 1-loculare; stylo e basi dilatato-suborbiculari excentrico carnosulo, supra papilloso-stigmatoso. Ovula in loculo 2, collateraliter descendentia; micropyle extrorsum supera crasse obturata. Fructus drupaceus; endocarpio duro; mesocarpio carnoso crasso. Semen sæpius 1, exarillatum; embryonis copiose albuminosi cotyledonibus foliaceis. — Arbusculæ glabræ; foliis alternis petiolatis integris penninerviis; floribus masculis in amenta ad axillas foliorum glomerata dispositis; bracteis amenti crebris arcte imbricatis, 1-3-floris; floribus fœmineis paucis in racemos axillares terminalesque dispositis [3]. (*Malacassia*[4].)

714. — *Scepa* LINDL., *Nat. Syst.*, ed. 2, 441; *Veg. Kingd.*, 283, fig. 95. — ENDL., *Gen.*, n. 1897. — PL., in *Ann. sc. nat.*, sér. 4, II, 265. — SCHNIZL., *Icon.*, fasc. 6. — H. BN, in *Bull. Soc. bot. de Fr.*, IV (1857), 993. — *Lepidostachys* LINDL., *Nat. Syst.*, *loc. cit.* — ENDL., *Gen.*, n. 1897. — TUL., in *Ann. sc. nat.*, sér. 3, XV, 253. — H. BN, in *Bull. Soc. bot. de Fr.*, IV, 994. — *Tetractinostigma* HASSK., *Hort. bog.*, ed. nov., 55; in *Bull. Soc. bot. de Fr.*, VI, 714.

1. Spec. ad 20. — ROXB., *Fl. ind.*, III, 580 (*Alnus*). — THW., *Enum. pl. Zeyl.*, 288. — WIGHT, *Icon.*, t. 361 (*Scepa*). — MIQ., *Fl. ind.-*

*bot.*, I, p. II, 362; Suppl., 471 (*Tetractinostigma*). — HASSK., *Hort. bog.*, ed. nov., I, 59. — BENTH., *Fl. hongk.*, 316. — M. ARG., in *Linnæa*, XXXII, 78. — H. BN, in *Adansonia*, XI, 17.

2. EX H. BN, *Euphorb.*, 642. — M. ARG., *Prodr.*, 444.

3. Gen. *Aporosæ* perquam affine (cujus forte sectio?) differt ante omnia germine 1-loculari (an semper?), i. e. eodem modo ac a *Cyclostemone Hemicyclia* et ab *Hieronyma Antidesma*, necnon fructu drupaceo omninoque indehiscente.

4. Spec. 2, male notæ. H. BN, in *Adansonia*, II, 55.

**131. Richeria** VAHL [1]. — Flores diœci apetali; sepalis 3-5, imbricatis. Stamina totidem opposita circa gynæceum rudimentarium inserta; filamentis demum longe exsertis tortisque; antheris oblongis introrsis (*Guarania* [2]), v. extrorsis (*Podocalyx* [3]), longitudinaliter rimosis. Glandulæ 5, cum staminibus alternantes, basin gynæcei rudimentarii cingentes. Discus floris fœminei sæpius urceolaris. Germen 3-loculare; ovulis 2-natis; obturatore sæpius crasso; styli ramis 3, brevibus latiusculis, intus canaliculatis, margine revolutis, apice sub-2-lobis. Capsula 3-cocca; coccis e columella superne 3-alata solutis; valvis a basi dehiscentibus; seminibus albuminosis. — Arbores; foliis alternis simplicibus penninerviis, nunc superne denticulatis, petiolatis, 2-stipulatis; floribus masculis [4] in spicas v. racemos axillares glomeruligeros dispositis; fœmineis ad basin ramorum spicatis. (*America mer.*, *Antill.* [5])

**132? Dissiliaria** F. MUELL. [6] — Flores diœci (?); masculi ∞-andri (?). Calyx fœmineus 6-8-phyllus; foliolis 2-seriatim imbricatis; interioribus majoribus. Germen disco cupulari nunc denticulato basi cinctum; loculis 3, 4, sepalis exterioribus oppositis; ovulis in singulis 2; obturatore crasso; styli ramis 3, integris v. subintegris recurvis, intus stigmatosis. Capsula 3-4-cocca; exocarpio crasso solubili; coccis 1-2-spermis; seminibus exarillatis albuminosis. — Arbores v. frutices; foliis oppositis v. rarius 3-natis, integris v. crenulatis, penninerviis reticulatis; floribus fœmineis in racemos terminales simplices v. cymiferos dispositis [7]. (*Australia* [8].)

**133. Hymenocardia** ENDL. [9] — Flores diœci apetali (fere *Antidesmatis* v. *Aporosæ*); calyce 5- v. rarius 6-7-dentato, valvato v. subimbricato. Stamina totidem circa gynæcei rudimentum integrum inserta; antheris ovoideis introrsis; loculis longitudinaliter adnatis, longitudinaliter rimosis. Germen compressum, 2-loculare; loculis 2-ovulatis; styli ramis 2, subliberis elongatis longe papillosis. Fructus samaroideus; car-

---

1. *Eclog. amer.*, I, 30, t. 4. — A. JUSS., *Euphorb.*, 16. — ENDL., *Gen.*, n. 5861. — H. BN, *Euphorb.*, 597.

2. H. BN, *Euphorb.*, 598.

3. KL., in *Erichs. Arch.* (1841), VII, 202; in *Hook. Lond. Journ.*, II, 52. — H. BN, *Euphorb.*, 597.

4. Parvis, crebris.

5. Spec. 2, 3. W., *Spec.*, IV, 1122. — RŒM. et SCH., *Syst.*, V, 271. — PŒPP. et ENDL., *Nov. gen. et spec.*, III, 22, t. 226 (*Amanoa*). — GRISEB., *Fl. brit. W.-Ind.*, 31.

— H. BN, in *Adansonia*, V, 347 (*Guarania*); VI, 16.

6. Ex H. BN, in *Adansonia*, VII, 356, t. 1.

7. Cfr. *Choriceras* (p. 240, n. 124).

8. Spec. 2, 3. H. BN, *loc. cit.*, 359. — BENTH., *Fl. austral.*, VI, 90.

9. *Gen.*, n. 1899. — TUL., in *Ann. sc. nat.*, sér. 3, XV, 256. — H. BN, in *Bull. Soc. bot. de Fr.*, IV, 994; *Euphorb.*, 599, t. 27, fig. 24, 25. — M. ARG., in *Flora* (1864), 518; *Prodr.*, 476. — *Samaropyxis* MIQ, *Fl. ind.-bat.*, Suppl., 464, 621.

pidiis **2**, ab axi solutis, demum (nunc ægre) dehiscentibus, compressis et dorso in alam apicem styligerum superantem v. eo breviorem productis; seminibus parce albuminosis; testa tenui; cotyledonibus membranaceis, sæpe lateralibus. (*India or.*, *Africa trop. occ.*[1])

**134. Baccaurea** LOUR. [2] — Flores monœci v. diœci (fere *Richeriæ* v. *Securinegæ*) apetali; sepalis **4**, **5**, imbricatis, nunc inæqualibus. Discus **0** v. rudimentarius, nunc rarius evolutus (*Adenocrepis* [3], *Isandrion* [4]). Stamina sub gynæceo rudimentario inserta, aut numero sepalorum æqualia iisque opposita(*Hedycarpus* [5], *Calyptroon* [6]), aut nunc **4**-**10**, **2**-seriata, v. **1**-seriata; nonnullis ante sepala singula per paria dispositis; filamentis liberis; antheris introrsis v. rarius extrorsis (*Calyptroon*); loculis longitudinaliter adnatis et rimosis. Germen (in flore masculo rudimentarium lobatum) disco hypogyno plus minus evoluto v. **0** cinctum; loculis **2** (*Isandrion*, *Adenocrepis*, *Calyptroon*), v. **2**, **3** (*Pierardia* [7]), nunc **4**, **5** (*Hedycarpus*); ovulis in loculo **2**; obturatore sæpius crasso; styli sæpius brevis v. brevissimi (*Adenocrepis*) ramis **2**-**5**, latiusculis, **2**-**3**-lobis v. inæquali-laceris, intus ad apicem papillosis. Fructus **1**-**5**-locularis, indehiscens; pericarpio pachydermeo plus minus carnoso; seminibus albuminosis plus minus carnoso-arillatis [8]. — Arbores v. frutices; foliis alternis petiolatis 2-stipulatis integris v. denticulatis penninerviis; costa nervisque primariis subtus prominulis; indumento simplici, stellari v. 0; floribus in racemos axillares simplices v. ramosos dispositis; bracteis sæpe plus minus cum pedunculo connatis, sæpius cymoso-pauccifloris [9]. (*Asiæ*, *Oceaniæ et Africæ occ. reg. trop.* [10])

**135. Uapaca** H. BN [11]. — Flores diœci apetali; calyce gamophyllo, **4**-**5**-dentato v. sepalis **4**, **5**, imbricatis. Stamina **4**, **5**; filamentis liberis sub gynæcei rudimento integro v. apice dilatato insertis; antheris

1. Spec. 4, 5. H. BN, in *Adansonia*, I, 82.
2. *Fl. cochinch.* (ed. 1790), 661. — ENDL., *Gen.*, n. 5888 [1]. — M. ARG., *Prodr.*, 456 (incl. : *Adenocrepis* BL., *Calyptroon* MIQ., *Hedycarpus* MIQ. (nec JACK), *Microsepala* MIQ., *Pierardia* BL.).
3. BL., *Bijdr.*, 579. — ENDL., n. 5873. — H. BN, *Euphorb.*, 600.
4. H. BN, in *Adansonia*, IV, 141.
5. MIQ., *Fl. ind.-bat.*, I, p. II, 359 (part.).
6. MIQ., *Fl. ind.-bat.*, Suppl., I, 471.
7. ROXB., *Fl. ind.*, II, 254. — BL., *Bijdr.*, 278. — ENDL., *Gen.*, n. 5878. — H. BN, *Euphorb.*, 557; in *Adansonia*, IV, 132. — *Pierandia* BL., *Bijdr.*, 578.

8. De arillo cfr. *Adansonia*, IV, 133.
9. Sect. 5 (M. ARG.) : 1. *Hedycarpus* (MIQ.); 2. *Pierardia* (ROXB.); 3. *Isandrion* (H. BN); 4. *Adenocrepis* (BL.); 5. *Calyptroon* (MIQ.).
10. Spec. ad 35. WIGHT, *Icon.*, t. 1912, 1913 (*Pierardia*). — MIQ., *op. cit.*, *Sumatr.*, 459 (*Mappa*). — M. ARG., in *Linnæa*, XXXII, 82 (*Pierardia*); in *Flora* (1864), 469, 516 (*Pierardia*). — H. BN, in *Adansonia*, IV, 136, 137, not. (*Pierardia*).
11. *Euphorb.*, 595. — M. ARG., in *Linnæa*, XXXIV, 64; *Prodr.*, 489. — *Gymnocarpus* DUP.-TH., mss. (nec FORSK.). — *Argythamnia* BERN., mss. (nec AUCTT.).

introrsis, 2-rimosis. Discus in flore fœmineo hypogynus cupularis; germine 2-4-loculi; ovulis 2-natis; styli ramis 2, 4, petaloideo-dilatatis multipartitis reflexis rigidis persistentibus. Fructus plus minus carnosus v. suberosus, sæpius pyramidato–3–coccus; semine exarillato; embryonis albuminosi cotyledonibus latis curvatis, basi auriculata 5-plinerviis; altera convexa; concava altera. — Arbores; succo nunc viscoso resinoso v. ceraceo; ramulis validis subangulatis nodosis; foliis alternis ad summos ramulos confertis, petiolatis simplicibus penninerviis glabris coriaceis; floribus masculis crebris in amentum brevem capitatum pedunculatum [1] dispositis; bracteis paucis late petaloideis [2], summo pedunculo insertis et inflorescentiam totam alabastriformem primum involucrantibus; fœmineis axillaribus v. supraaxillaribus solitariis pedunculatis. (*Africa trop. occ. et or. ·cont. et ins.*[3])

136. **Bischoffia** Bl.[4] — Flores diœci apetali; masculi fere *Hymenocardiæ* (v. *Securinegæ*); sepalis 5, subimbricatis v. induplicato-subcucullatis. Stamina totidem opposita, sub gynæcei rudimento brevi, apice 5-lobo crenulato, inserta; antheris adnatis, lateraliter v. extrorsum rimosis. Calyx fœmineus 5-partitus. Germen 3-4-loculare, basi staminodiis 4, 5, v. 0 cinctum; loculis 2-ovulatis; styli ramis integris recurvis. Fructus subcarnosus; endocarpio pergamaceo, 3-cocco; seminibus exarillatis parce albuminosis. — Arbores; foliis alternis petiolatis pinnatim-3-foliolatis; foliolis crenato-dentatis penninerviis petiolulatis; floribus [5] in racemos axillares plus minus ramoso-compositos dispositis. (*Asia et Oceania calid.* [6])

137. **Piranhea** H. Bn [7]. — Flores, ut videtur, diœci; sepalis 4-6, demum patentibus, imbricatis. Stamina ∞ (8-15); filamentis liberis exsertis, receptaculo convexo insertis; intermixtis glandulis fere totidem inæquali-capitatis breviter stipitatis; antheris introrsis sub-2-dymis, longitudinaliter rimosis. Calyx fœmineus 6-partitus; foliolis 2-seriatim imbricatis. Germen glandulis (staminodiis?) 6 basi cinctum; loculis 3, sepalis exterioribus oppositis; ovulis 2-natis; obturatore crasso;

1. Florem magnum figurantem.
2. In sicco rubris, nunc odoratissimis.
3. Spec. ad 7. M. ARG·, in *Flora* (1864), 517; in *Seem. Journ.*, I, 332. — H. BN, in *Adansonia*, I, 81; II, 43; XI, 176.
4. *Bijdr.*, 1168 (*Bischofia*). — H. BN, *Euphorb.*, 594, t. 26, fig. 25-32. — M. ARG., *Prodr.*, 478. — *Microelus* WIGHT et ARN., in *Edinb. new phil. Journ.*, XIV, 298. — *Stylo-*

*discus* BENN., *Pl. jav. rar.*, 133, t. 29. — ENDL., *Gen.*, n. 5858[1].
5. Masculis minimis crebris.
6. Spec. 1, 2. ROXB., *Fl. ind.*, III, 728 (*Andrachne*). — HOOK., *Icon.*, t. 844. — WIGHT, *Icon.*, t. 1880 (*Microelus*). — DCNE, in *Jacquem. Voy.*, *Bot.*, 152, t. 154. — WALP., *Ann.*, I, 524.
7. In *Adansonia*, VI, 235, t. 6.

styli ramis 3, subulatis, intus stigmatosis sulcatisque, mox germini arcte
reflexis. Fructus...? — Arbor (?); foliis[1] alternis petiolatis, 2-stipulatis
digitatis; foliolis 3, subsessilibus penniveniis, subintegris v. crenulatis;
floribus masculis in spicas ramosas graciles axillares v. e ligno ramulorum præcedentis anni ortas dispositis; spicarum ramis filiformibus
puberulis remotiuscule glomeruligeris; fœmineis in spicas simplices
breves paucifloras crassiusculas in axilla foliorum præcedentis anni
dispositis; omnibus bracteatis bracteolatisque (*Brasilia bor.*[2])

**138?. Freircodendron** M. ARG.[3] — « Flores diœci apetali; calyce
5-fido, imbricato. Stamina 10, exteriora laciniis calycis opposita, sub
margine disci centralis inserta; filamentis interioribus discum extrorsum progredientem quasi perforantibus; antheris basifixis, introrsum
rimosis. Germen 1-loculare, 2-ovulatum; stigmate sessili lato subpeltato.
Fructus drupaceus, abortu 1-spermus; semine exarillato; embryonis
copiose albuminosi cotyledonibus 3-angulari–ovatis penninerviis, basi
cordatis planis, radicula longioribus. — Arbor mediocris; foliis alternis
breviter petiolatis penninerviis serrato–dentatis; stipulis deciduis; floribus axillaribus glomeratis; fœmineis in glomerulis quasi radiantibus. »
(*Brasilia*[4].)

**139. Drypetes** VAHL[5]. — Flores diœci apetali; calyce 4-6-partito,
imbricato. Stamina sepalorum numero æqualia (4-6) v. 2-plo pluria,
sæpius ∞ ; filamentis circa rudimentum germinis evolutum[6] v. latius
disciforme[7] (*Hemicyclia*[8], *Cyclostemon*[9]) insertis necnon liberis; antheris
2-locularibus; loculorum longitrorsum adnatorum et introrsum v. lateraliter rimosorum basi semper infera. Germen disco hypogyno sæpius
cupulari cinctum; loculis 1 (*Hemicyclia*), v. 1, 2 (*Cyclostemon, Stenogynium*[10]), v. 3, 4 (*Dodecastemon*[11]), 2-ovulatis; styli ramis brevibus

1. Fere *Rutaccarum-Zanthoxylearum*.
2. Spec. 1. *P. trifoliolata* H. BN, *loc. cit.*
3. *Prodr.*, 244 (unde char. ex auct. icon. constit. desumpt.).
4. Spec. 1. *F. sessiliflorum* M. ARG. — *Dry-petes sessiliflora* ALLEM., in *Bot. Zeit.* (1854), 459. Gen. male cognitum.
5. *Eclog. amer.*, III (1796), 49. — POIT., in *Mém. Mus.*, I, 152, t. 6-8. — A. JUSS., *Euphorb.*, 12. — ENDL., *Gen.*, n. 5874. — H. BN, *Euphorb.*, 606, t. 24, fig. 34-40; in *Adansonia*, XI, 98. — M. ARG., *Prodr.*, 453 (incl.: *Annua* MIQ., *Astylis* WIGHT, *Cyclostemon* BL., *Dodecastemon* HASSK., *Hemicyclia* WIGHT et ARN., *Liparene* POIT., *Periplexis* WALL., *Pycnosandra* BL., *Sphragidia* THW.).

6. *Drypetes* AUCTT.
7. « Discus intrastaminalis » (M. ARG.).
8. WIGHT et ARN., in *Edinb. n. phil. Journ.*, XIV, 297. — ENDL., *Gen.*, n. 5816. — H. BN, *Euphorb.*, 562, t. 27, fig. 7, 8. — M. ARG., *Prodr.*, 486.
9. BL., *Bijdr.*, 597. — ENDL., *Gen.*, n. 5837. — H. BN, *Euphorb.*, 561, t. 23, fig. 22-25. — M. ARG., in *Linnæa*, XXXII, 81; *Prodr.*, 482. — *Sphragidia* THW., in *Hook. Journ.* (1855), 269, t. 10. — *Pycnosandra* BL., *Mus. lugd.-bat.*, II, 191 (fl. masc.).
10. M. ARG., in *Linnæa*, XXXII, 81.
11. HASSK., in *Bot. Zeit.* (1856), 803; in *Bull. Soc. bot. de Fr.*, VI, 716. — *Pycnosandra* BL. (fl. fœm.).

crassis (*Eudrypetes*) v. subpeltatis dilatatis (*Stenogynium*), nunc reni-
formi-discoideis (*Hemicyclia*), v. rarius filiformibus (*Dodecastemon*).
Fructus globosus, ovoideus v. raro (*Astylis* [1]) angulatus, semicarnosus,
demum coriaceus v. subcrustaceus, indehiscens; loculorum 1-5 endocarpio osseo, coriaceo v. rarius (*Astylis*) subchartaceo [2]. (*Orb. tot. reg.
trop.*[3])

**140. Putranjiva** WALL. [4] — Flores diœci apetali; calyce masculo
2-5-partito; foliolis leviter v. nunc arcte (*Palenga* [5]) imbricatis tortisve.
Stamina 2, 3, cum sepalis, dum numero æqualia sint, alternantia; filamentis centralibus, liberis v. 1-2-adelphis; antheris crassis subglobosis
v. ellipsoideis, extrorsum rimosis. Calyx fœmineus 3-6-partitus; germine 2-3-loculari; ovulis in loculo 2-nis descendentibus; micropyle
extrorsa crassiuscule obturata; stylo mox in ramos 2, 3, apice stigmatoso
subreniformes (*Palenga*) v. late obverse 3-angulari-dilatatos, diviso.
Fructus indehiscens subdrupaceus, demum siccus, abortu 1-locularis;
endocarpio osseo; seminis solitarii embryone copiose albuminoso; cotyledonibus subplanis, basi digitinerviis. — Arbores [6]; foliis alternis
petiolatis stipulatis penninerviis reticulato-venosis; floribus [7] masculis
axillaribus cymosis v. glomeratis; fœmineis longius pedicellatis solitariis
v. cymosis paucis. (*India or.*[8])

**141. Longetia** H. BN [9]. — Flores monœci; sepalis 6, 2-seriatim imbricatis; exterioribus brevioribus crassioribusque, nunc dorso subcari-
natis. Stamina ∞, v. subdefinita (2-6); filamentis receptaculo convexiusculo [10] insertis centralibus, sæpe flexuosis v. plicatis et ultra antheram
genuflexo-productis; antheris extrorsis; loculis demum superne discretis,

---

1. WIGHT, *Icon.*, t. 1992. — *Annua* MIQ., *Fl.
ind.-bat.*, Suppl., 410.
2. Sect. 6:1. *Dodecastemon* (HASSK.); 2. *Cyclostemon* (BL.); 3. *Stenogynium* (M. ARG.);
4. *Eudrypetes* (H. BN); 5. *Astylis* (WIGHT);
6. *Hemicyclia* (WIGHT et ARN.).
3. Spec. ad 34. SW., *Fl. ind. occ.*, I, 329
(*Schœfferia*). — RICH., *Cuba*, 218. — THW.,
*Enum. pl. Zeyl.*, 286 (*Cyclostemon*), 287 (*Hemicyclia*). — GRISEB., in *Nachr. d. Kœn. Ges.
Un. Gœtt.* (1865), 165; *Veg. d. Karaib.*, 24;
*Fl. brit. W.-Ind.*, 32. — MIQ., *Fl. ind. bat.*,
I, p. II, 360. — M. ARG., in *Flora* (1864), 517,
531 (*Cyclostemon*); in *Linnæa*, XXXII, 81. —
BENTH., *Fl. austral.*, VI, 117 (*Hemicyclia*). —
H. BN, in *Adansonia*, VI, 330 (*Hemicyclia*).
4. *Tent. Fl. nepal.*, 61. — ENDL., *Gen.*,

n. 1894; *Iconogr.*, t. 19. — TUL., in *Ann. sc.
nat.*, sér. 3, XV, 252. — H. BN, in *Bull. Soc.
bot. de Fr.*, IV, 991; *Euphorb.*, 641. —
SCHNIZL., *Iconogr.*, fasc. 6. — M. ARG., *Prodr.*,
443. — *Pongolam* RHEED., *Hort. malab.*, VII,
t. 59. — *Nageia* ROXB., *Fl. ind.*, III, 766
(nec GÆRTN.).
5. THW., in *Hook. Journ.* (1856), 270, t. 7,
fig. c. — H. BN, *Euphorb.*, 649.
6. Ligno duro.
7. Virescentibus v. purpurascentibus.
8. Spec. 3 v. 4. WIGHT, *Icon.*, t. 1876. —
ROYLE, *Ill. himal.*, 347, t. 83 *bis*. — THW.,
*Enum. pl. Zeyl.*, 287.
9. In *Adansonia*, II, 228; VI, 352, t. 9;
XI, 100. — M. ARG., *Prodr.*, 244.
10. Apice nunc piloso.

rimosis. Floris fœminei calyx fere ut in masculo; sepalis exterioribus
basi ultra insertionem decurrentibus. Germen sessile, glandulis (staminodiis?) paucis v. ∞ basi cinctum, 3-loculare; styli ramis 3, periphericis basique discretis, circa apicem vacuum germinis insertis, e basi v. ad
apicem tantum in massam ovoideo-compressam intus longitudinaliter
sulcatam stigmatosamque repente dilatatis; ovulis in loculis 2-natis,
nunc quoad obturatorem crassum minimis. Capsula, nunc extus suberosa;
coccis 3, 2-valvibus, 1-2-spermis; seminibus lævibus, ad micropylen
arillatis; embryonis [1] albuminosi cotyledonibus foliaceis ellipticis, basi
5-plinerviis. — Frutices glabri, sæpe ex parte cæsii; foliis oppositis
integris coriaceis penninerviis; floribus [2] in summis ramulis v. in axillis
supremis composito-cymosis, in cymis singulis 1- v. 2-sexualibus; fœmineis centralibus; periphericis masculis. (*N.-Caledonia* [3].)

142. **Bureavia** H. Bn [4]. — Flores diœci apetali (fere *Dissiliariæ*);
sepalis masculis 4, receptaculo brevi depresse conico insertis, alternatim
imbricatis. Stamina 8-12; filamentis liberis erectis; exterioribus circa
glandulas in discum irregulari-4-6-gonum staminaque interiora 2
(v. rarius 3, 4) cingentem, aggregatas insertis; antheris extrorsis,
2-rimosis. Flores fœminei 3-4-meri; receptaculo crasse conico; sepalis
brevibus, basi crassiusculis, imbricatis. Discus hypogynus annularis
submembranaceus, apice inæquali-imbricatus. Germen crassum sessile;
loculis 3, 4, oppositisepalis; styli ramis 3, 4, crassis carnosis subellipticis,
medio intus sulcatis, plus minus patulis; ovulis 2-natis et obturatore
crasso minoribus. Fructus subdrupaceus, 3-4-coccus; exocarpio coriaceo subcarnoso ab endocarpio solubili; coccis a columella lignosa apice
dilatata solutis; seminibus 1, 2, laciniis filiformibus creberrimis comosis
arilli [5] e micropyle simul et ex hilo obturatoreque persistente orti
coronatis; testa cæterum nitida [6]; embryonis [7] copiose albuminosi cotyledonibus latis planis. — Arbores parvæ; foliis oppositis petiolatis exstipulatis simplicibus coriaceis penninerviis; floribus masculis in racemos
crebros fasciculatos composito-cymiferos in axilla foliorum superiorum
(nunc occasorum) dispositis; bracteis bracteolisque oppositis; fœmineis
axillaribus v. e ligno ortis subsessilibus, solitariis v. glomeratis paucis
bracteatis; pedicellis fructiferis brevibus crassis. (*N.-Caledonia* [8].)

1. Viridis.
2. Albidis, parvis crebris.
3. Spec. 2, quar. 1 oligandra.
4. In *Adansonia*, XI, 83.
5. Lutei.

6. Atra v. dense fuscata.
7. Virescentis.
8. Spec. 2. H. Bn, *loc. cit.*, 84; in *Adansonia*, II, 215 (*Baloghia* ?). — M. ARG., *Prodr.*,
1117, n. 2 (*Codiæum* ?).

**143. Petalostigma** F. Muell. [1] — Flores diœci v. rarius monœci apetali eglandulosi; sepalis 4–6, imbricatis. Stamina ∞, centralia; filamentis receptaculo conico apice et inter stamina villoso-hirsuto insertis, cæterum liberis, brevibus erectis; antheris [2] extrorsis, apice penicillatis; loculis longitrorsum adnatis rimosisque. Germen sessile; loculis 3, cum sepalis interioribus alternantibus, v. 4, 2–ovulatis; obturatore supra micropylen extrorsam valde evoluto; styli ramis 3, 4, late carnoso-subpetaloideis, cuneato-obovatis v. lanceolatis undulato-crispatis. Capsulæ drupaceæ; exocarpio carnoso [3]; putamine osseo, 3–4-cocco; coccis 2-valvibus, dorso intus prominulo–carinatis; seminibus ad micropylen crasse arillatis; embryonis copiose albuminosi cotyledonibus foliaceis subellipticis. — Arbuscula sericeo-tomentella; foliis alternis petiolatis; stipulis 2, persistentibus; limbo ovato v. suborbiculato integro penninervio; floribus masculis in cymas paucifloras dispositis, breviter pedicellatis; fœmineis solitariis axillaribus; pedunculo ad apicem pauci-bracteato. (*Australia* [4].)

**144. Hyænanche** Vahl [5]. — Flores diœci apetali; receptaculo masculorum forma valde vario, nunc irregulari, depresso, undulato v. subplicato. Sepala 5-12, imbricata, inæqualia; exteriora sæpius minora. Stamina 8-∞, circa centrum receptaculi vacuum inserta; filamentis liberis; antherarum oblongarum loculis longitudinaliter adnatis, introrsum extrorsumve, rarius omnino lateraliter rimosis. Floris fœminei receptaculum conicum; sepalis 3-8, deciduis. Germen 3-4-loculare; ovulis 2-natis; styli ramis 3, 4, crassis recurvis dentatis. Capsula 3-4-cocca, 6-8-sulca; exocarpio suberoso solubili; endocarpio lignoso; seminibus in coccis 1, 2, ad micropylen arillatis; albumine parco (colorato); embryonis recti cotyledonibus lateralibus foliaceis, basi cordatis [6] radicula supera multo longioribus. — Arbor parva; ramis suberoso-corticatis; foliis oppositis v. 3, 4-natis, breviter petiolatis, integris coriaceis glabris penninerviis; floribus axillaribus; masculis in racemos dense

1. In *Hook. Journ.* (1857), 16. — H. Bn, *Euphorb.*, 657; in *Adansonia*, VII, 352, t. 2. — M. Arg., *Prodr.*, 273.
2. Nunc sterilibus.
3. Rufo, amaro.
4. Spec. 1. *P. australianum* H. Bn, in *Adansonia*, VII, 356. — *P. quadriloculare* F. Muell., loc. cit. — Benth., *Fl. austral.*, VI, 92. — *P. triloculare* M. Arg., in *Flora* (1864), 471;

*Prodr.*, n. 2. — ? *Hylococcus sericeus* R. Br., in *Bauer Icon. ined.* (ex Benth.).
5. In *Lamb. Descr. Cinchon. et Hyæn.* (1797), 52, t. 10. — A. Juss., *Euphorb.*, 40. — Endl., *Gen.*, n. 5876. — H. Bn, *Euphorb.*, 565, t. 23, fig. 29, 30. — M. Arg., *Prodr.*, 479. — *Toxicodendron* Thund., in *Act. holm.* (1796), 100, t. 7 (nec T., nec Gærtn.).
6. Viridibus v. albidis.

composito-ramosos dispositis; fœmineis in pulvinulis breviter pedicellatis. (*Africa austr.*[1])

**145?** **Daphniphyllum** BL. [2] — Flores diœci apetali; calyce 3-10-partito, imbricato; masculo deciduo. Stamina ∞ (5-20); filamentis liberis centralibus, e basi radiatim adscendentibus (subumbellatis); antheris sæpius compressis, nunc 4-gonis; loculis longitrorsum adnatis, sublateraliter rimosis. Germen nunc disco hypogyno 4-6—glanduloso cinctum, 2-loculare; ovulis 2-natis descendentibus; micropyle extrorsum supera; obturatore crassiusculo; styli ramis sæpius brevissimis, apice stigmatoso disciformi-reniformibus. Fructus plus minus carnosus v. subbaccatus; endocarpio nunc chartaceo v. fibroso; seminibus 1, 2, exarillatis; embryonis albumine multo brevioris cotyledonibus angustis subplanis v. semicylindricis radicula brevioribus. — Arbores v. frutices; foliis alternis petiolatis simplicibus integris v. dentatis penninerviis reticulato-venosis; stipulis parvis v. inconspicuis; floribus axillaribus racemosis; pedicellis masculis articulatis, deciduis [3]. (*Asia et Oceania bor. calid., Africa trop. occ.*[4])

**146. Phyllanthus** L. [5] — Flores monœci apetali; sepalis plerumque 5, 6, rarius 4 (*Cicca* [6], *Epistylium* [7], *Eriococcus* [8], *Scepasma* [9]), vel 7-9, liberis v. plus minus alte connatis; 2-3-seriatim imbricatis. Sta-

1. Spec. 1. *H. globosa* VAHL et LAMB., *loc. cit.* — H. BN, in *Adansonia*, III, 163. — *Croton* BURM., *Afr.*, 122, t. 45. — *Jatropha globosa* GÆRTN., *Fruct.*, II, 122, t. 109, fig. 3. — *Toxicodendron capense* THUNB., *loc. cit.*

2. *Bijdr.*, 1153. — ENDL., *Gen.*, n. 5755. — H. BN, *Euphorb.*, 564, t. 21, fig. 25-27. — M. ARG., in *DC. Prodr.*, XVI, sect. 1, 1. — *Goughia* WIGHT, *Icon.*, t. 1877, 1878. — *Gyrandra* WALL., *Cat.*, n. 8020 (nec GEIS.).

3. Gen. ob embryonem brevem a cæteris Euphorbiaceis distinctum, Ordinem proprium nonnullis constituens (*Daphniphyllaceæ* M. ARG.), olim dubitanter ad *Rhamnaceas* reductum (BL.).

4. Spec. 12, 13. BENTH., *Fl. hongk.*, 316. — M. ARG., in *Linnæa*, XXXIV, 76; in *Flora* (1864), 536. — KURZ, in *Teysm. Pl. nov. hort. bog.*, 37. — MIQ., in *Ann. Mus. lugd.-bat.*, III, 129.

5. *Gen.*, n. 1050. — J., *Gen.*, 386. — LAMK, *Ill.*, t. 756, 757. — POIR., *Dict.*, V, 295; Suppl., IV, 401. — SW., *Fl. ind. occ.*, II, 1101. — A. JUSS., *Euphorb.*, 21, t. 5, fig. 16. — ENDL., *Gen.*, n. 5847. — H. BN, *Euphorb.*, 621, t. 22, fig. 15-36; 23, fig. 1-21; 24, fig. 1-9, 15-33; 25, fig. 10-15, 22-24; 27, fig. 5, 6, 9-17.— M. ARG., *Prodr.*, 274 (incl. :

*Agyneia* L. (nec. VENT.), *Anisonema* A. JUSS., *Ardinghelia* COMMERS., *Asterandra* KL., *Bradleya* GÆRTN., *Breynia* FORST. (part.), *Calacoccus* KURZ, *Chorisandra* WIGHT, *Cicca* L., *Dichelactina* HANCE, *Diasperus* L., *Emblica* GÆRTN., *Epistylium* SW., *Eriococcus* HASSK., *Genesiphylla* LHÉR., *Glochidion* FORST., *Glochidionopsis* BL., *Glochisandra* WIGHT, *Gynoon* A. JUSS., *Hemicicca* H. BN, *Margaritaria* L. (part.), *Meborea* AUBL., *Menarda* COMMERS., *Nymphanthus* LOUR., *Orbicularia* H. BN, *Peltandra* WIGHT, *Pleiostemon* SOND., *Prosorus* DALZ., *Reidia* WIGHT, *Rhopium* SCHREB., *Scepasma* BL., *Staurothylax* GRIFF., *Synostemon* F. MUELL., *Tricaryum* LOUR., *Williamia* H. BN, *Wurtzia* H. BN, *Xylophylla* L., *Zygospermum* THW.).

6. L., *Mantiss.*, I, 17. — J., *Gen.*, 386. — LAMK, *Ill.*, t. 757. — A. JUSS., *Euphorb.*, 20, t. 4. — JACQ., *Hort. schœnbr.*, t. 294. — ENDL., *Gen.*, n. 5851. — H. BN, *Euphorb.*, 617, t. 24, fig. 28-33.

7. SW., *Fl. ind. occ.*, 1095, t. 22. — A. JUSS., *Euphorb.*, 17, t. 3, fig. 8. — ENDL., *Gen.*, n. 5858. — H. BN, *Euphorb.*, 646.

8. HASSK., *Cat. hort. bog.*, 242.

9. BL., *Bijdr.*, 582. — H. BN, *Euphorb.*, 648, t. 25, fig. 10-15.

mina plerumque 3, rarius 5, v. 2, 4, 6, rarissime 7-15-20 (*Asteran-dra* [1], *Pleiostemon* [2], *Oxalistylis* [3], *Orbicularia* [4], *Williamia* [5], *Chori-sandra* [6]), centralia receptaculoque convexiusculo inserta; filamentis liberis v. plus minus alte 1-adelphis, æqualibus v. inæqualibus (*Kir-ganelia* [7]); antheris 2-locularibus extrorsis, longitudinaliter v. horizon-taliter rimosis, forma valde variis, muticis v. apiculatis. Glandulæ disci staminibus numero æquales cumque sepalis alternantes, liberæ v. inæquali-æqualive 1-adelphæ, nunc in flore fœmineo in discum urceola-tum connatæ, nunc autem 0 (*Glochidion* [8]). Germen sessilę; loculis ple-rumque 3, rarius 2 v. 4, rarissime 5-15; styli ramis loculorum numero æqualibus, apice stigmatoso integris v. sæpius 2-lobulatis v. 2-fidis. Ovula in loculis singulis 2, collateralia, aut descendentia, plus minus complete anatropa v. peritropa, aut rarius suborthotropa subadscen-dentia; micropyle autem extrorsum supera. Fructus capsularis; exo-carpio nunc subcarnoso v. carnoso, sæpe solubili; coccis (sæpius 3) 2-valvibus, 1, 2-spermis. Semina lævia v. verrucosa costulatave; inte-gumento externo tenui v. plus minus carnoso (arilloideo); integu-mento interiore plus minus crasso, sæpe crustaceo; hilo subbasilari (in seminibus suborthotropis) v. plus minus alte ad angulum internum impresso, aut parvo v. plus minus late depresso subregulari, aut rarius valde inæquali irregularique concavo; micropyle haud carunculata; em-bryonis copiose albuminosi recti v. arcuati cotyledonibus latiusculis complanatis. — Arbores v. sæpius frutices, suffrutices v. herbæ; habitu valde vario; ramis sæpius alternis, nunc 2-morphis; ramulis nonnun-quam cladodiformibus subaphyllis (*Xylophylla* [9]), nunc sæpius, folia ubi evoluta, folium compositum pinnatum figurantibus sæpeque (folii more) basi articulata e ramo demum solutis; foliis alternis v. raro oppositis, sæpe 2-stichis, nunc ad squamulas reductis, breviter pe-tiolatis v. sessilibus, 2-stipulatis, penninerviis, sæpe basi inæqualibus; floribus (parvis, sæpe albido- v. purpurascenti-virescentibus) in axilla foliorum v. nunc bractearum solitariis v. multo sæpius cymosis glome-

1. Kl., in *Erichs. Arch.*, VII, 200.— H. Bn, *Euphorb.*, 610, t. 27, fig. 5, 6.
2. Sond., in *Linnæa*, XXIII, 135.
3. H. Bn, *Euphorb.*, 628, t. 24, fig. 15-19.
4. H. Bn, *Euphorb.*, 616.
5. H. Bn, *Euphorb.*, 559, t. 27, fig. 9, 10.
6. Wight, *Icon.*, t. 1994.
7. A. Juss., *Euphorb.*, 21, t. 4, fig. 14. — H. Bn, *Euphorb.*, 612, t. 23, fig. 18-21; 24, fig. 25-27.

8. Forst., *Char. gen.*, 113. — A. Juss., *Euphorb.*, 18, t. 3. — Endl., *Gen.*, n. 5857. — H. Bn, *Euphorb.*, 636, t. 24, fig. 1-9; 27, fig. 12-15.
9. L., *Gen..*, 511. — Sw., *Obs.*, 114, t. 10. — Gærtn., *Fruct.*, t. 108. — A. Juss., *Eu-phorb.*, 23, t. 5, fig. 17. — Endl., *Gen.*, n. 5847a. — H. Bn, *Euphorb.*, 623. — M. Arg., *Prodr.*, 427. — *Genesiphylla* Lhér., *Sert.*, 29, t. 39.

ratisve; cymis 1- v. 2-sexualibus; floribus fœmineis sæpius centralibus crassius longiusque pedicellatis [1]. (*Orb. tot. reg. calid.* [2])

**147. Breynia** Forst. [3] — Flores (fere *Phyllanthi*); staminibus 3, 1-adelphis. Calyx masculus obconicus v. turbinatus, 2-seriatim infracto-6-lobus; laciniis dorso plicato-appendiculatis infracto-conniventibus. Flos fœmineus turbinatus (*Phyllanthi*) fructusque nunc plus minus in calyce (*Breyniastrum* [4]) stipitatus; seminibus arillatis (*Melan-*

1. Sect. 44 (ex M. Arg., *Prodr.*, 275), scil.: 1. *Euglochidion.* — 2. *Hemiglochidion.* — 3. *Glochidiopsis.* — 4. *Pentaglochidion.* — 5. *Eleutherogynium* (*Chorizogynium*). — 6. *Scleroglochidion.* — 7. *Physoglochidion* (*Phyllocalyx* H. Bn). — 8. *Adenoglochidion.* — 9. *Heteroglochidion.* — 10. *Gomphidium* (H. Bn). — 11. *Microglochidion.* — 12. *Hemiphyllanthus.* — 13. *Hemicicca* (H. Bn, *Euphorb.*, 645). — 14. *Emblicastrum.* — 15. *Synostemon* (F. Muell., *Fragm.*, I, 32). — 16. *Williamia* (H. Bn, *Euphorb.*, 559, t. 27, fig. 9; 10; — M. Arg., in *Linnœa*, XXXII, 2; — *Williamiandra* Griseb., in *Nachr. d. Kœn. Ges. d. Wiss. Gœtt.* (1865), 171). — 17. *Asterandra* (Kl., in *Erichs. Arch.*, VII, 200; — H. Bn, *Euphorb.*, 610, t. 27, fig. 5, 6; — *Amphiandra* Griseb., *Fl. brit. W.-Ind.*, 34). — 18. *Oxalistylis* (H. Bn, *Euphorb.*, 628, t. 24, fig. 15-19; — M. Arg., in *Linnœa*, XXXII, 2). — 19. *Orbicularia* (H. Bn, *Euphorb.*, 616; — Griseb., *Fl. brit. W.-Ind.*, 34; — M. Arg., in *Linnœa*, XXXII, 2). — 20. *Pleiostemon* (Sond., in *Linnœa*, XXIII, 135; — H. Bn, *Euphorb.*, 615; — M. Arg., *loc. cit.*). — 21. *Chorisandra* (Wight, *Icon.*, t. 1994). — 22. *Ciccopeltandra* (M. Arg., *loc. cit.*). — 23. *Menarda* (A. Juss., *Euphorb.*, 23, t. 6, fig. 18; — Endl., *Gen.*, n. 5846; — H. Bn, *Euphorb.*, 608; — M. Arg., *Prodr.*, 334). — 24. *Peltandra* (Wight, *Icon.*, t. 1891, 1892). — 25. *Kirganelia* (A. Juss., *Euphorb.*, 21, t. 4, fig. 14; — Endl., *Gen.*, n. 5849; — H. Bn, *Euphorb.*, 612, t. 23, fig. 18-21; — M. Arg., in *Linnœa*, XXXII, *Prodr.*, 341; — *Ardinghelia* Commers., mss. (ex A. Juss., *loc. cit.*, 19, t. 4, fig. 11). — 26. *Fluggeopsis* (M. Arg., in *Linnœa*, XXXII, 2). — 27. *Pseudomenarva* (M. Arg., in *Seem. Journ. Bot.* (1864), 329. — 28. *Ceramanthus* (Hassk., *Cat. Hort. bog.*, 240; — H. Bn, *Euphorb.*, 629, t. 25, fig. 22-24; — M. Arg., in *Linnœa*, XXXII, 3). — 29. *Cathetus* (Lour., *Fl. cochinch.* (ed. 1790), 607; — *Cluytiopsis* M. Arg., in *Linnœa*, XXXII, 3). — 30. *Anisolobium* (M. Arg., in *Seem. Journ. Bot.* (1864), 330). — 31. *Paragomphidium* (M. Arg., in *Linnœa*, XXXII, 3; — *Gomphidium* H. Bn, in *Adansonia*, II, 234). — 32. *Emblica* (Gærtn., *Fruct.*, II, 122, t. 1080; — A. Juss., *Euphorb.*, 20, t. 5, fig. 15; — Endl., *Gen.*, n. 5850; — H. Bn, *Euphorb.*, 626; — *Dichœlactina* Hance,

*Pl. chin. austr.*, I, p. 2). — 33. *Paraphyllanthus* (M. Arg., in *Linnœa*, XXXII, 3). — 34. *Meborea* (Aubl., *Guian.*, II, 825, t. 323; — *Rhopium* Schreb., *Gen.*, n. 1382; — *Euphyllanthus* Griseb., *Fl. brit. W.-Ind.*, 33; — M. Arg., in *Linnœa*, XXXIII, 3; *Prodr.*, 374). — 35. *Epistylium* (Sw., *Fl. ind. occ.*, 1095, t. 22; — A. Juss., *Euphorb.*, 17, t. 3, fig. 8; — Endl., *Gen.*, n. 5858; — H. Bn, *Euphorb.*, 647 (sect. *Euepistylium*); — Griseb., *Fl. brit. W.-Ind.*, 33; — M. Arg., *Prodr.*, 412; — *Omphalea* (part.) Sw., *Prodr.*, 95). — 36. *Catastylium* (Griseb., *Fl. brit. W.-Ind.*, 33). — 37. *Cicca* (L., *Mantiss.*, I, 17; — J., *Gen.*, 386; — Lamk, *Dict.*, II, 1; *Ill.*, t. 757; — A. Juss., *Euphorb.*, 20, t. 4, fig. 13; — H. Bn, *Euphorb.*, 617, t. 24, fig. 28-33; — M. Arg., *Prodr.*, 413; — *Breynia* (part.) Forst., *Char. gen.*, t. 73, fig. K; — *Tricaryum* Lour., *Fl. cochinch.* (ed. 1790), 557; — *Margaritaria* (part.) L. f., *Suppl.*, 66 (fœm.); — *Wurtzia* H. Bn, in *Adansonia*, I, 186, t. 7, fig. 5, 6; — *Staurothylax* Griff., *Notul.*, IV, 476; — *Prosorus* Dalz., in *Hook. Journ.* (1852), 345; — *Zygospermum* Thw. (ex H. Bn, *Euphorb.*, 620, t. 27, fig. 11; — *Ciccoides* H. Bn, *Euphorb.*, 618). — 38. *Hedycarpidion* (*Calococcus* Kurz, in *Teysm. et Binn. Pl. nov. v. min. cogn. Hort. bog.*, 34; — M. Arg., *Prodr.*, 418; — *Hedycarpus* (part.) Miq., *Fl. ind. bat.*, I, p. II, 359). — 39. *Nymphanthus* (Lour., *Fl. cochinch.* (ed. 1790), 644). — 40. *Eriococcoides* (M. Arg., in *Linnœa*, XXXII, 3; *Prodr.*, 419). — 41. *Eriococcus* (Hassk., *Cat. Hort. bog.*, 242; — M. Arg., in *Linnœa*, XXXII, 3; *Prodr.*, 420; — *Epistylium* (sect. *Eriococcus*) H. Bn, *Euphorb.*, 648; — *Reidia* Wight, *Icon.*, t. 1903, 1904). — 42. *Scepasma* (Bl., *Bijdr.*, 582; — H. Bn, *Euphorb.*, 648, t. 25, fig. 10-15). — 43. *Choretropsis* (M. Arg., in *Linnœa*, XXXII, 4; *Prodr.*, 427). — 44. *Xylophylla* (L.). 2. Spec. ad 425. M. Arg., *Prodr.*, 278-434, 1270. — Benth., *Fl. austral.*, VI, 93. — H. Bn, in *Adansonia*, I, 24, 82 (*Kirganelia*), 85 (*Cicca*), 86; II, 13, 47 (*Kirganelia*), 51 (*Cicca*), 52, 234; III, 165; V, 354; VI, 338. 3. *Char. gen.*, 146, t. 73, fig. a-e. — M. Arg., *Prodr.*, 438. 4. H. Bn, in *Adansonia*, VI, 344. Germen apice inæquali-6-tuberculatum.

*thesopsis*[1]) v. exarillatis (*Melanthesa*[2]). — Frutices v. arbusculæ; foliis[3] alternis inflorescentiaque *Phyllanthi*. (*Asia et Oceania trop.*[4])

148. **Sauropus** Bl.[5] — Flores (fere *Breyniæ* v. *Phyllanthi*) monœci; glandulis extrastaminalibus sepalis oppositis. Calyx masculus depresso-turbinatus; disco adnato introrsum 6-lobato libero. Fructus cæteraque *Phyllanthi;* seminibus exarillatis. — Frutices v. suffrutices; foliis et inflorescentia *Breyniæ* (v. *Phyllanthi*); floribus axillaribus brevissime racemulosis; rachi racemulorum plerumque dense imbricato bracteolata. (*Asia et Oceania trop.*[6])

149. **Agyneia** Vent.[7] — Flores monœci (fere *Sauropi* v. *Phyllanthi*); calyce masculo 6-partito. Disci masculi adnati extrorsum 6-lobato-liberi glandulæ extrastaminales sepalis oppositæ. Germen (*Phyllanthi*) apice sæpius depressum. Fructus cæteraque *Phyllanthi;* seminibus exarillatis. — Herbæ annuæ v. basi suffrutescentes; habitu foliisque *Phyllanthi*[8]; ramis procumbentibus v. adscendentibus compresso-angulosis v. 3, 4-gonis; floribus axillaribus cymulosis, nunc ob folia vix evoluta in ramis gracilibus racemoso-cymosis; cymis in axilla bractearum 1- v. 2-sexualibus; floribus fœmineis sæpius paucis v. 1, centralibus; cæteris minoribus gracilius pedicellatis masculis. (*Asia et Oceania trop., Africa austro-or. cont. et ins.*[9])

1. M. Arg., in *Linnœa*, XXXII, 74 ; *Prodr.*, 436.

2. Bl., *Bijdr.*, 590.—Endl., *Gen.*, n. 5848. — H. Bn, *Euphorb.*, 624.

3. Siccitate plerumque nigrescentibus.

4. Spec. ad 15. Poir., *Dict.*, V, 296 (*Phyllanthus*). — Kurz, in *Teysm. et Binn. Pl. nov. Hort. bog.*, 35 (*Melanthesa*). — Benth., *Fl. hongk.*, 312 (*Melanthesa*); *Fl. austral.*, VI, 113. — Thw., *Enum. pl. Zeyl.*, 285 (*Melanthesa*). — H. Bn, in *Adansonia, loc. cit.*, 345.

5. *Bijdr.*, 595. — Endl., *Gen.*, n. 5842. — H. Bn, *Euphorb.*, 634, t. 27, fig. 19-22. — M. Arg., *Prodr.*, 239, 1269. — *Ceratogynum* Wight, *Icon.*, t. 1900.

6. Spec. ad 12. W., *Spec.*, IV, 585 (*Phyllanthus*). — Thw., *Enum. pl. Zeyl.*, 284. —

Wight, *Icon.*, t. 1951, 1952. — Hassk., *Pl. jav. rar.*, 268. — Miq., *Fl. ind.-bat.*, I, p. II, 366, 367 (*Agyneia*).

7. *Jard. de Cels*, 23, t. 23. — A. Juss., *Euphorb.*, 24, t. 6, fig. 19. — Endl., *Gen.*, n. 5843. — H. Bn, *Euphorb.*, 630, t. 24, fig. 10-14. — M. Arg., *Prodr.*, 237. — *Diplomorpha* Griff., *Notul.*, IV, 479.

8. Cuj. forte mel. sectio.

9. Spec. 2. L., *Syst.*, ed. 13, 707; *Suppl.*, 415 (*Phyllanthus*). — Spreng., *Syst.*, III, 20 (*Emblica*). — W., *Spec.*, IV, 568 (part.). — Bl., *Bijdr.*, 594. — Wight, *Icon.*, t. 1893. — Miq., *Fl. ind.-bat.*, I, p. II, 367. — Thw., *Enum. pl. Zeyl.*, 283. — Kurz, in *Teysm. et Binn. Pl. nov. Hort. bog.*, 84. — H. Bn, in *Adansonia*, II, 54.

## VIII. CALLITRICHEÆ.

**150. Callitriche** L. — Flores monœci v. rarius polygami; sepalis (?) 2, lateralibus. Stamina 1, v. 2, alternisepala; filamento elongato; antheræ 2-locularis reniformis rimis lateralibus, demum superne confluentibus. Germen sessile v. bréviter stipitatum; loculis 2, oppositisepalis; styli ramis 2, elongatis subulato-filiformibus, undique stigmatosis; ovulis in loculis singulis 2, collateraliter descendentibus; micropyle extrorsum supera; obturatore sæpius minuto; septo spurio e dorso loculorum inter ovulum utrumque intruso. Fructus inde 4-lobus, 4-locellatus; lobis siccis, dorso marginatis v. alatis, demum solutis; locellis 1-spermis. Semina descendentia; testa membranacea; albumine carnoso; embryonis recti v. curvati axilis teretis cotyledonibus radiculæ æquilatis. — Herbæ annuæ subglabræ plerumque aquaticæ graciles tenellæ; foliis oppositis, linearibus v. obovatis integris, 3-nerviis; floribus axillaribus solitariis v. paucis; bracteolis membranaceis. (*Orb. tot. reg. temp. et calid.*) — *Vid. p.* 151.

www.ingramcontent.com/pod-product-compliance
Lightning Source LLC
Chambersburg PA
CBHW071856200326
41519CB00016B/4418